Yvan Saint-Pierre

LE CARRÉ ALCHIMIQUE

ISBN-13: 978-1466269699
ISBN-10: 1466269693

Publié par Yvan Saint-Pierre
Imprimé par CreateSpace, une compagnie appartenant au groupe Amazon

Table des matières

Je suis en ce monde visible tel un symbole de mon âme.

C. G. Jung

Introduction

Dans le chapitre de son livre sur la pensée chinoise qu'il consacre aux mathématiques, Marcel Granet parle de deux carrés magiques[1] d'une manière si nouvelle qu'on peut se demander s'il a vraiment déterré, comme il le dit,[2] un fragment de vieux savoir ésotérique, ou s'il l'a extrait plutôt de sa propre pensée. Jeune ou vieux, ce savoir évoque des images qui rappellent irrésistiblement l'alchimie taoïste et l'alchimie occidentale.[3] La paire de carrés de Granet devient l'équivalent mathématique du couple alchimique, dont l'union mystérieuse,[4] peu importe la forme que prend ce couple[5], est le thème opératoire central de l'alchimie. Le fruit de cette union s'incarne aussi dans le contexte mathématique et symbolique présenté par Granet, à condition de remplacer le carré magique par un nouveau type de carré de nombres, que j'ai appelé sans surprise le carré alchimique.

Ainsi, même si j'aborde le carré alchimique dans le premier chapitre comme un objet qui vient combler une lacune dans la théorie du carré magique, dont il est proche, je n'y suis pas arrivé par les mathématiques, mais par les symboles associés au carré magique en Chine ancienne, du moins tels que les exhume Marcel Granet. Les propriétés intrinsèques du carré alchimique invitent d'ailleurs à leur adjoindre un aspect

[1] Voir le chapitre un pour la définition d'un carré magique et le chapitre deux pour le texte de Granet.
[2] [Gn 1, 167].
[3] Pour la première, voir par exemple [Ro 3] et [Ro 4]; pour la deuxième, voir [Ju 1], [Ju 2], [Ju 3] et [Ju 10].
[4] Le *mysterium coniunctionis*, le titre que Jung a donné à son dernier grand ouvrage sur l'alchimie. Voir [Ju 3].
[5] Pour une liste partielle de ces couples en alchimie occidentale, voir [Ju 3, 3]. Pour une liste semblable en alchimie taoïste, voir [Bt, 133].

symbolique. La théorie du nouveau carré crée un espace distinct où se rencontre un autre couple: la mathématique et le symbole. La première colore fortement la façon dont je regarde le deuxième – et vice versa.

Malgré le danger de rebuter plus d'un lecteur, j'ai jugé indispensable d'inclure une bonne dose de formalisme dans la partie mathématique de l'ouvrage. Les outils que j'utilise demeurent limités et ne dépassent pas la théorie élémentaire des groupes. Il va de soi qu'une familiarité avec les mathématiques permet d'assimiler cet aspect du livre plus facilement. Si elle fait défaut, glisser sur le formalisme n'empêchera pas de suivre l'histoire. Je devais découvrir quant à moi où le sujet me conduirait en terres mathématiques, pour mieux explorer ce que celles-ci partagent avec ce qui se trouve en dehors d'elles. Ces domaines prétendument étrangers aux mathématiques présenteront plusieurs visages, beaucoup d'entre eux chinois, d'autres oniriques. En ce qui concerne la Chine, je commence par montrer au chapitre deux comment le carré alchimique y complète après coup l'histoire du carré magique d'ordre 3, en s'inscrivant parfaitement dans l'univers symbolique du *Yi jing* et de l'alchimie taoïste.[6] À partir de là, je considère, aux chapitres cinq, six et sept, d'autres aspects de la culture chinoise ancienne, en particulier les motifs sur bronze de l'époque des Shang. Un passage obligé par les mathématiques, où les symboles apparaissent distinctement, schématiquement, permet de voir de la Chine ce qui autrement serait perdu. Quant aux rêves, je leur consacre le dernier chapitre. Le point de vue et les thèmes que je développe dans le livre aident à comprendre des rêves d'un certain type, apparentés par leur structure au carré alchimique – et pourraient servir à jeter quelque lumière sur telle image vue dans un rêve.

La Chine et les rêves m'ont forcé à changer mon histoire, comme un romancier qui modifie le roman qu'il écrit pour suivre ses personnages. Ils m'ont conduit à entreprendre des excursions hasardeuses à l'extérieur de mes compétences. Une brèche s'est ouverte par laquelle tant de matériel a émergé que j'ai dû briser le cadre de la petite monographie mathématique que je prévoyais écrire au début, même si, dès le départ, je voulais faire à l'aspect symbolique du nouvel objet une place plus grande que de coutume dans ce genre d'ouvrage. Tout ce matériel à la fin m'a décidé à consacrer aux rêves un texte séparé, pour préserver l'équilibre de celui-ci.

---

[6] Voir [Bt].

Bien avant la découverte du nouvel objet mathématique et le projet d'écriture auquel il a mené, un rêve vieux de vingt ans m'a mis sur la piste d'un lien possible entre les mathématiques et les symboles. Le livre se dirige vers cette source. Quand il se terminera, quand cessera le flot d'abstractions et d'idées caduques, la source coulera encore.

Pour leur aide dans la correction et l'amélioration du texte, je remercie Andrée St-Pierre, Mylène Jobidon, Muriel St-Laurent et, *last but not least*, Linda Bernier.

Je reproduis les figures 4 et 38 avec la permission des Éditions Albin Michel; les figures 1, 26, 27, 30b, 40, 44, 50 et 55 avec celle de la State University of New York Press; les figures 33, 51, 52, 53b, 54, 56, 57, 58, 62 et 67 (voir aussi la couverture) avec celle du professeur Xiaoneng Yang; la figure 2 avec celle du Brooklyn museum de New York; et la figure 13 avec celle de l'Oxford University Press.

Trois destins divisent les autres figures: j'ai jugé que certaines images appartenaient au domaine public, par exemple les gravures alchimiques du chapitre deux; je n'ai pas réussi à rejoindre les titulaires des droits; les ayant rejoints, je n'ai pas obtenu de réponse après au moins deux mois d'attente. Peu importe le sort d'une figure, j'indique toujours la référence dans la note qui l'accompagne et, quand il y a lieu et que je le peux, la provenance de l'objet considéré.

Chapitre un

Plus de magie sur la terre

Un *carré magique d'ordre* n est un tableau $n \times n$ de nombres naturels distincts tel que les nombres sur chacune des n rangées, des n colonnes et des deux diagonales donnent toujours la même somme, appelée la *somme magique* du carré. Si les nombres de 1 à n^2 occupent les cases du carré, alors sa somme magique est

$$s = \frac{n(n^2+1)}{2},$$

puisque l'addition de tous les nombres du carré est

$$1+2+...+n^2 = \frac{n^2(n^2+1)}{2} \quad (*)$$

et qu'il faut la distribuer également entre les n rangées ou les n colonnes. Je qualifie un tel carré de *naturel.*

Je m'intéresse uniquement dans ce travail aux carrés complémentés.[1] Un tableau $n \times n$ de nombres distincts est *complémenté en* m si deux nombres symétriquement disposés par rapport au centre du carré donnent toujours la même somme m. Ces deux

[1] Dans la littérature des récréations mathématiques, on parle plutôt de carrés magiques « associés ».

nombres forment une *paire de compléments* en m.[2] Je dirai que le carré est construit sur la *séquence de base* 1, 2, … , m–1. Voici un carré magique naturel d'ordre 9 (s = 369) et complémenté en 82:

37	33	11	25	3	80	58	72	50
51	38	34	12	26	4	81	59	64
65	52	39	35	13	27	5	73	60
61	66	53	40	36	14	19	6	74
75	62	67	54	41	28	15	20	7
8	76	63	68	46	42	29	16	21
22	9	77	55	69	47	43	30	17
18	23	1	78	56	70	48	44	31
32	10	24	2	79	57	71	49	45

Dans un carré magique d'ordre n et complémenté en m, l'addition des nombres sur deux lignes opposées par le centre donne $m \cdot n$, ce qui entraîne que la somme magique du carré est

$$s = \frac{m \cdot n}{2} \quad (**).$$

De plus, si l'ordre n est impair, alors le nombre central $\frac{m}{2}$ de la séquence de base occupe forcément la case centrale du carré.

4	9	2
3	5	7
8	1	6

[2] Je ne tiens pas compte de l'ordre des nombres dans la paire, de sorte que deux nombres donnés ne forment qu'une seule paire de compléments. Notez aussi qu'il existe une paire de compléments non distincts quand m est pair.

Tout carré magique d'ordre 3 est complémenté en $m = s - c$, où s est la somme magique et c le nombre au centre du carré, comme par exemple l'unique[3] carré magique naturel d'ordre 3 (voir la page précédente). On attribue aux anciens Chinois la découverte de ce carré magique, sans qu'on puisse déterminer une date précise pour celle-ci, ni même une époque.[4] Mais il semble bien que le nouvel objet fit si forte impression que personne n'éprouva avant longtemps le besoin d'en chercher d'autres de même nature. Il faut dire que pour l'usage qu'on en voulut faire, tout symbolique, ce carré suffisait amplement. Inutile de souligner le fort contraste entre cette attitude et l'esprit occidental moderne, pour qui une première découverte ne sera jamais qu'un premier pas, à peine le début de la marche, jamais le but atteint. Mais le carré magique en Chine ancienne, c'est l'unique. Il représente le chef suprême, et c'est pour cela que parler de deux carrés, comme l'a fait Marcel Granet[5], relève d'un savoir caché.

Les Chinois ont habillé ce carré magique de leurs propres symboles, en l'orientant par exemple selon les points cardinaux. La croix que dessinent ses nombres impairs suggère cette orientation. Ce symbole remonte au moins à l'époque des Shang, dont les tombeaux royaux de leur dernière capitale (Anyang) forment des croix orientées (voir la figure 1). De plus, le 5 (centralité) et le 10 (complémentarité) du carré magique évoquent l'importance du cinq pour les mêmes Shang[6] et leur semaine de dix jours issue du mythe des dix soleils.[7] Le carré magique surgit-il du sol des Shang? Disons que ces rencontres, quand le carré magique émergea de nulle part, fixèrent vraisemblablement pour les Shang – ou pour ceux qui les suivirent – le caractère exceptionnel de cet objet mathématique.

La légende raconte qu'une tortue, sortie des eaux de la rivière Luo devant le mythique empereur Yu le Grand (fondateur de la dynastie des Xia qui aurait précédé celle des Shang), portait le carré magique inscrit sur sa carapace. En Chine, ce carré

[3] Voir en [Ga, 214] une jolie preuve de cette unicité (à une symétrie près du carré).
[4] La découverte du carré magique en Chine remonterait au moins à l'époque des Royaumes combattants (du 5e au 3e s. avant J.-C.), mais une mention explicite de celui-ci n'apparaît pas avant la fin des Han (2e s. après J.-C.), voir [Ho, 71], [Le 1, 251] et [Sw, 13-4] (les deux dernières références donnent une date plus tardive).
[5] Voir l'introduction et le chapitre deux.
[6] [Al 1, 101-2].
[7] [Al 1, 29-30].

magique s'appelle le *Luo shu*: l'Écrit de la rivière Luo. La tortue est un symbole cosmique par excellence pour les Chinois. Sa carapace ronde représente le ciel et son plastron carré, la terre, l'animal lui-même tenant la place de l'humanité entre les deux.

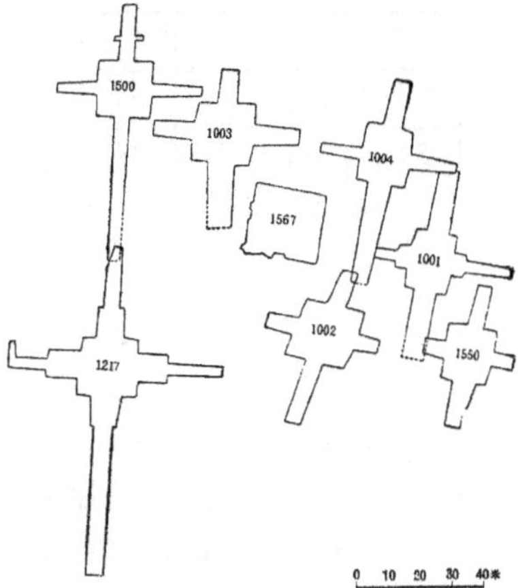

Figure 1: *Tombeaux royaux des Shang.*[8]

L'équation (**) que je viens de donner pour la somme magique d'un carré magique complémenté est à la source de mon investigation mathématique. Elle montre qu'un carré de nombres quelconque, d'ordre *n* et complémenté en *m*, ne peut être magique si ces deux nombres sont impairs. Dans un tel carré, le nombre minimal de sommes le long de ses lignes n'est plus un, comme pour un carré magique, mais deux. Ceci conduit à la définition suivante d'un nouveau type de carré numérique.

Définition. Un *carré alchimique d'ordre* (n, m), avec *n* et *m* impairs, est un tableau $n \times n$ de n^2-1 nombres naturels distincts, à centre vide et complémenté en *m* sur ses autres cases, tel que l'addition des nombres le long de chaque rangée et de chaque colonne ne passant pas par le centre donne l'une de deux constantes – les *sommes alchimiques* du carré.

---

[8] [Al 1, 7]. Voir aussi [Ke 2, 82-4] et [So, 143].

21	11	43	26	16	48	38
29	12	2	34	24	7	46
37	20	10	42	32	15	47
45	28	18		33	23	6
4	36	19	9	41	31	14
5	44	27	17	49	39	22
13	3	35	25	8	40	30

(1, 50) (154, 203)

Puisque la séquence de base 1, … , $m-1$ n'a pas de nombre médian, il faut soit ne mettre aucun nombre dans la case centrale du carré, soit y mettre une paire de compléments en m. J'ai choisi la première option, plus souple, comme je le montrerai tout de suite.[9] Le carré de nombres ci-dessus est un carré alchimique d'ordre (7, 51).[10] Les sommes alchimiques sont 154 et 203, tel qu'indiqué sous le carré. La paire de compléments (1, 50) n'apparaît pas dans le carré. Je l'appelle une *paire libre*. Dans l'exemple ci-dessus, 1 et 50 sont aussi les nombres complétant les sommes alchimiques pour les lignes passant par le centre. Je nomme alors (1, 50) la *paire centrale* du carré, qu'on retrouve de même sous celui-ci. Quand cette paire est aussi libre comme dans mon exemple, je parlerai de carré *régulier*. Je reviendrai bientôt sur la structure de ce carré, mais on peut déjà deviner que sa construction utilise le mouvement du cavalier aux échecs. Les carrés magiques construits sur ce mouvement furent très prisés dans la tradition islamique, en particulier ceux dont le nombre 1 occupe le centre[11]:

[9] Selon le choix que j'ai adopté dans ma définition, il existe un unique carré alchimique d'ordre (1, m) pour chaque nombre impair m, nommément le carré vide 1×1. Selon le deuxième choix, chaque paire de compléments en m donnerait un carré alchimique d'ordre (1, m), ainsi il n'y aurait aucun carré alchimique d'ordre (1, 1) et un seul d'ordre (1, 3) formé du couple (1, 2).

[10] Par la suite, je parlerai indistinctement de l'ordre n d'un carré alchimique ou de son ordre (n, m).

[11] [Ca 2, 201]. Ma traduction, comme pour toutes mes références en langue anglaise. Dans la même veine et la même tradition, voir ce que dit Henry Corbin de l'octave: [Co 1, 146-7]. Au sujet du centre comme origine chez les taoïstes, voir [Ro 1, 21-2]. L'idée du retour à l'unité se retrouve aussi en alchimie taoïste, voir [Bt, 139, 140].

> […] 1, comme premier des nombres et signe de l'unité, était un symbole évident du Créateur Allah, le Un ultime; et comme la numération [du carré] commence avec 1 au centre et le dernier mouvement y retourne, ces petits diagrammes du cosmos en miniature illustraient parfaitement le concept islamique faisant d'Allah la Source et la Destination de toutes choses.

La symbolique du un rejoint celle du centre dans ce type de carré magique. Par ailleurs, ceux-ci perdent forcément leur complémentation, ce qui diminue l'importance du centre du carré. Les carrés alchimiques similaires à ces carrés magiques, comme celui que je donne ci-dessus, demeurent de leur côté complémentés.

Je ne ferai pas dans ce livre l'histoire du carré magique après son éclosion probable en Chine. Je n'utiliserai de cette histoire que ce dont j'aurai besoin dans mon exploration du carré alchimique. Mais je tiens à souligner l'affinité de mon approche avec celle des successeurs des Chinois dans le développement du carré magique. Ils venaient surtout de l'Inde et de l'Islam et se situaient sur la voie du milieu, entre la position presque exclusivement symbolique des anciens Chinois et la position moderne à l'extrémité technique du spectre. D'ailleurs, je soupçonne le carré magique, ce « petit diagramme du cosmos », de toujours opérer symboliquement, même de façon latente, chez plusieurs de ses amateurs modernes. L'ordre que le carré magique impose à ses nombres demeure une belle image de celui que nous découvrons dans la réalité, ou que nous lui supposons, et qui se crée à travers toutes les mathématiques.

5	2	3
10		1
8	9	6

(-1, 12) (10, 23)

5	9	3
4		7
8	2	6

(5, 6) (16, 17)

Comme le nombre 1, caché au centre, n'apparaît pas dans le carré de la page précédente, on peut diminuer tous ses nombres d'une unité (*translation à gauche*) et obtenir un carré alchimique complémenté en 49. Ainsi, n^2 est la plus petite valeur possible de m pour laquelle il existe des carrés alchimiques d'ordre (n, m), pour un n

donné. En général, nous avons $m = n^2+2k$ pour un $k \geq 0$, k correspondant au nombre de paire libre du carré. Un carré ne peut être régulier si sa paire centrale n'appartient pas à la séquence de base ou si elle fait partie du carré. Je présente un exemple pour chacun de ces cas au bas de la page précédente.

La séquence de base 1, 2, … , m–1 d'un carré de nombres distincts complémenté en m se sépare naturellement en deux demi-séquences de même longueur, quand on la coupe en son milieu. Si m est pair, alors la séquence possède un nombre central $\frac{m}{2}$, que je ne mets dans aucune des demi-séquences. La première *translation scindée* du carré se construit en ajoutant une unité à chaque nombre de la deuxième demi-séquence. La deuxième translation scindée se construit de la même manière sur la première demi-séquence, quand les nombres obtenus sont distincts. Dans les deux cas, le carré obtenu sera complémenté en m+1. Quand on applique cette construction à un carré magique pour obtenir un carré alchimique, il faut évidemment vider la case centrale du carré obtenu, ce qui entraîne toujours l'existence de la deuxième translation scindée, parce que même si le nombre central $\frac{m}{2}$ apparaît dans le nouveau carré, il disparaît de la case centrale. Le second carré d'ordre 3 au bas de la page précédente est la deuxième translation scindée du *Luo shu*.

31	36	29	76	81	74	13	18	11
30	32	34	75	77	79	12	14	16
35	28	33	80	73	78	17	10	15
22	27	20	40	45	38	58	63	56
21	23	25	39	41	43	57	59	61
26	19	24	44	37	42	62	55	60
67	72	65	4	9	2	49	54	47
66	68	70	3	5	7	48	50	52
71	64	69	8	1	6	53	46	51

Contrairement aux translations, qui ajoutent ou retranchent une unité à tous les nombres du carré et qui préservent la propriété magique ou alchimique du carré initial, une translation scindée d'un carré magique complémenté d'ordre impair n ne donnera pas nécessairement un carré alchimique. Le carré magique doit posséder une *paire de distribution*: une paire de compléments (i, j) en n telle que toute ligne du carré ne passant par le centre possède i ou j nombres de chaque demi-séquence. Les sommes alchimiques d'une translation scindée d'un tel carré magique, de somme magique s, sont alors $(s+i, s+j)$. J'étudierai dans les deux prochains chapitres une vaste classe de carrés magiques possédant une paire de distribution, dont fait partie le carré magique donné en début de chapitre. Pour l'instant, je me contente de donner deux contre-exemples construits sur le *Luo shu*, l'un islamique (ci-dessus) et l'autre chinois (ci-dessous).[12]

31	76	13	36	81	18	29	74	11
22	40	58	27	45	63	20	38	56
67	4	49	72	9	54	65	2	47
30	75	12	32	77	14	34	79	16
21	39	57	23	41	59	25	43	61
66	3	48	68	5	50	70	7	52
35	80	17	28	73	10	33	78	15
26	44	62	19	37	55	24	42	60
71	8	53	64	1	46	69	6	51

Il existe une deuxième construction d'un carré alchimique, cette fois à partir d'un autre carré alchimique plutôt que d'un carré magique. Le *carré congruent* d'un carré alchimique complémenté en m se construit en remplaçant chaque nombre du carré par son nombre congruent modulo $\frac{m-1}{2}$ dans la séquence de base. Notez que si le carré est la translation scindée d'un carré magique, alors celui-ci est complémenté en $m-1$ et

[12] [Ca 2, 188] et [Sw, 78ss]. À propos du second carré, construit par Yang Hui (14e siècle), voir aussi [Ja 4, 181].

$\frac{m-1}{2}$ est son nombre central. Dans le carré alchimique initial, prenons une paire de compléments (a, b), avec $a < b$ (alors a appartient à la première demi-séquence et b à la seconde). Dans le carré congruent, cette paire se transforme en une nouvelle paire de compléments $\left(a+\frac{m-1}{2}, b-\frac{m-1}{2}\right)$, et donc le nouveau carré est aussi complémenté en m, mais n'est pas nécessairement alchimique. Le carré alchimique d'ordre 7 donné plus haut est le carré congruent construit sur la translation scindée d'un carré magique bien connu[13]:

45	35	18	1	40	23	13
4	36	26	9	48	31	21
12	44	34	17	7	39	22
20	3	42	25	8	47	30
28	11	43	33	16	6	38
29	19	2	41	24	14	46
37	27	10	49	32	15	5

La translation scindée possède non seulement, par construction, la même paire de distribution $(i, j) = (3, 4)$ que le carré magique, mais encore, toutes les lignes de la translation scindée ne passant pas par le centre et avec i nombres appartenant à la première demi-séquence donnent la même somme alchimique, tandis que l'autre somme alchimique est associée au reste des lignes. Si un carré alchimique respecte cette condition, alors le même multiple de $\frac{m-1}{2}$ sera toujours ajouté ou soustrait à une somme alchimique donnée dans le carré congruent et celui-ci sera donc alchimique, comme c'est toujours le cas pour une translation scindée. Voici deux contre-exemples:

[13] Il s'agit d'un carré continu. Je reviendrai sur ce type de carré magique au troisième chapitre.

6	7	9
3		8
2	4	5

5	10	4
2		9
7	1	6

Le premier carré n'a pas de paire de distribution tandis que le second en possède une, mais avec la mauvaise distribution des sommes alchimiques. Il en résulte que leur carré congruent n'est pas alchimique.

Les deux constructions précédentes – translation scindée et carré congruent – s'adaptent naturellement au cas d'un carré magique complémenté d'ordre pair. Voici par exemple un carré magique d'ordre 4 et sa première translation scindée, magique elle aussi:

16	2	3	13
5	11	10	8
9	7	6	12
4	14	15	1

17	2	3	14
5	12	11	8
10	7	6	13
4	15	16	1

Les congruences (modulo 8 et 9 respectivement) donnent les carrés magiques suivants:

8	10	11	5
13	3	2	16
1	15	14	4
12	6	7	9

8	11	12	5
14	3	2	17
1	16	15	4
13	6	7	10

Notez que les carrés congruents résultent aussi d'une permutation des lignes.

Les résultats précédents répondent partiellement et implicitement à la question de l'existence de carrés magiques d'ordre n et complémentés en m, selon la parité de n et de m. Le seul cas que je n'ai pas abordé jusqu'ici est celui où n est simplement pair. C. Planck a montré en 1919 qu'il n'existe aucun carré magique d'ordre simplement pair et complémenté en n^2+1, c'est-à-dire naturel.[14] Voici l'idée de la preuve, qui fonctionne pour toute valeur impaire $m = n^2+1+2k$ avec $k \geq 0$. Supposons l'existence d'un tel carré magique, avec $n = 2t$ pour un t impair. On sépare les cases du carré en quatre types, en suivant le modèle du cas $n = 6$:

A	B	A	B	A	B
C	D	C	D	C	D
A	B	A	B	A	B
C	D	C	D	C	D
A	B	A	B	A	B
C	D	C	D	C	D

La somme magique est $s=\frac{n\cdot m}{2}=t\cdot m$, un nombre impair. Soit a, b et c les sommes des nombres dans toutes les cases de type A, B et C respectivement. Nous obtenons alors $a+b = a+c = t\cdot s$, et aussi, par complémentation, $b+c = t\cdot s$. Ces équations conduisent aux égalités $a = b = c = \frac{t\cdot s}{2}$, ce qui implique une contradiction puisque $t\cdot s$ est impair. Planck a aussi montré qu'il existe des carrés magiques d'ordre n simplement pair et complémentés en m pair plus grand que n^2+2. En voici un exemple:

39	17	13	10	4	37
35	7	12	18	14	34
29	9	19	16	15	32
8	25	24	21	31	11
6	26	22	28	33	5
3	36	30	27	23	1

[14] [Pl].

En résumé, le tableau 1 donne le nombre minimal de sommes dans un carré d'ordre *n* et complémenté en *m*, en fonction de la parité de ces deux nombres.

m \ *n*	simplement pair	doublement pair	impair
pair	1	1	1
impair	3	1	2

Tableau 1

J'entreprends maintenant la construction complète des carrés alchimiques d'ordre 3. Notez d'abord qu'un tel carré possède une diagonale, que j'appelle *principale*, où ses sommes alchimiques se regroupent:

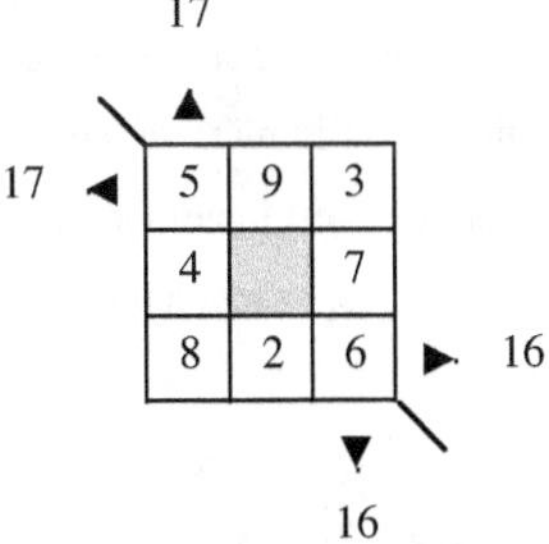

L'échange des nombres sur la diagonale principale redonne un carré alchimique (ci-dessous, carré de gauche). De plus, on peut toujours, sur cette diagonale, substituer une paire libre à la paire qui s'y trouve. La paire libre du carré ci-dessus est (1, 10). La substitution en question produit le carré du milieu ci-dessous. Un autre échange conduit au carré de droite et une dernière substitution nous ramène au carré de départ.

6	9	3
4		7
8	2	5

(4, 7) (15, 18)

10	9	3
4		7
8	2	1

(0, 11) (11, 22)

1	9	3
4		7
8	2	10

(2, 9) (13, 20)

Je définis donc un graphe A_m comme suit. Les sommets de A_m sont les carrés alchimiques d'ordre (3, m), où $m = 9+2k$ pour un $k \geq 0$. Deux sommets sont reliés par une arête du graphe si on peut passer de l'un à l'autre via l'une de trois *opérations élémentaires*. La première est un échange des nombres d'une paire de compléments du carré. La deuxième est une substitution (respectant la parité) d'une paire du carré par une paire libre. La troisième est une rotation, dans le sens suivant:

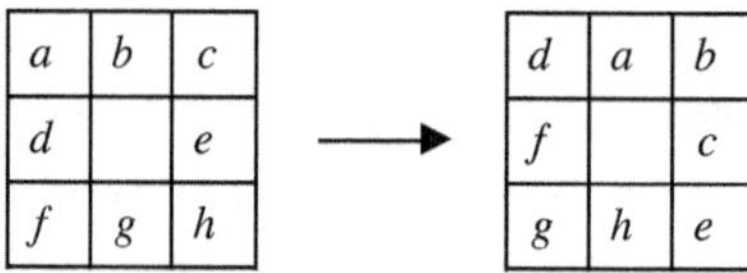

Cette rotation inclut toutes les rotations des nombres parce que je ne distingue pas, selon l'usage, deux carrés symétriques. À la lumière de ce que je viens d'établir à la page précédente, et compte tenu du fait que k est le nombre de paire libre d'un carré de A_m, on voit que dans ce graphe chaque carré appartient à un $2(k+1)$-cycle. Je note le nombre de tels cycles dans A_m par c_k.

Proposition 1. $\forall k \geq 0, c_k = 5 + \dfrac{k(k+7)}{2} - \left\lfloor \dfrac{k+2}{3} \right\rfloor$, où $\lfloor x \rfloor$ est la partie entière de x.

Preuve. Par induction sur k. On calcule d'abord c_k en supposant le résultat vrai pour $c_{k\text{-}1}$. Comme il suffit de trouver un carré représentatif par $2(k+1)$-cycle dans A_m où $m = 9+2k$, on cherche un carré contenant 1. Il y a trois cas:

1) 1 est sur la diagonale principale. Alors, à partir d'un échange sur cette diagonale, il y a deux carrés contenant 1 sur le $2(k+1)$-cycle. Si on retire ces deux carrés du cycle et qu'on opère une translation à gauche sur les autres carrés, on obtient un $2k$-cycle dans A_p, où $p = 9+2(k-1)$. Il y a $c_{k\text{-}1}$ tels $2k$-cycles par hypothèse d'induction, c'est donc le nombre de $2(k+1)$-cycles de ce type dans A_m.

2) 1 est sur la seconde diagonale. Le carré est de la forme ci-dessous, où $a+b+m-1 = a+c+1$. Alors $c = b+m-2$. On a $b \geq 2$, donc $b-2 \geq 0$ et $c = b+m-2 \geq m$, ce qui implique une contradiction. Il n'existe aucun carré de ce type.

a	b	$m-1$
c		$m-c$
1	$m-b$	$m-a$

3) 1 est au milieu d'un côté. Encore une fois on peut se restreindre, dans ce cas, aux carrés contenant 2. Il y a six cas possibles selon la position de 2 relativement à celle de 1 et de la diagonale principale:

a) Le carré est de la forme

a	$m-1$	$m-b$
2		$m-2$
b	1	$m-a$

Si a est sur la diagonale principale, alors $a+2+b = a+m-1+m-b$, donc $b = m - \frac{3}{2}$, ce qui conduit à une contradiction. Il n'existe pas de carré de ce type.

Si b est sur la diagonale principale, alors $a+2+b = b+1+m-a$, donc $a = \frac{m-1}{2}$ (m impair). On obtient un cycle.

b) Le carré est de la forme ci-dessous. Si a est sur la diagonale principale, alors $a+b+m-2 = a+m-1+2$, donc $b = 3$. On obtient un autre cycle.

Le cas où un 2 se trouve sur la diagonale principale est traité plus bas.

a	$m-1$	2
b		$m-b$
$m-2$	1	$m-a$

c) Le carré est de la forme

a	$m-1$	$m-2$
b		$m-b$
2	1	$m-a$

Si a est sur la diagonale principale, alors $a+b+2 = a+m-1+m-2$, donc $b = 2m-5$ et $m-b = 5-m < 0$, ce qui donne encore une contradiction. Il n'existe pas de carré dans ce cas.

Si 2 est sur la diagonale principale, alors $a+b+2 = 2+1+m-a$, donc $b = m+1-2a$. La variable a devient un paramètre dont chaque valeur permise donne un cycle. Premièrement, b est pair et décroît quand a croît, donc nous avons $b = m+1-2a \geq 4$ et $3 \leq a \leq \frac{m-3}{2}$. Deuxièmement, on a $a \neq m-b$, $b \neq m-a$ et $a \neq b$, parce qu'il faut des nombres distincts. Les deux premières conditions donnent $a \neq 1$, ce qui est déjà établi, tandis que la troisième entraîne que $a \neq \frac{m+1}{3}$, ce qui élimine une valeur de a si $m+1$ est divisible par 3. Il y a donc $\frac{m-3}{2}-3=\frac{m-9}{2}$ cycles si 3 divise $m+1$, et sinon, $\frac{m-3}{2}-2=\frac{m-7}{2}$ cycles.

Nous obtenons ainsi, pour $k \geq 1$, les valeurs suivantes:

$$c_k = \begin{cases} c_{k-1}+2+\dfrac{m-9}{2} & \text{si 3 divise } m+1 \\ c_{k-1}+2+\dfrac{m-7}{2} & \text{si 3 ne divise pas } m+1 \end{cases} = \begin{cases} c_{k-1}+k+2 & \text{si 3 divise } 2k+10 \\ c_{k-1}+k+3 & \text{si 3 ne divise pas } 2k+10. \end{cases}$$

Notez que 3 divise $2k+10$ si, et seulement si, il divise $k+2$, et que

$$\left\lfloor \frac{k+1}{3} \right\rfloor - \left\lfloor \frac{k+2}{3} \right\rfloor = \begin{cases} -1 & \text{si 3 divise } k+2 \\ 0 & \text{si 3 ne divise pas } k+2. \end{cases}$$

Donc $c_k = c_{k-1} + k + 3 + \left\lfloor \frac{k+1}{3} \right\rfloor - \left\lfloor \frac{k+2}{3} \right\rfloor = 5 + \frac{k(k+7)}{2} - \left\lfloor \frac{k+2}{3} \right\rfloor$.

Il reste à calculer c_0 comme ci-dessus, excepté dans le premier cas (1 sur la diagonale principale), pour lequel il faut trouver directement les cycles, qui dans A_9 se réduisent à une arête donnée par un échange puisque aucune paire libre n'existe pour les carrés de ce graphe. On trouve deux cycles contenant respectivement

6	4	8
2		7
1	5	3

(0, 9) (9, 18)

et

5	6	8
2		7
1	3	4

(-1, 10) (8, 19)

Le troisième cas ci-dessus (page 21) donne trois cycles contenant respectivement

4	8	6
2		7
3	1	5

(0, 9) (9, 18)

4	8	2
3		6
7	1	5

(4, 5) (13, 14)

3	8	7
4		5
2	1	6

(3, 6) (12, 15)

Donc $c_0 = 5$, ce qui complète la preuve.

Corollaire. Le nombre de carrés alchimiques d'ordre (3, m), où $m = 9+2k$ pour un k positif ou nul, est

$$|A_m| = 2(k+1)\left(5 + \frac{k(k+7)}{2} - \left\lfloor \frac{k+2}{3} \right\rfloor\right).$$

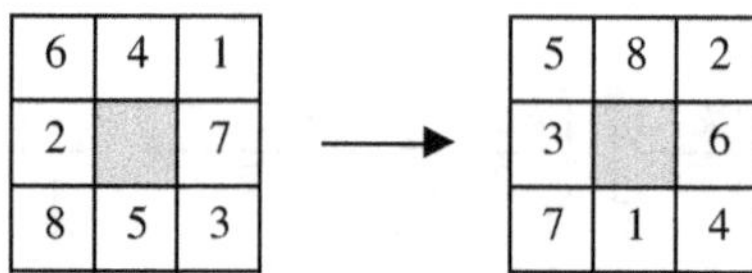

Je complète la construction de A_9. Les cycles dans A_9 correspondent aux échanges (aucun ne se trouve en dehors de la diagonale principale) et il n'y a pas de substitution, alors il reste à trouver les rotations. Il en existe une entre les cycles représentés par le premier et le quatrième carré ci-dessus (voir la page précédente après le corollaire), et une autre entre les cycles représentés par le second et le cinquième carré:

5	6	1
2		7
8	3	4

→

3	8	2
4		5
7	1	6

Je donne le graphe A_9 ci-dessous. Les arêtes verticales représentent les échanges et les arêtes horizontales, les rotations.

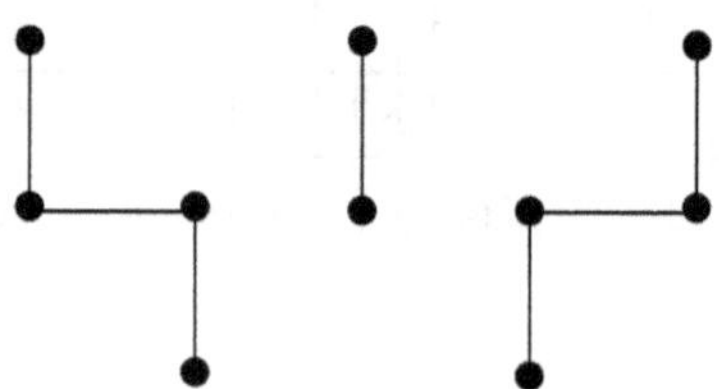

Proposition 2. $\forall k \geq 0,\ d_k = k + \left\lfloor \frac{k^2}{4} \right\rfloor - \left\lfloor \frac{k}{3} \right\rfloor$, *où* d_k *représente le nombre de carrés magiques d'ordre* 3 *complémentés en* $m' = 8+2k$, *pour un* $k \geq 0$.

a	$2t-1$	$t+1-a$
$2t+1-2a$	t	$2a-1$
$t-1+a$	1	$2t-a$

k	# carrés mag.	# carrés alc.
0	0	10
1	1	32
2	3	78
3	4	144
4	7	250
5	10	396
6	13	588

Tableau 2

Le résultat équivalent à la proposition 1 pour les carrés magiques fait partie du folklore des récréations mathématiques.[15] Je le mentionne à titre de référence (proposition 2). Ma preuve, que j'omets, suit l'argumentation précédente en utilisant l'idée de renverser la construction de la translation scindée pour aller du carré alchimique au carré magique. Une implication de la preuve est que tout carré magique contenant 1 possède la forme donnée au bas de la page précédente, dans laquelle, pour un $t \geq 5$ donné, $2 \leq a \leq \left\lfloor \frac{t}{2} \right\rfloor$ excepté pour la valeur $2 + \frac{t-4}{3}$ si elle est entière. Les autres carrés magiques d'ordre 3 s'obtiennent par translation. Le résultat final s'écrit sous la forme matricielle $(a-1) \cdot A + (t-a) \cdot B + (d)_3$, où $(d)_n$ est la matrice constante $n \times n$ de valeur d, et A et B sont respectivement les deux carrés latins[16]

1	2	0
0	1	2
2	0	1

0	2	1
2	1	0
1	0	2

Tous les carrés magiques d'ordre 3 appartiennent donc à une même famille et ne diffèrent entre eux que par les valeurs de trois paramètres. Le tableau 2 compare les

[15] Voir par exemple [Sw, 122-4].

[16] La définition se trouve au début du chapitre trois.

premières valeurs obtenues du corollaire et de la proposition 2. Elles peuvent donner une idée de l'explosion combinatoire inévitable quand on passe aux carrés alchimiques d'ordre supérieur à 3.

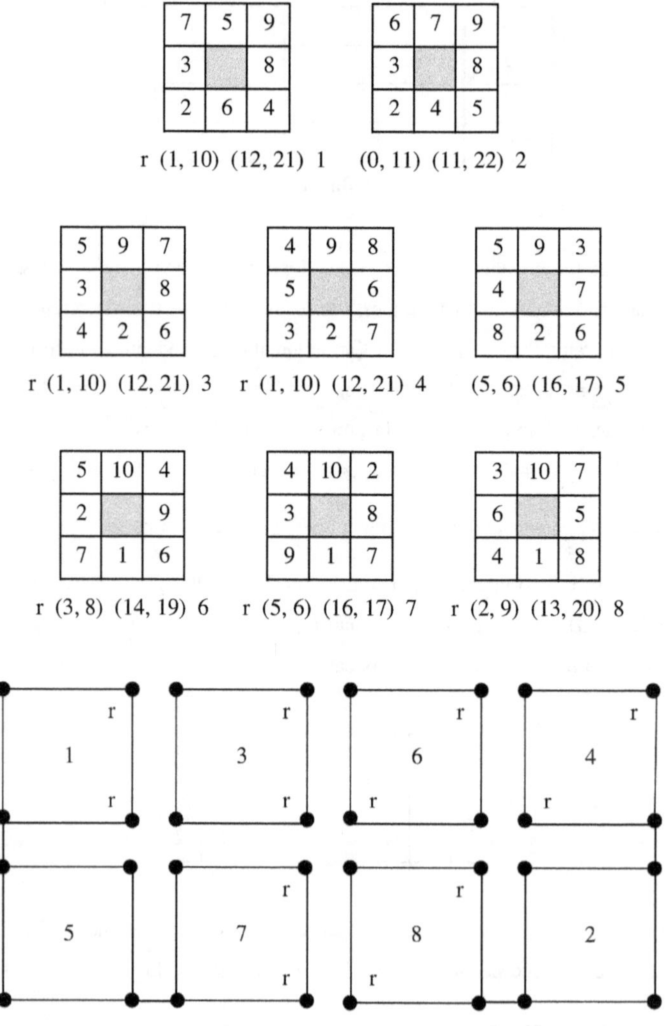

Le graphe A_{11} est l'équivalent, pour les carrés alchimiques d'ordre 3, de l'unique carré magique complémenté en 10 (le *Luo shu*). Les 32 carrés alchimiques complémentés en 11 se distribuent entre huit 4-cycles, dont cinq proviennent de la translation des cycles de A_9 et trois contiennent 1 sur un côté. Je donne à la page précédente un carré représentatif par cycle (numéroté à droite), si possible régulier (« r » à gauche), de même qu'une image du graphe. Une rotation relie deux sommets de degré 3.

On peut montrer qu'il existe, pour un carré alchimique d'ordre 3, deux distributions possibles des nombres selon leur parité, représentées par les schémas colorés suivants:

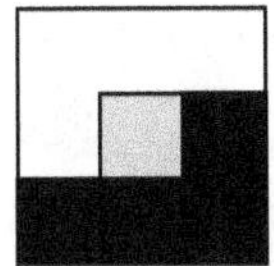

Dans la moitié gauche du graphe A_{11} se trouvent les carrés de première forme et dans la moitié droite, les autres.[17] C'est le seul graphe A_m qui possède un nombre égal de carrés de chaque forme. Leur distribution ajoute à la symétrie de A_{11} et prolonge au graphe entier le caractère dual de tout carré alchimique.

Il suffit, par ailleurs, de contempler un peu ces deux formes pour constater une différence frappante entre celles-ci. La première forme prolonge la dualité propre aux carrés alchimiques à leur aspect géométrique, donné par la parité des nombres. En séparant et en unissant ainsi le pair et l'impair, elle conduit naturellement à l'aspect symbolique de ces carrés, qui les distingue nettement de la symbolique du *Luo shu* esquissée en début de chapitre. Voici donc les principaux thèmes symboliques que je vois dans le carré alchimique: les couples de compléments ou la complémentation, la séparation et la conjonction, l'inversion ou le renversement, le centre, la symétrie, le double et les deux moitiés, le un et le deux, le même et l'autre.[18]

---

[17] Je reviendrai au chapitre quatre sur cet aspect géométrique des carrés de nombres.

[18] Voir [By, 10s] concernant le thème de l'ambiguïté, proche de ceux-ci.

La richesse du carré alchimique provient de la parfaite imbrication entre ses propriétés mathématiques et les thèmes symboliques qu'il recèle, aussi cohérents que ces propriétés. Je parlerai donc d'une *structure symbolique* associée au carré alchimique et je tenterai de la décrire tout au long du livre, à la fois en développant le côté mathématique du nouvel objet et en construisant autour de ses symboles un système d'amplifications[19] puisées aussi bien à l'intérieur qu'en dehors des mathématiques – une collection d'*objets* s'éclairant l'un l'autre à travers leur commune structure symbolique. Je considère la méthode amplificatoire de Carl Gustav Jung comme un processus circulaire, en ce sens que chaque amplification du système, chaque objet de la collection possédant une part de connu et une part d'inconnu, la collection elle-même doit idéalement contribuer à diminuer la seconde pour tous les objets qu'elle contient. La part d'inconnu n'est jamais nulle quel que soit le symbole, même si l'image d'un rêve est en général plus obscure que, par exemple, le motif mythologique qui sert à l'amplifier. En pratique aussi, un système d'amplifications doit servir à éclaircir nos motifs oniriques. C'est le but que je poursuis pour ces motifs qui relèvent de la structure symbolique du carré alchimique.

La part de connu dans le carré alchimique comprend la transparence de sa structure symbolique. Elle m'a conduit à construire mon système amplificatoire à partir des mathématiques, à effectuer en ce point la coupure du cercle des amplifications. Cette transparence développe le regard de telle sorte que la pensée cherche les thèmes symboliques latents quand les autres apparaissent explicitement, en particulier en ce qui concerne les deux piliers de la structure: l'inversion et la conjonction.

La part d'inconnu dans le carré alchimique, ou dans toutes les mathématiques, comprend l'aspect opératoire de ses symboles. Rien n'en subsiste dans un objet mathématique cristallisé, mais qu'en passe-t-il dans la découverte ou dans la perception subjective de cet objet?

---

[19] Au sujet de la méthode des amplifications telle qu'utilisée par Jung pour l'interprétation des rêves, voir [Ju 1, 289], [Ju 7, 114-5], [Ju 11, 26-8] et [Fr 5, 131].

Chapitre deux

Sous le ciel de la Chine

Avant de se nouer en un carré magique complémenté ou un carré alchimique, une suite de nombres naturels peut engendrer déjà tous les thèmes symboliques dont il vient d'être question. J'en prends à témoin le prince des mathématiciens lui-même, Carl Friedrich Gauss[1]:

> Peu après son septième anniversaire, Gauss entra à l'école, une sordide relique moyenâgeuse dirigée par une brute virile du nom de Büttner, dont la méthode d'enseignement, pour la centaine de garçons à sa charge, consistait à les terrifier jusqu'à ce qu'ils atteignent un tel état de stupidité qu'ils en oubliaient même leur nom. C'est dans ce puits infernal que Gauss trouva sa fortune.
>
> Rien d'extraordinaire n'arriva pendant les deux premières années. Gauss entra dans la classe d'arithmétique alors qu'il avait dix ans. Comme c'était un premier cours, aucun des élèves n'avait entendu parler d'une progression arithmétique. C'était ainsi facile pour l'héroïque Büttner de leur donner un problème interminable, dont il pouvait trouver la solution en quelques secondes à l'aide d'une

---

[1] [Be 1, 221-2]. J'ai rétabli la progression apparaissant traditionnellement dans l'anecdote. Toute progression arithmétique ferait l'affaire, mais celle sur la séquence naturelle ramène le problème à trouver un nombre triangulaire (voir l'équation (*) du premier chapitre), et je soupçonne E. T. Bell d'avoir voulu se débarrasser de la saveur pythagoricienne que cette version du problème ajoutait à l'anecdote. Voir [Be 2] à propos de l'anti-pythagorisme de Bell.

formule. [Le problème, en l'occurrence, consistait à additionner les cent premiers nombres].

Selon la coutume de l'école, le premier garçon à trouver la réponse à un problème déposait son ardoise sur la table. L'élève suivant déposait alors son ardoise au-dessus de la première, et ainsi de suite. Büttner avait à peine terminé de formuler le problème que Gauss lançait son ardoise sur la table, gardant les bras croisés pour l'heure suivante pendant que les autres peinaient à la tâche, tandis que Büttner favorisait Gauss de regards condescendants et devait se dire que son plus jeune élève était le dernier des crétins. Quand il corrigea les ardoises, il vit qu'un unique nombre apparaissait sur celle de Gauss. Jusqu'à la fin de ses jours celui-ci aimait à conter que ce nombre était la seule bonne réponse obtenue par les élèves. Ceci ouvra la porte par laquelle Gauss passa à l'immortalité.

Bell raconte cette anecdote comme un véritable conte de fée, avec d'un côté les motifs du méchant et de la tâche impossible, et de l'autre celui du jeune benêt qui vient miraculeusement à bout de l'épreuve, et celui de la récompense – rien de moins que l'immortalité. Seul manque le motif de l'animal secourable pour en faire un conte classique, un rôle tenu ici dans l'ombre par l'esprit ou le génie des mathématiques.

Par un renversement spectaculaire, le petit Gauss, fermé aux mathématiques en apparence, devient le grand Gauss de toujours. Un renversement mimé par les élèves eux-mêmes, car la pile de leurs ardoises est ordonnée comme la suite sur laquelle ils se sont tous cassé la tête, sauf un. S'ils avaient musé un peu sur cette pile au lieu de peiner à la tâche, ils auraient peut-être pu suivre le premier élève – le dernier – parce que la solution s'y trouve:

$$\begin{array}{ccccc} 1 & + & 2 & + \ldots + & 100 \\ 100 & + & 99 & + \ldots + & 1 \end{array}$$

Cent paires de compléments en 101 produisent le double de la somme cherchée (5050).[2] Il faut donc créer d'abord un double inversé de la somme ou de la suite, puis unir les

[2] Quand n est une puissance de 10 comme dans l'anecdote, le thème du double et des moitiés se cache aussi dans le résultat: 50 accolé à un autre 50 dans ce cas-ci.

deux. Notez que pour former les paires de compléments, on peut couper la suite en deux au lieu de la doubler, mais dans le cas général d'une suite en n, la preuve dépend alors de la parité de ce nombre.

Tous les thèmes de la structure symbolique du carré alchimique transparaissent dans cette simple preuve. On ne peut savoir si cette structure joua un rôle dans l'esprit de Gauss quand il trouva la solution, ou prétendre que quiconque y arrive suit toujours le même chemin. Je décrirais ce chemin idéal de la manière suivante. Il faut éviter d'abord, en s'éloignant de l'individualité de chaque nombre, de calculer la somme pas à pas, travail ingrat s'il en fut. Ensuite, il faut réifier la somme en quelque sorte, en faire un objet géométrique ou topologique manipulable dans l'espace mental jusqu'à ce que la structure symbolique entre en jeu.[3] Imaginons un instant que la somme, en tant qu'objet géométrique, ne fasse plus que tourner sur elle-même dans un plan. La seule position qui permette l'entrée en jeu du symbole est celle où l'objet s'inverse. Il devient alors autre en restant le même et peut se dédoubler avant de former les paires de compléments qui conduisent à la conjonction.

Les pythagoriciens ont accompli la même tâche à leur manière en identifiant la somme des n premiers nombres à un triangle, puis en trouvant la valeur de cette somme à l'aide d'un rectangle $n(n+1)$ construit sur ce triangle et une copie inversée de celui-ci. Le résultat de l'union devient visible, quoique d'une autre nature que ses triangles parents, un peu comme les deux moitiés géométriques d'un carré alchimique s'unissent pour le former, et contrairement à ce qui se passe pour les deux suites dans la preuve (supposée) de Gauss. Mais les deux preuves s'approchent du symbole, s'apprêtent à sortir des mathématiques, atteignent ce point où les mathématiques et les symboles se rencontrent. En me tenant à cette frontière entre les mathématiques et les symboles, je parlerai donc d'une *suite duale en* n, constituée de la suite simple des n premiers nombres à laquelle s'associe la structure symbolique isolée précédemment.

La suite duale en 2 est la plus courte qu'on puisse coller à un objet concret, la pièce de monnaie étant l'objet en question. Laisser décider le sort en tirant à pile ou face équivaut à pratiquer une divination élémentaire: obtenir de l'invisible une réponse, par oui ou par non, à une question. La propriété physique d'une pièce de monnaie de

[3] [By, 68, 71].

toujours cacher l'une de ses faces fait le lien avec la divination. Une représentation mythique du même phénomène se retrouve dans une sculpture de Quetzalcoalt, à la fois dieu de la vie et dieu de la mort (figure 2).[4]

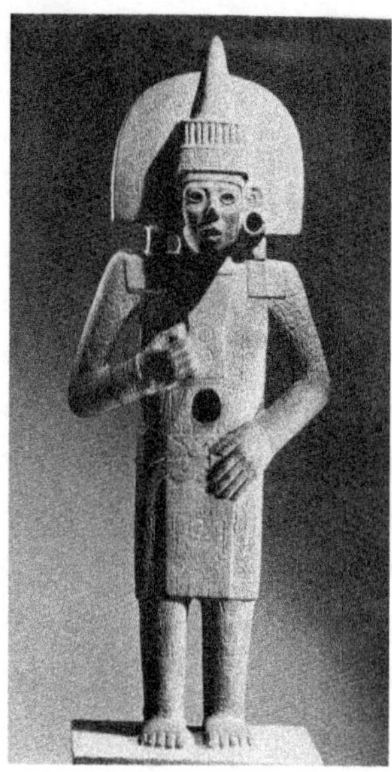

Figure 2, face: *Quetzalcoalt du côté de la vie.*

Le dé fonctionne de la même manière que la pièce de monnaie. Nigel Pennick[5] raconte l'histoire de son utilisation divinatoire, mais sans préciser malheureusement à quelle époque il a pris sa forme actuelle, une parfaite cristallisation dans l'espace de la suite duale en 6. Tout comme la pièce de monnaie, une moitié seulement du dé peut être vue à la fois, et sa moitié invisible renverse et complémente sa partie visible: un instrument divinatoire impeccable.[6]

---

[4] [Cm 1, 173-4]. La sculpture appartient au Brooklyn museum de New York.

[5] [Pe 1, 31-6].

[6] Voir [Ch, 116] pour un lien entre la disposition des trigrammes selon Fu Xi, dont je parlerai bientôt (p. 50), et leur disposition équivalente sur les sommets d'un dé. Voir aussi la discussion de la disposition des trigrammes selon Wen Wang, opposée à celle de Fu Xi comme l'invisible au visible: [Ch, 118- 21]. La lecture des feuilles de thé commence par le renversement de la tasse qui les contient – un geste conduisant aux mêmes symboles que les systèmes divinatoires discutés dans ce chapitre.

Figure 2, pile: *Quetzalcoalt du côté de la mort.*

Je poursuis avec les systèmes de divination en disant un mot sur le Tarot.[7] Ses vingt-deux arcanes majeurs (ou clefs) cachent quelques suites duales. Par exemple, les six premiers arcanes – le Bateleur, la Papesse, l'Impératrice, l'Empereur, le Pape et l'Amoureux – montrent deux couples de compléments de la suite duale en 6 (2 et 5, 3 et 4). Notez l'échange des qualités entre l'Impératrice (3, impair, masculin) et l'Empereur (4, pair, féminin). Quant à la série complète des arcanes, Oswald Wirth consacre justement le deuxième chapitre de son ouvrage, cité dans la note précédente, à démontrer qu'une analyse plus fine permet d'y retrouver la structure de la suite duale en 22 (en mes termes). Il le fait de manière typique, en séparant en deux la série des arcanes et en inversant la deuxième moitié pour faire ressortir les couples de compléments en 23, puis en soulignant le contraste frappant (que j'appellerais plutôt un renversement) entre les images de certains de ces couples, par exemple le Bateleur (1, l'intelligence) et le Fou

[7] Voir [Wi], l'ouvrage classique sur la question. Entre le Tarot et le *Yi jing* se situe la géomancie, basée sur la suite duale en 16. Voir [Pe 1, ch.3] et [Fr 2, 117-20].
[7] [Wl, 305].

(0 ou 22, la folie), le Chariot (7, triomphe) et la Maison-Dieu (16, la chute), la Roue de Fortune (10, chance) et la Mort (13, malchance). « Pour être moins frappant, le contraste n'en existe pas moins entre les autres arcanes, si bien qu'il est permis d'en inférer que chacune des moitiés du Tarot doit avoir, dans son ensemble, une signification générale opposée à celle de l'autre moitié. »[8] Je renvoie à ce que dit Wirth de cette signification, qu'on peut résumer en affirmant que la première moitié des arcanes est *yang*, tandis que la deuxième est *yin*. De plus, l'arcane du Pendu, par lequel débute la deuxième moitié de la série, contient l'image explicite d'un renversement, signalant le passage de la première à la deuxième moitié du Tarot, en plus de l'image de la terre (*yin*).[9]

Chaque arcane majeur a été associé à l'une des vingt-deux lettres de l'alphabet hébreux et pour celles-ci aussi le renversement de la suite duale est attesté[10] – une symbolique qu'on appliqua aussi à l'alphabet arabe[11]:

> De leur côté les « Frères de la Pureté » en leur célèbre Encyclopédie sont entièrement d'accord avec cette notion de l'arcane coranique, et cette correspondance de 14 lettres avec les signes septentrionaux du Zodiaque, des 14 autres avec les signes méridionaux. On assiste ainsi à la genèse de la répartition des lettres de l'alphabet arabe en lettres « lumineuses » (celles qui se rencontrent au début des sourates) et lettres « ténébreuses ». Dans leur correspondance avec les stations de la Lune, est typifié le renversement qui est au principe du *ta'wîl:* ce qui est évidence pour les sens (les 14 stations visibles) est ténèbre pour l'âme; ce qui est ténèbre pour les sens (les 14 stations invisibles) est lumière pour l'âme [...]

Le système divinatoire le plus élaboré dont la fondation repose sur une suite duale est sans contredit le *Yi jing* chinois. Les 64 hexagrammes du *Yi jing* sont construits chacun sur six traits pleins (*yang*) ou brisés (*yin*). Chaque hexagramme possède un complément naturel, celui dont les traits *yang* (*yin*) remplacent les traits *yin* (*yang*) de l'autre. Mais dans la tradition classique du *Yi jing*, les hexagrammes sont plutôt appariés par le renversement de l'ordre des traits, qui se reflète souvent par opposition dans le

---

[8] [Wi, 48-9].
[9] [Wi, 182].
[10] [Sl, 338].
[11] [Co 5, 175-6]. Voir aussi [Gu 4, 153] à propos de la division des lettres en deux demi-séquences.

nom des hexagrammes, par exemple pour les hexagrammes 63, Après l'accomplissement (Richard Wilhelm) ou Déjà traversée (Cyrille Javary), et 64, Avant l'accomplissement ou Pas encore traversée:

Dans ce cas particulier, l'inversion et la complémentation conduisent au même résultat. Quand l'hexagramme est son propre inverse, on lui adjoint son complément naturel:

Il s'agit en l'occurrence des deux premiers hexagrammes du *Yi jing*, le Créateur ou le Ciel, pur *yang*, et le Réceptif ou la Terre, pur *yin*. On peut s'interroger sur le choix traditionnel de formation des couples d'hexagrammes quand elle souffre des exceptions, mais elle permet justement d'isoler deux couples d'images parmi les plus importantes dans la pensée chinoise ancienne – Le Ciel et la Terre, l'Eau et le Feu:

Ces exceptions renvoient par ailleurs à deux autres thèmes de la structure symbolique du carré alchimique, le double et la symétrie, en plus du renversement qui fonde la procédure.

Un philosophe du 11e siècle de notre ère (dynastie des Song du Nord), Shao Yong, repensa l'organisation des hexagrammes d'une manière qui les rapproche encore plus de leur structure mathématique et de la thématique de la suite duale et du carré alchimique. La figure 3 présente sa construction.[12] Les six bandes noires (*yin*) et blanches (*yang*) représentent les six premières puissances de 2 et permettent de construire les hexa-

[12] [Te, 263]. Voir aussi [Ja 1, 468, 479] et [Pu, 190] à propos d'un passage du *Xici zhuan* (un commentaire du *Yi jing*) sur la génération des trigrammes, dont a dû s'inspirer Shao Yong.

grammes trait par trait en commençant par le bas. Les bandes se suivent l'une l'autre par division en deux et dédoublement.

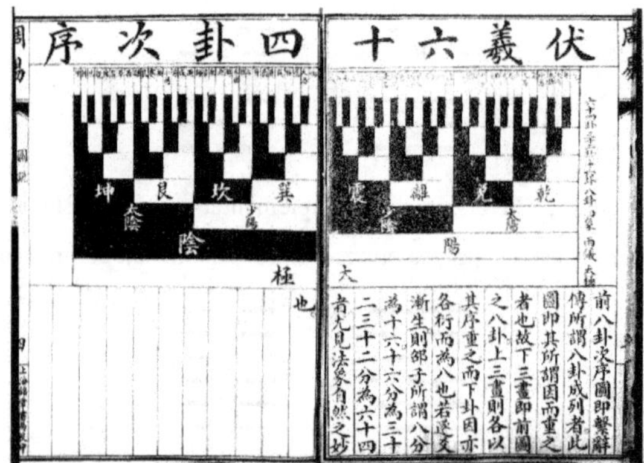

Figure 3: *La construction de Shao Yong.*

On a souvent remarqué en Occident que nous pouvons aussi lire, dans ce type de diagramme, la représentation binaire des nombres de 0 à 63 (*yin* = 0 et *yang* = 1) de gauche à droite, à condition de commencer par le haut (de la constante à la cinquième puissance de 2). La première demi-séquence de 0 à 31 se retrouve ainsi à gauche, du côté du *yin*, et la deuxième à droite, du côté du *yang*. Ce sont les deux caractères inscrits au premier palier. Un couple de compléments en 63 correspond alors à un couple d'hexagrammes complémentaires tel que défini ci-dessus. Fort de sa nouvelle construction, Shao Yong chercha à mettre les hexagrammes en carré (la terre *yin*) et en cercle (le ciel *yang*). La solution était naturelle dans le premier cas, moins évidente dans le deuxième: « [...] il eut un beau jour l'idée de prendre au pied de la lettre l'idée de *retournement* contenu dans le nom du dessin *tai ji*. Il découpa alors son agencement circulaire en deux demi-cercles et retourna l'un d'eux avant de le replacer au contact de l'autre. »[13] Le petit Gauss eut une idée semblable un autre beau jour en Occident. La figure 4 illustre le résultat pour les hexagrammes.[14]

[13] [Ja 1, 489]. Italique de Javary.

[14] [Ja 1, 490].

Le carré commence en haut à gauche avec l'hexagramme correspondant à 0 dans la séquence et il se remplit naturellement jusqu'à celui correspondant à 63 en bas à droite. Le carré est complémenté. Le cercle inverse en quelque sorte cette séquence, mais il est aussi complémenté puisque le retournement de la deuxième demi-séquence crée une symétrie centrale. Le dessin du *tai ji* dont parle Cyrille Javary est le fameux[15] tableau ou diagramme (*tu*) du *yin* et du *yang* (voir la figure 5).

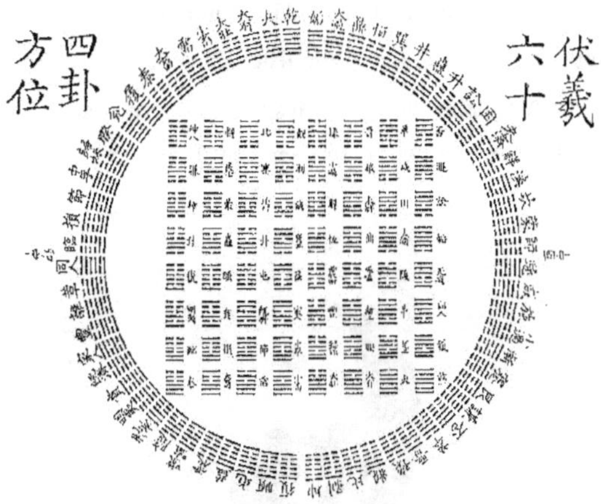

Figure 4: *Le cercle et le carré des hexagrammes selon Shao Yong.*

Les deux caractères correspondant à *tai ji*, que Javary traduit par Grand Retournement, se retrouvent au palier 0 de la construction de Shao Yong (figure 3) – le principe antérieur à la distinction entre le *yin* et le *yang* qui a lieu au premier palier. Ainsi, il semble peu probable que Shao Yong ait eu en vue le *tai ji tu* dans sa construction. Celle-ci, je suppose, précède dans le temps celui-là. Le *tai ji tu* serait une image mathématique tardive mais heureuse de la philosophie chinoise du *yin* et du *yang*. Il révèle les affinités de cette philosophie avec les mathématiques – du moins celles qui peuvent se rattacher aux symboles. On ne peut nier, par contre, un côté artificiel au diagramme, que j'oppose au caractère naturel du carré alchimique, par lequel on arrive

[15] Voir [Gu 1, 151-2] et [Ro 1, 217].

aux même symboles que le *tai ji tu* à partir d'une définition simple et de propiétés mathématiques élémentaires, en particulier celles du pair et de l'impair.

Dans la représentation binaire des nombres donnée par la construction de Shao Yong, le premier trait du bas détermine l'appartenance à l'une ou à l'autre des demi-séquences et le dernier trait détermine la parité. Les deux demi-séquences séparent donc le carré et le cercle des hexagrammes en deux moitiés – en haut et en bas pour le carré, à droite et à gauche pour le cercle. Mais dans la construction de Shao Yong, rien n'empêche de lire la représentation binaire dans l'autre sens, c'est-à-dire de bas en haut comme dans l'ordre des traits. La nouvelle liste débutera ainsi: 0, 32, 16, 48, 8, etc. Le premier trait détermine maintenant la parité et la construction des hexagrammes par paliers successifs, leur carré et leur cercle séparent le pair et l'impair comme le fait le carré alchimique.

Figure 5: *Le* tai ji tu.

Le *Xici zhuan*, le Grand Commentaire du *Yi jing*, dit ceci sur la séparation du pair et de l'impair[16]:

> Le Ciel est un, la Terre est deux.
> Le Ciel est trois, la Terre est quatre.
> Le Ciel est cinq, la Terre est six.
> Le Ciel est sept, la Terre est huit.

[16] [Hu, 23]. Voir aussi [Gu 1, ch. VIII] et [Pu, 189]. Concernant le *Xici zhuan* en général, voir [Le 3, 252-68].

Le Ciel est neuf, la Terre est dix.

Cinq nombres appartiennent au Ciel,
Et cinq nombres à la Terre.
Quand ils sont distribués parmi les cinq places,
Chacun a son complément.
Les nombres célestes donnent vingt-cinq,
Les nombres terrestres, trente.
Le total des nombres célestes et terrestres est cinquante-cinq.
Ce sont ces nombres qui complètent les changements et les transformations
Et gardent l'esprit divin en mouvement.

Cet extrait contient peut-être la référence la plus ancienne au *Luo shu* dans la tradition chinoise, mais il faut bien admettre que l'allusion au carré magique semble un peu mince. Elle repose surtout sur le passage mentionnant les cinq places et les compléments, qu'on interprète habituellement en fonction des couples de nombres congruents en 5 qui se retrouvent sur les côtés du *Luo shu.* Mais la cinquième place, le centre du carré, n'est pas occupé par un tel couple. De plus, l'extrait en son entier parle des dix premiers nombres plutôt que des neuf premiers, qui participent seuls à la construction du *Luo shu.* Ce commentaire s'accorde donc mieux avec l'autre important diagramme de nombres en Chine ancienne, le *He tu* (le Plan ou le Tableau du fleuve, voir ci-dessous).[17] Non seulement les couples en 5 occupent les cinq places dans le *He tu* (et forment la croix des Shang), mais aussi la séparation et l'union du pair et de l'impair sur lequel débute l'extrait, de même que le mouvement sur lequel il se termine, apparaissent mieux représentés par le *He tu* que par le *Luo shu*, quand on oppose la double spirale tracée par les nombres pairs et impairs du premier, à la symétrie statique (maximale) de la croix impaire du deuxième. Bref, le *He tu*, comme les diagrammes de

---

[17] [AR, 128 (An. 9.9)]: « Confucius dit, "le phénix favorable n'est pas apparu, le Fleuve Jaune n'a pas donné son diagramme magique. Tout est perdu pour moi!" ». Sima Qian, le grand historien de la dynastie des Han, reviendra sur ce commentaire de Confucius en mentionnant plus explicitement le *He tu* et le *Luo shu*, voir [Lw, 419]. Voir aussi [Bt, 251-2]. [Bt] et [Pr 2] contiennent la traduction de vieux textes d'alchimie intérieure taoïste dans lesquels la « structure symbolique du carré alchimique » occupe une place centrale, en particulier via les trigrammes et les hexagrammes du *Yi jing*.

Shao Yong et le *tai ji tu*, fait partie de cette collection d'objets partageant avec le carré alchimique la même structure symbolique.

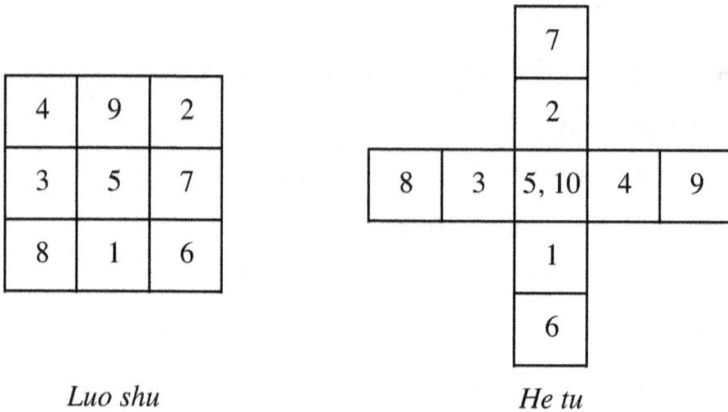

Luo shu *He tu*

Il existe une construction simple du *He tu* à partir du *Luo shu*, que j'exposerai plutôt dans le contexte des carrés alchimiques d'ordre (3, 11) parce que plusieurs d'entre eux possèdent, comme le *Luo shu*, une structure de svastika créée par les couples de nombres congruents qui se retrouvent sur les côtés du carré. Tous les carrés représentant les cycles de A_{11} (voir le chapitre précédent) possèdent cette structure. Parmi ceux-ci, six sont aussi réguliers. Dans ce graphe il existe deux autres carrés de cette nature, que voici:

7	5	1
3		8
10	6	4

r (2, 9) (13, 20) 1

4	9	1
5		6
10	2	7

r (3, 8) (14, 19) 4

Les carrés en svastika révèlent une autre symétrie de A_{11}: la moitié de ceux-ci possèdent une congruence impaire et se retrouvent dans la moitié droite du graphe. Je donne tous les résultats pour le graphe A_{11} dans le tableau 3, en fonction des sommes alchimiques du carré. Le seul carré à la fois régulier, en svastika et de sommes alchimiques (16, 17) est la première translation scindée du *Luo shu*. On voit qu'il conserve en partie le caractère unique de ce dernier. Mais comme tous les carrés réguliers et en svastika préservent le maximum de structure du *Luo shu*, ils deviennent pour ce carré esseulé une bonne famille de remplacement. Parmi cette famille, les trois carrés en (12, 21) forment une bande intéressante: elle est complète, en ce sens qu'elle contient tous les carrés ayant ces sommes; la paire centrale (1, 10) ajoute au symbolisme des carrés, comme nous l'avons vu au chapitre précédent à propos des carrés magiques construits sur le mouvement du cavalier; finalement, les sommes 12 et 21, des multiples de 3 (un nombre important en Chine ancienne), cachent un palindrome porté par le couple de compléments en 3.

Sommes	# carrés	réguliers	svastika	les deux
(16, 17)	5	1	2	1
(15, 18)	7	4	1	0
(14, 19)	5	2	2	2
(13, 20)	3	2	2	2
(12, 21)	3	3	3	3
(11, 22)	5	0	4	0
(10, 23)	3	0	2	0
(9, 24)	1	0	0	0
total :	32	12	16	8

Tableau 3

9	5	7
8	1, 10	3
4	6	2

J'applique maintenant aux carrés alchimiques en svastika la méthode traditionnelle de construction du *He tu* à partir du *Luo shu*. Je prends comme exemple le carré congruent de la première translation scindée du *Luo shu*, l'un des trois dont je viens de parler (voir ci-dessus). La première étape consiste à ouvrir les bras de nombres congruents, modulo 4 dans ce carré (voir ci-dessous à gauche).

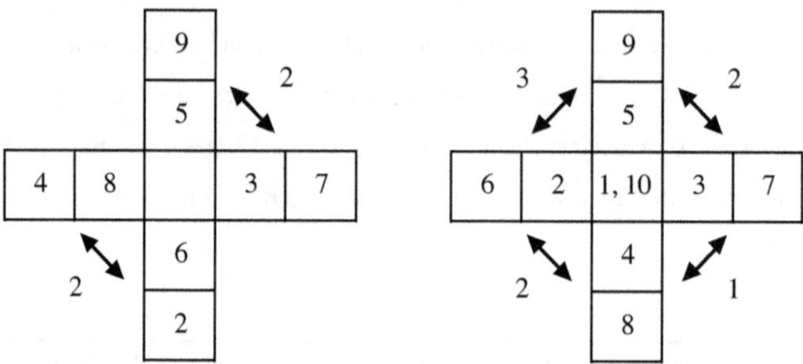

Ensuite, pour les paires de nombres congruents (ici modulo 2) entre les bras du diagramme (tel qu'indiqué par les flèches, voir la croix de droite), il s'agit d'échanger deux de ces paires en les inversant, puis de compléter le diagramme au centre par les nombres manquants. Les nouvelles congruences entre les bras donnent dans ce diagramme une sorte de complémentation en 4, accentuant l'effet régulateur de la congruence centrale (ici modulo 1), qui apparaît toujours dans ces diagrammes. De plus, un chassé-croisé entre les bras laisse apparaître une complémentation en 22 à travers certaines paires de compléments en 10, 11 et 12, qui font partie de celles du *Luo shu*, de ses translations scindées et de sa translation.

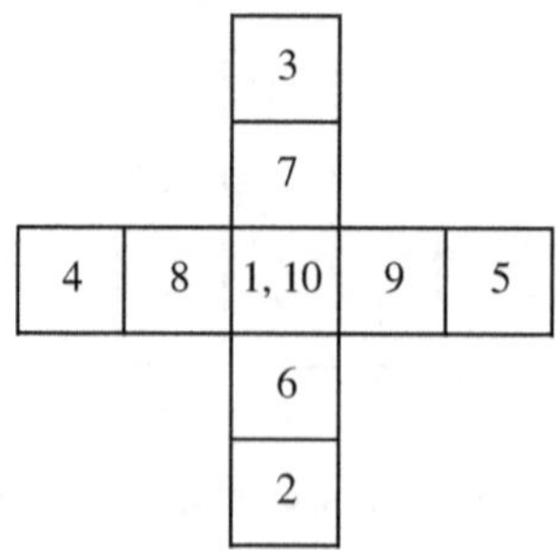

En procédant à cette construction sur le *Luo shu*, nous obtenons le *He tu*, mais il existe aussi un autre échange entre paires de nombres congruents qui ne semble pas avoir été considéré dans la tradition chinoise (voir la croix au bas de la page précédente). Ce diagramme renforce l'image du double mouvement déjà présente dans le carré alchimique et les autres objets de la collection: une expansion (1; 2, 3, 4, 5) suivie d'une contraction (6, 7, 8, 9; 10), l'expir et l'inspir comme dirait René Guénon, l'aller et le retour;[18] les deux moitiés du jour, de l'année ou de la vie. Une fleur qui s'ouvre et se referme sur un tombeau en croix des Shang.

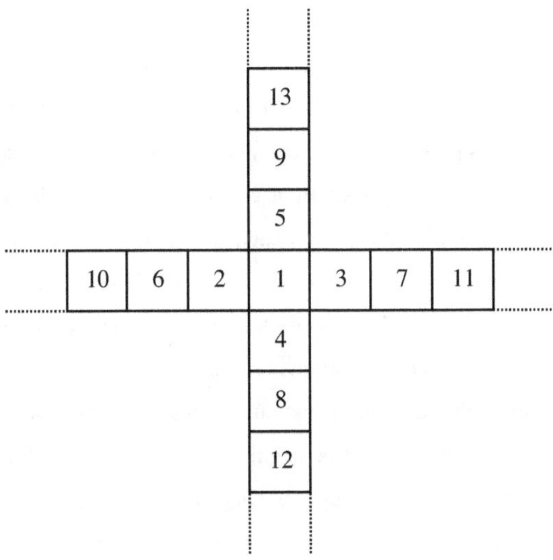

L'expansion indéfinie appartient aussi à ces diagrammes, selon la congruence originelle de leur carré. Par exemple, les bras du premier diagramme ci-dessus se prolongent en suivant la suite naturelle des nombres (voir la croix dans cette page). Si la congruence est 5 (le *Luo shu*) ou 6 (sa première translation scindée), alors la troisième dimension s'ouvrira. Dans mon exemple, les nombres pairs et impairs vivent figurativement sur les deux branches d'une hyperbole et leur séparation sur cette croix

[18] Voir [Ca 3, 201], [Ro 1, 187-189 et 293], [Ro 2, 165] et [Ju 3, 11-2]. Concernant l'expansion, la contraction et le centre vide, voir [Gt, 48-9].

apparaît encore plus nettement que dans la double spirale du *He tu*. Ce type de séparation dépend de la parité des congruences sur les bras du diagramme et entre ses bras. Le tableau 4 (page 46) résume la situation pour les carrés en svastika de A_{11}. D'après une remarque précédente, la colonne de droite du tableau s'applique à la moitié gauche du graphe, et vice versa. À noter aussi que pour certains diagrammes, les deux demi-séquences se retrouvent aussi sur l'un de ces lieux géométriques, comme c'est le cas dans les diagrammes précédents.

Je donne à la page suivante une croix pour chacun des autres types – trois spécimens de cette flore nouvelle. Le premier carré a la particularité d'être le seul carré régulier du graphe qui sépare ses nombres à la fois selon la parité et selon l'appartenance aux demi-séquences. Avec sa paire centrale (1, 10), ses congruences en 1 et en 2, et finalement sa croix sur le pair et l'impair, il s'agit du carré alchimique d'ordre 3 le plus chargé de symboles parmi tous ceux que nous avons rencontrés jusqu'à maintenant. La croix me fait penser à la représentation géométrique des nombres complexes, qui place les réels sur l'axe horizontal et les imaginaires purs sur l'axe vertical. Et dans la forme expansive que je donne, qui oppose la fixité au dynamisme expansif de la séquence sur les deux branches de l'hyperbole, l'unité conjonctive occupe l'intersection des deux axes, le véritable point d'origine, et participe ainsi au pair et à l'impair, en accord avec la vision qu'en avaient les pythagoriciens. Quant à la dernière croix parmi ce bouquet de fleurs des Shang, c'est celle qui ressemble le plus au *He tu*, les paires (5, 10) et (3, 8) changeant simplement de place. On peut rêver d'un moment dans la longue histoire du *Luo shu* et du *He tu* où un lettré chinois ou un alchimiste taoïste aura eu l'audace de considérer ce changement comme une opération valide et remonta, du diagramme obtenu après cette opération, à l'objet mathématique qui le sous-tend.

« Ce sont ces nombres qui complètent les changements et les transformations et gardent l'esprit divin en mouvement ». Ainsi se termine mystérieusement le passage du commentaire sur le *Yi jing* cité précédemment. Le mot clé du *Yi jing* est changement (*yi*), mais pas n'importe lequel, puisqu'il est fondé sur une stricte combinatoire binaire, ou mieux, duale. Les graphes de carrés alchimiques partagent avec l'antique système de divination chinois le même fondement, en particulier A_{11} qui, de ce point de vue, est un objet aussi parfait que peut l'être le *Luo shu* dans son monde unitaire.

<table>
<tr><td>5</td><td>9</td><td>7</td></tr>
<tr><td>3</td><td>1, 10</td><td>8</td></tr>
<tr><td>4</td><td>2</td><td>6</td></tr>
</table>

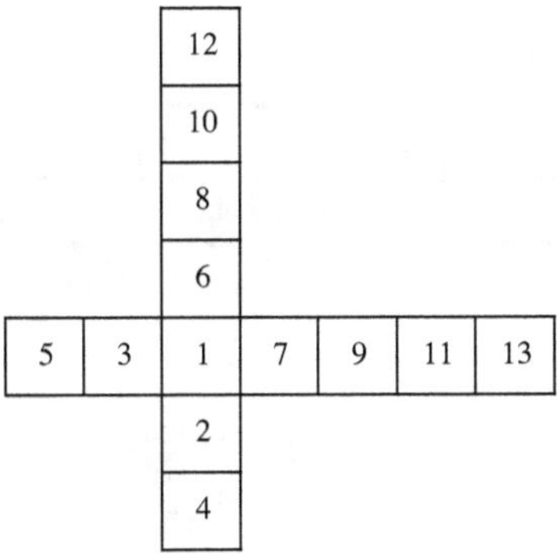

<table>
<tr><td></td><td></td><td>12</td><td></td><td></td><td></td><td></td></tr>
<tr><td></td><td></td><td>10</td><td></td><td></td><td></td><td></td></tr>
<tr><td></td><td></td><td>8</td><td></td><td></td><td></td><td></td></tr>
<tr><td></td><td></td><td>6</td><td></td><td></td><td></td><td></td></tr>
<tr><td>5</td><td>3</td><td>1</td><td>7</td><td>9</td><td>11</td><td>13</td></tr>
<tr><td></td><td></td><td>2</td><td></td><td></td><td></td><td></td></tr>
<tr><td></td><td></td><td>4</td><td></td><td></td><td></td><td></td></tr>
</table>

<table>
<tr><td>4</td><td>9</td><td>8</td></tr>
<tr><td>5</td><td>1, 10</td><td>6</td></tr>
<tr><td>3</td><td>2</td><td>7</td></tr>
</table>

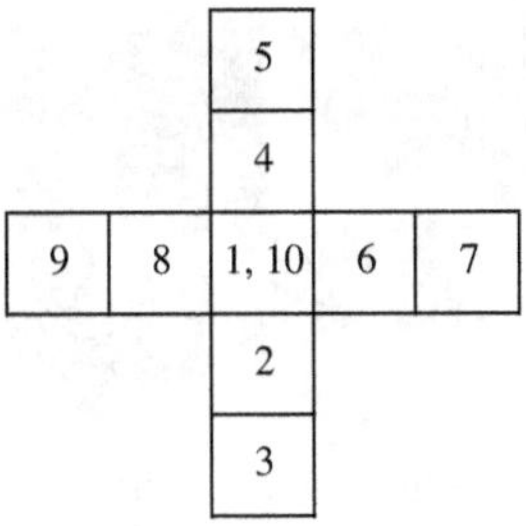

<table>
<tr><td></td><td></td><td>5</td><td></td><td></td></tr>
<tr><td></td><td></td><td>4</td><td></td><td></td></tr>
<tr><td>9</td><td>8</td><td>1, 10</td><td>6</td><td>7</td></tr>
<tr><td></td><td></td><td>2</td><td></td><td></td></tr>
<tr><td></td><td></td><td>3</td><td></td><td></td></tr>
</table>

<table>
<tr><td>4</td><td>9</td><td>1</td></tr>
<tr><td>5</td><td>3, 8</td><td>6</td></tr>
<tr><td>10</td><td>2</td><td>7</td></tr>
</table>

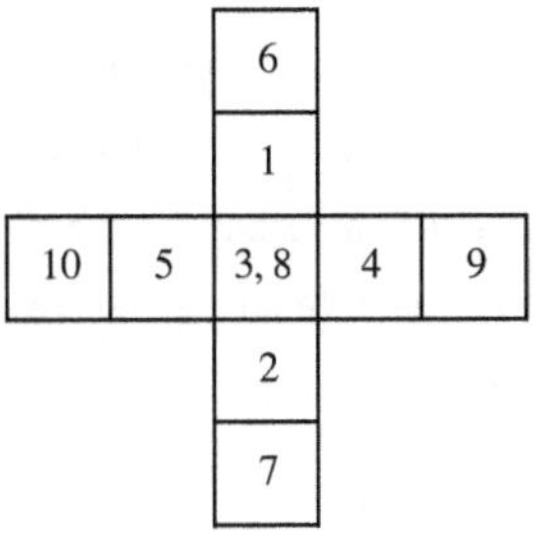

<table>
<tr><td></td><td></td><td>6</td><td></td><td></td></tr>
<tr><td></td><td></td><td>1</td><td></td><td></td></tr>
<tr><td>10</td><td>5</td><td>3, 8</td><td>4</td><td>9</td></tr>
<tr><td></td><td></td><td>2</td><td></td><td></td></tr>
<tr><td></td><td></td><td>7</td><td></td><td></td></tr>
</table>

congruence		sur les bras	
		impaire	paire
entre les bras	paire	deux cercles	hyperbole
	impaire	spirale double	croix

Tableau 4

Figure 6: *Fu Xi et sa sœur-épouse Nü Wa.*[19]

La légende attribue la découverte du *He tu* au héros culturel Fu Xi, qui fonda le *Yi jing* après avoir observé la complémentarité des formes au ciel et sur la terre. Les traces laissées par les oiseaux et les bêtes lui inspirent la création des trigrammes et des caractères de l'écriture. La figure 6 le représente avec son épouse Nü Wa.[20] Chaque membre du couple possède une double nature: humains par le haut et du côté de la séparation (têtes opposées), dragons par le bas et du côté de l'union (queues entrelaçées). D'autre part, l'homme à droite tient l'équerre (le carré, la terre, le féminin), la femme à gauche le compas (le cercle, le ciel, le masculin). Cet échange de qualités, ou cette inversion,

[19] [Ch, 28]. Voir aussi [Gn 1, 153] et [Le 1, 130].
[20] [Wl, 366-7] et [Ro 2, 30]. Au sujet du culte de Fu Xi et de Nü Wa, voir [PT, 75-6]. Mark Edward Lewis a écrit aussi de belles pages sur ce couple, voir [Le 3, 197-209].

renvoie au *mysterium coniunctionis*, à la conjonction mystérieuse qui n'est plus de ce monde.[21] De telles images du couple furent d'ailleurs découvertes dans des tombeaux de l'époque des Han. « Le rôle de l'entrelacement de Fu Xi et de Nü Wa était de montrer l'interaction du *yin* et du *yang* sur laquelle repose l'ordre du cosmos, et ainsi d'assurer un environnement favorable à l'occupant du tombeau. »[22] Mais cet entrelacement peut suggérer aussi le chaos unitif d'avant la création du cosmos – le lieu du retour.

Figure 7: *L'Androgyne et les sept planètes.*

Selon René Guénon, l'équerre, étant elle-même un symbole de l'union (de la verticale céleste et de l'horizontale terrestre), attribue un caractère androgyne à Fu Xi.[23] La figure 7 donne une image de l'Androgyne appartenant à la tradition alchimique occidentale.[24] Mercurius est *rebis*, à double nature, et l'étrange inversion de ce mot inscrit sur sa poitrine renvoie peut-être au thème universel selon lequel les deux mondes – le ciel et la terre, le monde des vivants et le monde des morts – se reflètent l'un

[21] [Gu 1, ch. XV], [Ro 2, 289-90, 293], [Fr 1, 116] et [Le 3, 204-5].
[22] [Le 3, 204].
[23] [Gu 1, 41 et 132-3].
[24] [Bu 1, 194].

l'autre.[25] La double spirale du *He tu* présente aussi ce caractère, de même que le carré alchimique ou le *tai ji tu* (figure 5) – et tous les objets de ma collection. Il existe une version postérieure[26] de cette image de l'Androgyne dans laquelle le mot *rebis* n'est pas inversé, mais dont le pourtour qui la ferme présente la forme d'un oeuf à l'envers, plutôt que celle d'une ellipse comme dans la figure 7. L'oeuf, dans la tradition alchimique, devient le vase hermétique où se concocte la Pierre. À l'inversion structurelle entre les deux mondes s'ajoute un aspect opérationnel: la Pierre comme enfant ou comme embryon résulte d'un procès qui inverse le développement normal de la vie. En alchimie taoïste, cette idée fut appliquée directement à l'adepte plutôt qu'à la matière se transformant dans le vase – deux procès parallèles selon l'interprétation de Carl Gustav Jung. Le 4 (rectangle) et le 3 (triangle), au bas de la figure, pourraient renvoyer aussi à la conjonction du pair (féminin) et de l'impair (masculin). Le 4 et le 3 se font face et le premier apparaît sous sa forme réfléchie et se tient du côté du masculin, ce qui rappelle l'échange des qualités rencontré dans les premiers arcanes du Tarot.[27]

En découpant le *tai ji tu* en trois sections verticales, nous obtenons une structure similaire à celle de l'Androgyne de la figure 7, avec le *yin* d'un côté, le *yang* de l'autre et la conjonction sur l'axe central. On peut y voir une image de la conjonction comme union d'un mouvement ascendant et d'un mouvement descendant.[28] Comme le dit Titus Burckhardt à propos de la figure de l'androgyne[29],

> [...] les signes des sept planètes [sont donnés] dans un ordre tel que les trois signes solaires correspondent au côté masculin de l'androgyne et les trois signes lunaires à son côté féminin, tandis que le signe androgynique de Mercure représente la « clé de voûte » entre les deux séquences. [...] Cependant, pour pouvoir reconnaître que les signes individuels se correspondent par paires, il faut se rappeler que l'ordre de chaque séquence [...] va dans la direction opposée de celle de l'autre, puisque l'une dépend de l'ascension de la lune et l'autre de la descente du soleil.

[25] Voir [Ro 2, 322].
[26] [Ju 1, 372]. Concernant le symbole de l'oeuf, voir [Fr 7, 119-20].
[27] Le 4 n'est pas réfléchi dans l'autre version de la figure.
[28] [Gu 1, 151-2].
[29] [Bu 1, 193].

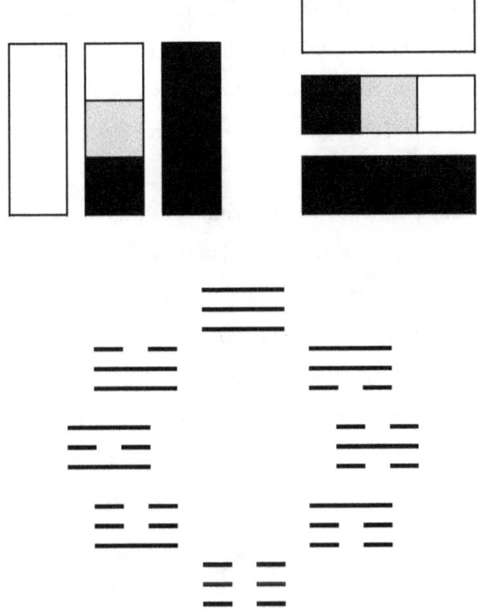

Cette structure apparaît encore plus clairement dans le carré alchimique, telle qu'illustrée ci-dessus à gauche. Tête au ciel, pieds sur terre et cœur unitif, c'est aussi l'image du roi, qui en Chine se nomme *wang* et s'écrit 王.[30] Comme le remarque René Guénon, ce caractère représente non seulement l'harmonie du ciel, du monde humain et de la terre – les trois traits horizontaux unis par le trait vertical – mais aussi la croix conjonctive entre le ciel et la Terre. De plus, 十 (*shi*) signifie à la fois « dix » et « complet, parfait ».[31] Wang est le roi comme microcosme, reflet du macrocosme fait de l'union de la terre et du ciel. Et cette fois la structure est celle du carré alchimique pivoté d'un quart de tour (voir ci-dessus à droite), où l'on peut voir aussi les trois

[30] J'utilise la romanisation *pinyin* en omettant les accents de ton. Je ne possède que des rudiments sur la langue et l'écriture chinoises, mais j'entends montrer dans cet ouvrage que cela suffit pour en apprécier le symbolisme – non sans risque de quelques errements.

[31] [Gu 1, 144]. Voir aussi [Pu, 184]: le roi, en complétant la triade avec le ciel et la terre, devient « le père et la mère du peuple ». Mais notez que l'étymologie de *wang* discutée par Guénon remonterait à l'époque des Han, voir [Ja 3, 274] et [Gt, 47, n. 19]. Les formes anciennes du caractère se laissent cerner plus difficilement, de l'homme debout à la couronne, en passant par le fer de hache, voir [Wa, 158] et [Se, *wang*].

couches concentriques de l'union (le cœur, l'humanité, le monde).[32] L'union du Ciel et de la Terre, les anciens Chinois l'ont aussi vue dans leur deux diagrammes de nombres: « Le *Luo shu* et le *He tu* se complètent: le premier servit à Yu le Grand à aménager le monde et correspond à la Terre. Le deuxième, source des trigrammes, instruments de divination, correspond au Ciel. »[33]

Fu Xi se voit aussi attribué une disposition des trigrammes qui permet de faire le lien entre ceux-ci d'une part, le *Luo shu* (plutôt que le *He tu*) et le carré alchimique d'autre part (voir la page précédente).[34] Il s'agit en fait de l'équivalent pour les trigrammes du cercle des hexagrammes de Shao Yong – la source probable, non pas des trigrammes, mais de cette disposition. Celle-ci devient le cercle de nombres ci-dessous (qu'on peut appeler un *cercle dual*), selon la première lecture en nombres binaires, dont j'ai déjà parlé, et après une translation pour rester en accord avec mes carrés de nombres.

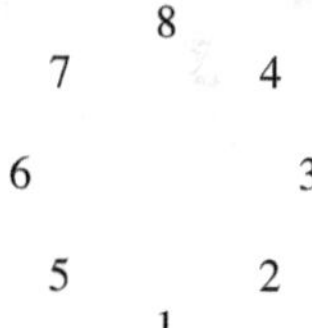

Des images furent associées aux trigrammes, à propos desquelles je cite un autre ancien commentaire du *Yi jing*[35]:

> Le ciel et la terre déterminent la direction. La montagne et le lac unissent leurs forces. Le tonnerre et le vent s'excitent l'un l'autre. L'eau et le feu ne se combattent pas. Ainsi les huit trigrammes sont mariés.
>
> Compter ce qui passe, cela repose sur le mouvement en avant. Connaître ce qui vient, cela repose sur le mouvement en arrière. C'est pourquoi le Livre des Transformations a des nombres rétrogrades.

[32] Voir [Ro 1, 16-7].

[33] [Ro 2, 31].

[34] Voir aussi [Cf, 267] à propos d'un octogone de particules et d'anti-particules.

[35] [Wl, 305] pour le commentaire et l'interprétation de Wilhelm que je donne plus loin. Voir aussi [Su, 191]: « il [le *Yi jing*] observe le commencement et retourne à la fin, ainsi il connaît les explications de la mort et de la vie »; et [Fr 2, 236].

Le premier paragraphe parle de ces images, des couples de compléments qu'elles forment et de leur union. Le deuxième paragraphe, plus obscur, concerne peut-être la technique d'utilisation des tiges d'achillée dans la consultation du *Yi jing*, qui procède par retranchements successifs de celles-ci. Voici l'explication de Richard Wilhelm:

> Quand les trigrammes se marient, c'est-à-dire quand ils se mettent en mouvement, on constate un mouvement double: d'une part, le mouvement habituel, dans le sens des aiguilles d'une montre, qui s'additionne et se répand dans le cours du temps et par lequel sont déterminés les évènements qui tombent dans le passé. D'autre part, un mouvement contraire, rétrograde, qui se replie et se contracte dans le cours du temps et par lequel se forment les germes de l'avenir. La connaissance de ce mouvement permet la connaissance de l'avenir. Cela peut s'exprimer dans l'image suivante: si on comprend la manière dont l'arbre se concentre dans la graine, on comprend le déploiement futur de la graine en arbre.

Je propose de compléter cette interprétation en suivant de plus près la symbolique de la suite duale, afin de débusquer les images blotties sous la disposition des trigrammes selon Fu Xi. Ce qui s'accumule en passé dans le monde visible s'écoule en avenir dans le monde invisible, par renversement. Si la suite simple représente le premier mouvement, connu, alors la suite inversée représente le deuxième, inconnu, et la suite duale qui les unit est la clé pour ouvrir à la connaissance de l'avenir par le passé. C'est du moins l'un des sens qu'on peut lire dans la présence de suites duales dans les systèmes de divination, de la pièce de monnaie au *Yi jing*. Comme le dit Marcel Granet: « [...] la marche vers la gauche correspond à l'ordre du temps et des caractères cycliques, à la marche du Soleil: c'est ce que les Chinois appellent l'ordre *conforme*; la marche vers la droite, opposée à la marche du Soleil, est qualifiée d'ordre *inverse*. — Cet ordre inverse est l'ordre qui convient au sorcier. »[36] Il convient aussi à l'alchimiste[37]:

---

[36] [Gn 2, 26]. La divination est une activité du sorcier ou du chamane parce qu'il se spécialise justement dans le voyage entre les mondes.

[37] [Ro 3, 131]. Le mot entre crochet est ajouté par Isabelle Robinet. Voir aussi [Ro 2, 320-2], [Ct 2, 20], [Sr, 223, 231] et [Pr 2, 9, 61].

> Le principe du renversement (*jiandao*) est un des principes de base de l'alchimie. Il prend des formes multiples et s'applique de diverses façons. Pour arriver au Cinabre d'or il faut passer par plusieurs renversements. Selon une sentence souvent reprise par les textes: « qui va dans le sens [ordinaire] donne naissance à un homme, qui va à rebours trouve l'immortalité. » [...]

Robert Temple interprète le cercle des hexagrammes de Shao Yong dans la même direction[38]:

> Shao Yong croyait que le monde phénoménal pouvait être mathématiquement retracé par des arrangements complexes de nombres. [...] Il y avait un parcours horaire à travers ces arrangements suivant l'ordre naturel des évènements, et un parcours anti-horaire contraire à l'ordre naturel et par conséquent « contraire au temps ». Cette direction inverse de l'écoulement du temps permet à la prédiction de prendre place. [...] Comme le dit Shao Yong: « Connaître ce qui vient est le mouvement contraire ».

Le caractère signifiant « contraire, inverse », utilisé par Shao Yong, se prononce *ni* et s'écrit 逆. Il contient l'image d'un homme la tête en bas, comme cela apparaît nettement dans ses formes anciennes[39]:

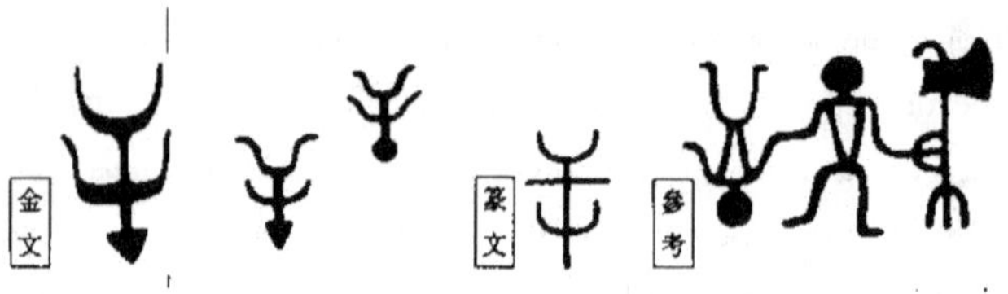

---

[38] [Te, 261].

[39] [Wa, 163]. Les quatre époques couvertes par ces formes anciennes vont des Shang aux Qin en passant par les Zhou, voir [Wa, VIII]. Dans mon exemple, l'époque des Shang n'est pas représentée. Les inscriptions sur les os divinatoires de cette époque ne furent découvertes qu'à partir du début du 20e siècle. Pour l'étymologie chinoise on peut aussi consulter le site internet [Se]. [Yn, 92, fig. 196] montre l'image d'un homme à l'envers sur une lance de l'époque des Shang. À l'endroit, il s'agit de *tian*, ciel. Mais bien sûr l'équation $tian^{-1} = ni$ n'est pas attestée.

À propos de la dernière forme, Wang Hongyuan suggère qu'elle peut représenter un soldat vainqueur et sa victime ou son prisonnier. Le vaincu est-il à l'envers parce que la mort inverse tout, ou s'agit-il plutôt du double du guerrier dans l'autre monde, intimement attaché à celui-ci comme la mort l'est à sa vie? L'inversion dans 逆 peut être associée aussi bien à la séparation (l'ennemi) qu'à la conjonction (le double), ou au deux à la fois. Sans l'arme, ces deux figures présentent ensemble la même symétrie centrale que le cercle dual et le carré alchimique. De la même manière que dans la preuve de Gauss, la position inversée occupe une place privilégiée et conduit tout de suite au symbole.

Je reviens aux images associées aux trigrammes, que je donne avec leur nombre dans le cercle dual: 1 = la terre, 2 = la montagne, 3 = l'eau, 4 = le vent ou l'arbre (le vent), 5 = le tonnerre (le séisme), 6 = le feu, 7 = la brume (le nuage), 8 = le ciel.[40] Avant de les considérer dans leur relation au cercle dual, je voudrais m'attarder un peu sur les images de l'arbre et du tonnerre (le couple central). Voyons d'abord le premier[41], 木 (*mu*):

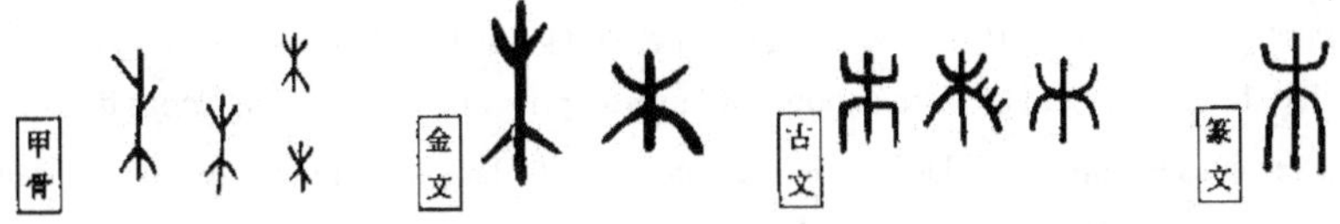

Les formes anciennes du caractère possèdent toutes une caractéristique perdue dans la forme moderne: la dualité entre les branches en haut et les racines en bas – une dualité renforcée quand la forme possède une réflexion verticale, qui apparaît ici plus significative que la réflexion horizontale présente également.[42] Comme le remarque pertinemment Cyrille Javary[43]:

[40] [Ja 1, 352-9]. J'ajoute entre parenthèses la lecture de Choain, quand elle diffère de celle de Javary, plus traditionnelle. Le lac est une autre image associée au 7e trigramme.

[41] [Wa, 38].

[42] Une réflexion verticale échange le haut et le bas selon un axe horizontal, une réflexion horizontale échange la droite et la gauche selon un axe vertical.

[43] [Ja 1, 275-6]. Voir aussi [Fr 7, 73-4].

> Ce qu'affirme cet idéogramme, c'est la particularité des arbres par rapport à bien d'autres plantes, notamment les céréales et les annuelles: pousser sans cesse. Au cours de la période Yang de l'année, printemps et été, les arbres poussent vers l'extérieur, ils font des branches, des fleurs et des fruits. Ensuite, au cours de la période Yin de l'année, automne et hiver, ils poussent vers l'intérieur, produisant des racines qui s'enfoncent dans la terre pour aller y puiser l'énergie que l'hiver y a accumulée.

Le cycle de l'année se divise en deux grandes périodes et l'arbre suit le mouvement du *yin* et du *yang* le long de ce cycle. La vie de l'arbre, qui passe par ses branches en été, s'inverse en hiver et rejoint ses racines invisibles, quand l'arbre au-dessus du sol semble mort.[44]

Dans la tradition indienne, la double figure à six branches, qui correspond aux formes anciennes de 木, représente plutôt le *vajra*, cette arme à double tranchant qui ultimement rappelle la foudre. Comme le montre Guénon, l'arbre et la foudre appartiennent au même réseau symbolique.[45] La foudre, « [...] c'est la force qui produit toutes les " condensations " et les " dissipations ", que la tradition extrême-orientale rapporte à l'action alternée des deux principes complémentaires *yin* et *yang* [...] ».[46] En Chine, le tonnerre et la foudre annoncent la sortie printanière du dragon (*long*) des eaux souterraines et son envol dans le ciel, tels que décrits dans le commentaire sur les traits du premier hexagramme du *Yi jing*.[47] Un serpent dormant l'hiver et un oiseau donnant la pluie l'été, le dragon suit, dans son mouvement et ce renversement, le même cycle annuel que l'arbre dans son immobilité (*yin*), justifiant donc leurs places dans la disposition de Fu Xi (trigrammes) ou le cercle dual (nombres).

La forme la plus ancienne du caractère 雷 (*lei*, tonnerre) semble refléter la position du tonnerre à la jonction des moitiés *yin* et *yang* de l'année, au moment de

---

[44] [Ja 1, 275] et [Ja 4, 44-5]. Dans cette dernière référence, Cyrille Javary parle de retournements, ce qui annonce la symbolique du *tai ji tu*, voir ci-haut et [Ja 4, 103-4]. Quant à l'invisibilité des racines, je l'associe à la face cachée de la pièce de monnaie ou du dé divinatoires.

[45] [Gu 4, ch. XXVI et LII].

[46] [Gu 4, ch. XXVI].

[47] [Ja 2, 52] et [Pa 1, 28].

l'inversion de leurs dominances (voir ci-dessous).[48] Dans cette forme, les deux cercles représentent les coups de foudre et le reste du caractère, l'éclair. Elle fait penser au *tai ji tu*, dont elle partage la même symétrie centrale, tout comme le *He tu* et le carré alchimique.

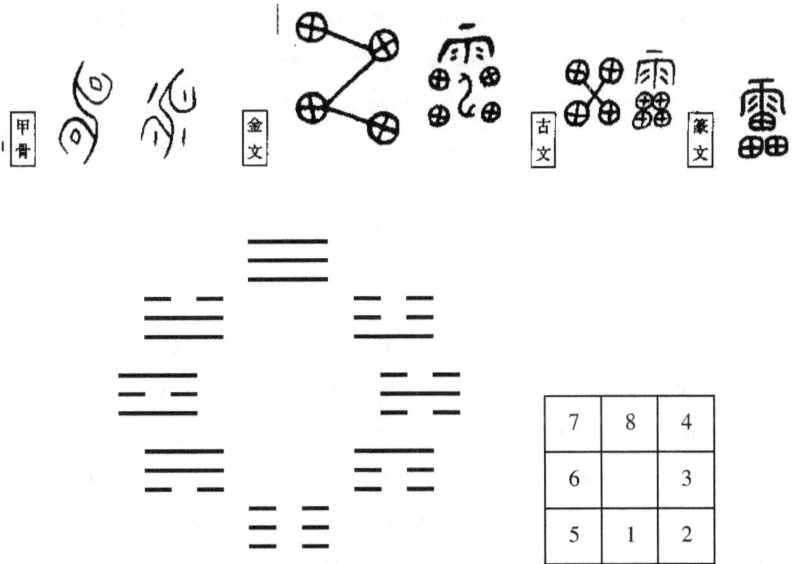

7	8	4
6		3
5	1	2

La mise en cercle des trigrammes a des conséquences sur leur regroupement, comme nous l'avons vu à propos des constructions de Shao Yong. Par exemple, elle les sépare selon le premier trait en deux groupes distincts, négatif et positif comme les nomme Jean Choain[49], ou alors selon l'appartenance aux demi-séquences dans le cercle dual. Pour faire un lien avec l'image de l'Androgyne, il faudrait séparer les trigrammes selon leur sexe, déterminé traditionnellement par la somme paire ou impaire des traits (1 pour un trait *yang* et 2 pour un trait *yin*). Cette séparation s'obtient en permutant les quatrième et cinquième trigrammes dans la disposition de Fu Xi, ceux que nous venons justement de considérer à travers leurs images. Après cette permutation, l'unique trait *yang* descend le long des trigrammes de droite (côté masculin, solaire) et l'unique trait

[48] [Wa, 35]. Le premier coup de tonnerre annonce en Chine ancienne le début de l'été, voir [Mh, 252].
[49] [Ch, 108].

yin monte à gauche (côté féminin et lunaire), comme le montre le diagramme de la page précédente (à gauche). Dans la disposition de Fu Xi, les trigrammes se séparent aussi selon le trait médian: trigrammes 1, 2, 5 et 6 d'un côté et trigrammes 3, 4, 7 et 8 de l'autre. Choain fait un lien entre cette séparation et les images associées aux trigrammes.[50] Selon Choain, ces images mises en carré (voir ci-dessus à droite) respectent la division tripartite horizontale, rencontrée précédemment à propos du caractère 王 et du carré alchimique. Les « trigrammes célestes » se retrouvent en haut (nuage, ciel et vent) et les « trigrammes terrestres » en bas (séisme, terre et montagne), avec au milieu les « trigrammes intermédiaires » (feu et eau). Il y a quelques problèmes avec cette interprétation. D'abord, si le nuage est céleste, la brume (de même que le lac) penche par contre plus du côté de l'eau et de la terre.[51] Et le tonnerre appartient plus au ciel qu'à la terre, contrairement au séisme. Finalement, en Chine comme ailleurs, la montagne est un symbole céleste plutôt que terrestre: par elle se fait la montée au ciel. On peut le voir aussi dans le caractère 仙 (*xian*, transcendant), littéralement « personne de la montagne », puisque le radical de gauche du caractère désigne une personne (*ren*, 人) et celui de droite la montagne (*shan*).[52] En lisant les deux caractères dans *xian* comme une expression, on obtient 人 山 (*ren shan*), la montagne dans la personne. Un vers de Huang Tingjian commente la mort de Su Shi: « Quelqu'un vint à minuit et emporta la montagne au loin. »[53] On voit toute la distance entre l'image interne de *xian* et l'idée de la sortie du monde et du temps qui se trouve dans la conception chrétienne de l'immortalité.[54] 仙 forme avec 神 (*shen*, esprit) l'expression taoïste *shen xian*, transcendant divin, tissant d'autres liens entre la montagne et le ciel: « [...] certains montent dans les nuages avec leur corps, volant sans ailes; d'autres conduisent des chariots de nuages

---

[50] [Ch, 112-3].
[51] Au sujet de la brume, voir [Ja 4, 241-2].
[52] En fait, les deux conceptions – la montagne céleste et la montagne terrestre – se retrouvent en Chine, voir [PT, 72, 74-5]. Voir aussi [Le 2, 198], [Ct 2, 4], [Ro 2, 271] et [Ro 2, 30]: « Les montagnes sont sur terre ce que les astres sont au ciel. » Transcendant, que je préfère à Immortel, est la traduction de Stephen R. Bokenkamp et de Robert Ford Campany. Ce dernier a consacré deux ouvrages au phénomène du *xian*: *To Live as Long as Heaven and Earth* et *Making Transcendents*. Le « r » de *ren* se prononce à peu près comme un « j ». À propos du *xian*, voir aussi [Ro 2, 65-72].
[53] [Ti, 44]. Voir aussi [Eg, 353], [Sr, 213-4] et [Sr, 148]: « Vu dans sa totalité, le corps est une montagne sainte. »
[54] Voir [Bp, 21-3] et [Mh, 353].

tirés par des dragons et arrivent ainsi aux marches du ciel; d'autres encore se transforment en oiseaux et en bêtes et se promènent dans l'azur; d'autres enfin voyagent sous l'eau par les fleuves et les mers, ou volent parmi les montagnes. »[55] Le caractère 神 contient comme élément phonétique le radical 申, mais en regardant les formes anciennes de ce dernier caractère on peut penser qu'il contribue aussi au sens du premier[56]:

La symétrie centrale des plus anciennes formes (Shang) se métamorphose, dans les formes plus récentes, en une réflexion horizontale. Les premières formes représentent l'éclair, comme nous l'avons vu pour 雷 (le tonnerre), et leur symétrie suggère que les anciens Chinois se faisaient de l'esprit une idée proche de celle du rapport inversé entre les deux mondes, à l'image de l'éclair et du dragon. D'ailleurs, les formes de *shen* provenant d'inscriptions sur bronze (les deuxièmes, qui appartiennent à l'époque des Zhou) et les formes correspondantes de 龙 (*long*, dragon) montrent une nette affinité (voir ci-dessus).[57]

---

[55] [Ct 2, 176], extrait de la traduction par Campany du *Shenxian zhuan* (*Traditions des Transcendants Divins*) de Ge Hong (283–343). Voir aussi [Gt, 161].

[56] [Wa, 35]. Voir aussi [Gn 3, 432]: « Dans les idées chinoises modernes, l'Éclair est une déesse qui a pour attribut un miroir. »

[57] [Wa, 49].

La dernière forme de *shen* ci-dessus pourrait représenter deux mains tenant une tige – est-ce le chamane montant sur son poteau cérémoniel? De toute façon, la présence du thème de la verticalité rejoint l'image de la montagne. *Shen*, c'est aussi l'âme[58]:

> Selon la mythologie chinoise, quand nous naissons et entrons dans le monde de la lumière, nous recevons la part de notre âme qui, à la mort, monte au ciel et devient un *shen* ou un esprit actif. Aux jours anciens, des signes spéciaux, qu'on croyait envoyés par les esprits ancestraux, étaient devinés pour déterminer les décisions à prendre dans l'état. *Shen* combine ainsi « deviner » et « signe ».

Voici que surgissent les thèmes du double, de la descente et de la montée, du cycle de la vie et de la mort traversant les deux mondes – le dragon, l'arbre et le tonnerre.

2	8	4
6	4, 5	3
5	1	7

Les images associées aux trigrammes participent toutes à divers degrés des deux principes *yin* et *yang* parce que les trigrammes correspondants sont faits d'un mélange de ceux-ci, sauf le pur *yin* (la terre), et le pur *yang* (le ciel). S'il faut choisir une façon de les séparer en passant par les trigrammes, le trait supérieur – celui qui détermine la parité – semble un candidat plus naturel que le deuxième trait, proposé par Choain, et plus en accord avec la notion de nombres célestes et de nombres terrestres dont parle le commentaire du *Yi jing* cité plus tôt dans le chapitre. Il suffit, pour séparer ces nombres selon la parité, et les images correspondantes selon leur nature céleste ou terrestre, d'intervertir le deuxième et le septième trigramme dans la disposition de Fu Xi, ce qui numériquement conduit au carré alchimique ci-dessus.[59] L'autre carré du même cycle

[58] [AE, 16].

[59] Les nombres pairs deviennent célestes par leur image, et vice versa pour les nombres impairs, parce que la séquence commence avec 1 plutôt que 0.

dans A_9 (voir le chapitre un) est obtenu en permutant dans ce carré les nombres 4 et 5, correspondant à l'arbre et au tonnerre. Une rotation donne ensuite le carré alchimique suivant, dérivé par ailleurs d'une autre façon de mettre en carré le cercle de nombres issu de la disposition de Fu Xi, et peut-être le plus satisfaisant du côté des images:

6	2	8
4	2, 7	5
1	7	3

En haut le feu, la montagne et le ciel; la terre, la brume et l'eau en bas; au milieu l'arbre – le pont immobile (*yin*) entre le feu solaire et l'eau souterraine – et le tonnerre – le choc *yang* (la mobilité du dragon) de l'eau et du feu.[60]

Nous avons vu précédemment, à propos des constructions de Shao Yong, qu'il existe une deuxième lecture binaire des hexagrammes et des trigrammes. À partir du cercle des trigrammes elle conduit au carré ci-dessous, proche de celui de Choain. Du côté pair se trouvent l'arbre, le feu et la montagne; du côté impair la brume, l'eau et le tonnerre. Sur l'axe central, l'échange entre le ciel et la terre nous donne cette fois un carré alchimique – véritablement un grand retournement.

4	8	7
6		3
2	1	5

Si on étend le premier cercle dual pour y inclure 5 au centre, en effectuant sur celui-ci les opérations équivalentes à celles conduisant au carré alchimique de la page

[60] Avec un échange des qualités entre le pair et l'impair d'un côté et le *yin* et le *yang* de l'autre, voir la note 59.

précédente, on obtient le *Luo shu*.[61] Mais la discussion précédente montre bien que cette façon formelle de construire le carré alchimique et le carré magique à partir des trigrammes s'accorde mieux avec le premier qu'avec le deuxième, à la fois d'un point de vue mathématique et d'un point de vue symbolique. Et l'accord s'accentue encore quand on prolonge le cercle pour y inclure 5 et 6 au centre (voir ci-dessous). Le résultat se rapproche au plus près du *tai ji tu* (selon les demi-séquences, ou selon la parité après l'interversion de 2 et de 9) et donne, après transformation, la première translation scindée du *Luo shu*.

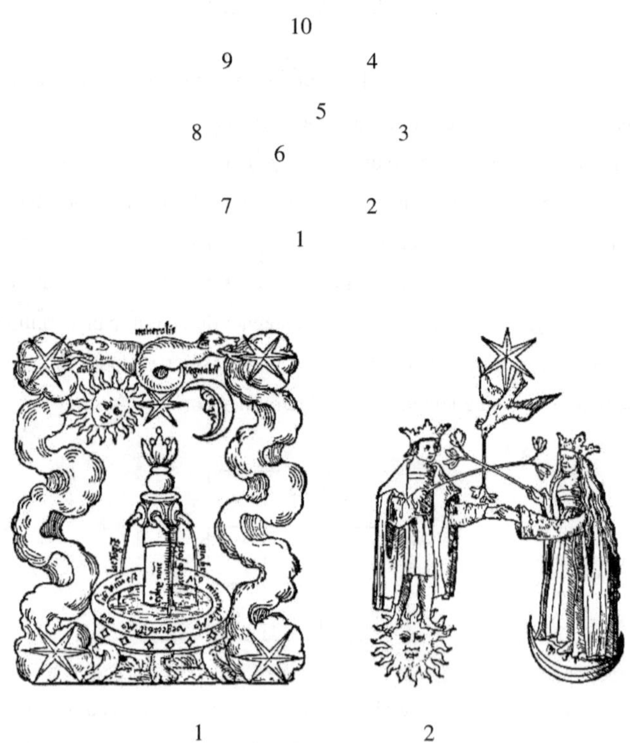

1 2

[61] [Ca 4]. Selon Schuyler Cammann, ce cercle dual (tel que je le nomme) pourrait être plus ancien encore que le *Yi jing* et aurait conduit à la découverte du *Luo shu* et du *He tu*.

3 4

5 6

7 8

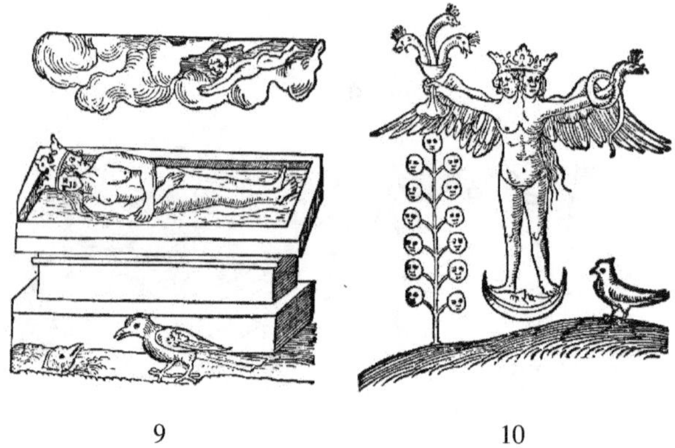

Figure 8: *Dix illustrations du* Rosarium Philosophorum.

Avant de découvrir le carré alchimique à partir des commentaires de Marcel Granet sur le carré magique en Chine, dont je parlerai bientôt, je suis arrivé à ce cercle dual à travers la première série de dix illustrations du *Rosarium Philosophorum* (figure 8).[62] Carl Gustav Jung fait le lien entre cette série d'images et la décade pythagoricienne, laquelle, étant fondée sur un nombre triangulaire, nous reconduit aux symboles du carré alchimique.[63] Le *Rosarium* contient en fait vingt illustrations, mais les dix premières (la partie lunaire de l'opus, voir l'arbre lunaire dans la 10e illustration) sont mieux structurées que les dix dernières (la partie solaire) et se détachent nettement du lot. La série d'images décrit la conjonction du Roi solaire et de la Reine lunaire et la naissance (ou la production) de l'Androgyne. Cette conjonction, au milieu de la série dans la 5e illustration, précède ou annonce un renversement: l'Androgyne meurt aussitôt né (illustration 6). La séquence est divisée en deux moitiés contrastées.[64] Le pas vers le cercle dual suit d'emblée, d'autant plus que l'*opus* prenait souvent une forme circulaire dans la théorie des alchimistes: « Encore et toujours les alchimistes répètent que l'*opus* provient de l'unité et retourne à l'unité, que c'est une sorte de cercle comme un dragon

---

[62] Voir [Ju 2].

[63] [Ju 2, 144]. Concernant les nombres triangulaires, voir le début de ce chapitre.

[64] Voir la séquence des planètes dans la figure 7 et la décade dans la figure 9. Les pythagoriciens ont aussi distingué les deux moitiés de leur décade. Voir aussi la série des arcanes du tarot. Dans le *Rosarium*, le renversement se situe dans le vide central entre les illustrations 5 et 6, tandis que dans le tarot, il apparaît dans l'image du Pendu.

mordant sa propre queue. Pour cette raison, l'*opus* fut souvent appelé *circulare* (circulaire) ou *rota* (la roue). »[65] Edward Edinger utilise plutôt le cercle simple,[66] en soulignant que tourner dans la première moitié du cercle (1e demi-séquence) correspond au jeu des conjonctions dans la vie de tous les jours, et que le mystérieux *opus* ne commence véritablement qu'avec l'entrée dans la deuxième moitié du cercle, quand a lieu le renversement de la vie à la mort – une symbolique mieux traduite selon moi par le cercle dual, qui devient alors l'homologue mathématique de la série d'images du *Rosarium*, à la manière des carrés alchimiques construits plus tôt sur les images associées aux trigrammes. Le cercle dual dépeint bien aussi le mouvement du *dao* tel que décrit par le *Laozi*, selon ce qu'en dit Moss Roberts: « La Voie décrit un processus récurrent, circulaire ou continu, en forme de S, qui doit retourner à son point de départ avant de recommencer [...] ».[67]

Les images du *Rosarium* recèlent un autre renversement curieux. Il a, à ma connaissance, échappé aux commentateurs. La position des bras et des têtes dans les illustrations 7, 8 et 9 inversent en effet celle que donne l'illustration 6. On ne saura jamais ce que l'auteur des illustrations avait en tête en ajoutant ces détails à son œuvre. Je pense pour ma part qu'il faut y voir un lien avec la conception de l'*opus* alchimique comme un travail à contre-courant, et ultimement avec l'idée universellement répandue que l'autre monde est un monde à l'envers.[68]

Selon la conception des anciens Égyptiens, le voyage nocturne du dieu-soleil reflète d'ouest en est son voyage diurne, ce qui conduit naturellement à une suite duale en 12 (ou en 24), inscrite sur un cercle en une symétrie bilatérale plutôt que centrale. Chaque moitié de cette suite est elle-même duale, un renversement s'opérant à mi-chemin quand le soleil atteint son point le plus haut (jour) ou le plus bas (nuit).[69] Dans son voyage nocturne, le dieu solaire égyptien traverse sur sa barque le monde des morts,

[65] [Ju 1, 293].
[66] Voir [Ed 1, 34-37]. Son approche fut quand même une révélation pour moi. Il me montra qu'on pouvait extraire des figures du *Rosarium* une structure abstraite et dynamique recouvrant exactement leur symbolique.
[67] [Lt 2, 27].
[68] Pour la même conception en alchimie taoïste, voir [Ro 3, 131-2]. À propos de l'*opus contra naturam* dans la deuxième moitié de la vie, voir [Ad, 8, n. 9]. Voir aussi ce que je dis à la fin du chapitre premier au sujet des applications de la structure symbolique du carré alchimique. Dans le présent cas, le thème de la conjonction est explicite tandis que celui de l'inversion est latent.
[69] Theodor Abt considère plutôt trois suites duales en 6, voir [Ab, 139].

à l'intérieur du corps de la déesse du ciel ou sous l'horizon. L'*Amdouat* raconte cette traversée. Il est constitué, comme le *Rosarium* trois millénaires après lui, d'un commentaire sur une série d'images, distribuées en tableaux selon les douze heures de la nuit.[70] L'*Amdouat* fut inscrit sur les murs de la chambre funéraire de certains pharaons.[71] Deux sauts, l'un entre la 4e et la 5e heure, l'autre entre la 6e et la 7e heure, nouent la suite duale en 12 d'une manière originale (voir le diagramme ci-dessous).[72] À la fin de la 6e heure, le dieu-soleil atteint le point le plus profond de la nuit, là où son *ba* s'unit à son cadavre,[73] ce qui dans l'*Amdouat* correspond à la naissance de la lumière nouvelle, exactement comme le *yin* à son apogée se transforme en *yang* (et *vice versa*). Dans la 7e heure, cette lumière est tout de suite menacée par les forces du chaos, personnifiées par le serpent Apophis, qui cherchent à bloquer sa progression vers le jour.[74] On peut homologuer la paire centrale de l'*Amdouat* à celle du *Rosarium*: conjonction, naissance et menace pour la première; conjonction, vie et mort pour la seconde.

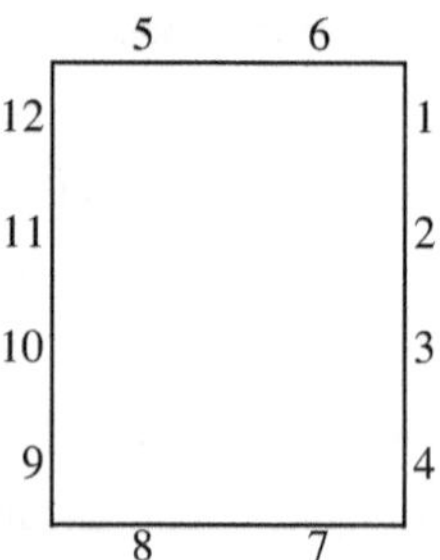

Apophis voudrait dissoudre le dieu solaire dans le chaos primordial,[75] mais il est systématiquement vaincu, du moins tant que le soleil se lève à nouveau. Je vois dans

[70] [AH] et [Sz] donnent toutes ces images avec un commentaire psychologique.
[71] Sauf exception, en particulier en ce qui concerne la 12e heure, voir [Sz, 196].
[72] [AH, 18]. En cette même page, l'on voit que la chambre funéraire (ovale plutôt que rectangulaire) de Thoutmosis III suit très approximativement ce plan.
[73] Voir [Sz, 19, 120, 169-70] et [As 1, 77-9]. [Sz, 121]: « Je n'hésite pas à appeler [cette union] la *mysterium coniunctionis* [...] ». Plus loin Andreas Schweizer revient sur ce lien avec l'alchimie, et aussi avec le christianisme, voir [Sz, 123-4, 130-1]. À propos du *ba* et des autres composantes de la personne humaine, un texte essentiel est [As 2, chapitre 4]. Voir aussi [Ny 1, chapitre 9 et 213-4].
[74] [AH, 80, 84, 90, 92] et [Sz, 134].
[75] [Sz, 144].

l'*Amdouat* une construction à la fois mathématique et symbolique.[76] Elle peut être aussi apotropaïque[77] en tentant d'imposer à l'autre monde l'ordre du vivant, l'ordre de la pensée. Dans cet autre monde fortement structuré tel que dépeint dans l'*Amdouat*, la seule image explicite d'inversion apparaît dans le tableau de la 11e heure et sert à représenter les ennemis du dieu solaire: « Vous n'êtes pas venus à l'être, vous êtes à l'envers! »[78] C'est l'état de non-être sans retour, hors de ce monde et de l'autre.[79] Mais l'inversion et la dualité demeurent dans la structure globale des images, même si la conception d'un autre monde à l'envers semble repoussée à un niveau plus bas, dans la potentialité de la non-existence, de l'inconscient, qui soutient la régénération du monde.[80] Erik Hornung souligne, quant à lui, l'aspect formel de la pensée religieuse des anciens Égyptiens, fondée sur une logique duale sans tiers exclu, selon laquelle les opposés se complémentent plutôt qu'ils ne s'annulent, et dont la paire de compléments la plus inclusive serait celle que forment l'existant et le non existant.[81]

L'utilisation de l'espace physique du tombeau (ou des chambres rituelles) dans l'écriture d'un texte religieux remonte au moins aux textes des pyramides (Ancien empire égyptien).[82] Mais dans ce dernier cas, il n'y a pas de parallèle immédiat à faire, via la structure symbolique du carré alchimique, avec l'utilisation possible de l'espace abstrait dans la séquence du *Rosarium* ou avec la preuve de Gauss. Les thèmes qui me concernent ne sont pourtant pas totalement abstents de l'organisation spatiale et symbolique des textes de la pyramide d'Unas, les premiers du genre et ceux dont parle Jeremy Naydler dans la référence de la note 82. Par exemple, il y a l'étrange inversion du sens

---

[76] [Sç, 51]: « Ordre et justice doivent régner partout, [...] à commencer par le monde des morts. »

[77] Andreas Schweizer le remarque à propos d'un des premiers tableaux. La science et les mathématiques, créatrices d'ordre, ne sont-elles pas aussi apotropaïques?

[78] [AH, 132]. Dans le texte de la 3e heure, il est dit des amis d'Osiris (traduction de François Schuler, [Sl, 74]): « Vos âmes ne doivent pas tomber, vos cadavres ne doivent pas marcher la tête en bas. »

[79] [Sz, 181-2].

[80] [Hr 1, 172-85]. Ainsi l'inversion s'associe, tout comme dans 逆 (*ni*, voir plus haut), à la fois à la séparation et à la conjonction.

[81] [Hr 1, 237-43, 253-4]. Hornung compare même cette complémentation à celle de la physique quantique moderne.

[82] [Ny 2, chapitres 7-9] et [Ae, 4]. Bien après les tetxes des pyramides, à l'époque de la 19e dynastie, le sarcophage de Séthi 1er (règne: 1291–1278 av. J.-C.) servira de support au *Livre des Portes* (postérieur à l'*Amdouat*), lui aussi en douze heures ou sections: les sections de 1 à 5 occupent la surface extérieure du sarcophage; les sections 6 et 7, les deux côtés de son couvercle; et les sections 8 à 12, sa surface intérieure, de telle sorte qu'elles suggèrent, au sein de la suite duale en 12, une symétrie centrale (passant, disons, par le cœur) avec les cinq premières. Voir [Bu 1, 35].

vers lequel regardent les hiéroglyphes sur le mur nord de l'antichambre, un mur qui reprend certains thèmes du mur d'en face; la complémentarité qui unit le texte du pignon est de la chambre du sarcophage à celui du pignon ouest de l'antichambre, adjacent au premier de l'autre côté; et le symbolisme reliant les deux chambres, la chambre du sarcophage représenterant la première moitié de l'autre monde (correspondant aus six premières heures de l'*Amdouat*) et l'antichambre, la deuxième.[83]

3	8	1
2	4	6
7	9	5

8	4	6
7	9	2
3	5	1

1	6	8
9	2	4
5	7	3

2	7	9
1	3	5
6	8	4

4	9	2
3	5	7
8	1	6

6	2	4
5	7	9
1	3	8

7	3	5
6	8	1
2	4	9

9	5	7
8	1	3
4	6	2

5	1	3
4	6	8
9	2	7

L'image du scarabée, le soleil renouvelé, rajeuni, apparaît dans le premier et le dernier tableau de l'*Amdouat*: la fin rejoint le commencement.[84] Dans la séquence du *Rosarium*, la première et la dernière illustration se démarquent du procès cyclique décrit par les autres images, si bien que le cercle dual congruent[85] à celui que j'ai d'abord

[83] Voir respectivement [Ny 2, 268-9; 235-7; 174, 183-4]. Dans ces dernières pages, Naydler expose, sans y souscrire, les interprétations de Joachim Spiegel et de James P. Allen. Je m'appuie sur l'interprétation d'Allen, voir [Ae, 9-12]. Ce symbolisme des deux chambres nous amène bien près de la structure duale d'un tombeau inscrit par l'*Amdouat*. De plus, si le sens de lecture des textes est bien celui que donne Allen, c'est-à-dire du cœur de la pyramide (chambre du sarcophage) vers la sortie, alors ce sens inverse celui qui conduit le roi à ce cœur pour y subir l'initiation (Naydler) ou pour y reposer, momifié: de la vie à la mort à la renaissance.

[84] [AH, 26]. Le scarabée apparaît dans d'autres tableaux du livre, notamment dans le 6e, au moment crucial de la conjonction de Rê et d'Osiris. Concernant le thème de la fin et du commencement en rapport avec celui de l'inversion, voir [As 2, 183-4].

[85] C'est-à-dire dans lequel chaque nombre est remplacé par son congruent en 5, voir le premier chapitre.

associé à la séquence, dont le parcours débute et se termine au centre, s'accorde peut-être mieux avec la symbolique de la série d'illustrations, d'autant plus que le passage de la vie à la mort correspond alors au changement de demi-séquence et au renversement par le centre. Ce cercle dual conduit au carré congruent de la translation scindée du *Luo shu*, que nous avons déjà rencontré et qui appartient aussi au passé de la Chine. En effet, au 8e siècle après J.-C., à l'époque des Tang, le *Luo shu* ne suffisant plus à la tâche apparemment, on imagina un système de neuf carrés construits sur son modèle, de telle sorte que chaque nombre occupasse le centre d'un carré (voir la page précédente).[86] Ce système est toujours en usage en astrologie chinoise et en feng shui. Au centre du système trône évidemment l'unique *Luo shu*. Au-dessus et en dessous de lui se trouvent les seuls autres carrés complémentés du groupe, qui sont en fait deux carrés alchimiques déguisés: notre carré congruent en bas, en haut sa translation à gauche.

Ces nombres congruents en 5, si chers aux anciens Chinois, nous les retrouvons dans un ancien commentaire du *Yi jing*.[87] Ils renverraient au *Luo shu* et au *He tu*, à condition de traduire par ces nombres le terme « complément » apparaissant dans le texte. Marcel Granet, dans son monumental ouvrage *La pensée chinoise*, a eu l'audace de proposer une lecture alternative. Il souligne que l'auteur du commentaire,[88]

> [...] s'il insiste sur la possibilité de former 5 couples pair-impair avec les 10 premiers nombres, insiste, d'autre part, sur la valeur totale de ces dix nombres qui est 55. 55 vaut 5 fois 11, et l'*on peut former 5 couples pair-impair* [...] *ayant chacun 11 pour somme*. L'opposition du pair et de l'impair, telle qu'elle se manifeste dans les 10 premiers nombres considérés comme représentatifs de la série numérique tout entière, a donc pour symbole le rapport 6/5, ce qui doit prêter au nombre 11 (= 5 + 6) un prestige égal à celui du nombre 5 (= 3 (Ciel, rond) + 2 (Terre, carré)). L'importance attribuée à 11 ne peut guère surprendre quand on connaît le rôle de classificateur privilégié qui appartient à 5, emblème de la Terre (carrée), comme à 6, emblème du Ciel (rond).

---

[86] [Ca 1, 74]. Voir aussi [Li, 68-9] et [Sw, 57].
[87] Voir la page 39.
[88] [Gn 1, 165]. Italiques de Granet.

Ces couples de compléments en 11 ramènent directement au thème de l'inversion[89] puisqu'ils impliquent d'une manière ou d'une autre un renversement de la séquence des pairs par rapport à la séquence des impairs (voir les nombres célestes et terrestres du commentaire), ou d'une demi-séquence par rapport à l'autre. Ainsi, dans la figure 9, une image occidentale[90] de l'*Anthropos* (l'humain total), un lien est suggéré entre, d'une part, les deux demi-séquences l'une sur l'autre, et, d'autre part, le cercle comme union du soleil et de la lune, du jour et de la nuit.

Figure 9: *L'*Anthropos *et le cercle des éléments.*

Une réflexion verticale appliquée à la séquence donne les couples congruents en 5, une symétrie centrale (inversion) donne les couples de compléments en 11. Le cercle possède ces deux symétries inversant les couleurs, comme les premières inversent la parité. Nous retrouvons dans cette figure l'équerre et le compas, de même que la règle et la balance – une allusion peut-être à un passage de la Bible très prisé par nos alchimistes occidentaux[91]: « Tu as tout réglé avec mesure, nombre et poids. » Et l'urne est-elle funéraire pour que le couple formé de la mort et de la vie soit aussi représenté dans cette

[89] Voir aussi [Gu 2, 27] et [Gu 1, ch. VI].
[90] [Ju 1, 233]. Voir aussi [Ju 2, 54-5], [Fr 5, 122-3, 135-8], [Ab, 153] et [Fu 1, 360-72].
[91] *Sagesse*, 11, 20. Voir aussi [Gu 4, 154-5] à propos de la symbolique des deux moitiés du cercle, et [Ju 3, 143].

image? L'allusion à la mesure, au nombre et au poids nous rapproche du domaine mathématique, sauf que les alchimistes ne comptent pas comme tout le monde. Mercurius parle[92]:

> [...] Je suis le vieux dragon qu'on trouve partout sur la surface de la terre, père et mère, jeune et vieux, très fort et très faible. Je suis la mort et la résurrection, visible et invisible, dur et mou. Je descends sur la terre et je monte au ciel. Je suis le plus haut et le plus bas, le plus léger et le plus lourd. Souvent l'ordre de la nature est inversé en moi en ce qui concerne la couleur, le nombre, le poids et la mesure [...]

Cette description s'applique aussi bien à l'*Anthropos* qu'à l'Androgyne, deux images personnifiées du but de l'*opus*, la Pierre. Le cercle du jour et de la nuit dans la figure précédente correspond au vase hermétique, et l'*Anthropos* au microcosme. La tête (élément spirituel) au-dessus de la décade représente peut-être le dieu qui, dans le mythe gnostique repris par les alchimistes, est emprisonné dans la matière (les quatre éléments).[93]

Je reviens à Granet, qui poursuit[94]:

> L'auteur de l'Histoire des Premiers Han, après avoir rappelé l'opinion traditionnelle qui fait de 6 le Nombre du Ciel [...] et de 5 le Nombre de la Terre [...], rappelle le dicton: « Or, 5 et 6, c'est l'Union centrale [...] du Ciel et de la Terre. » Les glossateurs se contentent de dire que 5 est au *Centre* de la série impaire [...] *créée par le Ciel*, 6 au *Centre* de la série paire [...] *créée par la Terre*. Cette note [...] pourrait surprendre, puisqu'il s'agit d'expliquer que 5 (*impair*) appartient à la Terre (*yin*), tandis que 6 (*pair*) appartient au Ciel (*yang*). Elle n'est explicative qu'à condition de sous-entendre que la Terre et le Ciel, *quand ils s'unissent*, échangent leurs attributs, et que [...] *cet échange résulte d'une hiérogamie*. Mais l'auteur continue en affirmant que 11 (résultat de l'union des nombres centraux) est le nombre par lequel se constitue dans sa perfection la *Voie* (*Tao*) du Ciel et de la Terre.

---

[92] [Ju 3, 218] citant le texte alchimique *Aurelia occulta*.

[93] [Ju 1, 368].

[94] [Gn 1, 165-6], italiques et derniers crochets de Granet. Au sujet du le 5 et le 6, voir aussi [Al 1, 102] et [Sd, 38].

Cette *Voie* qui, qualifiée emblématiquement par 11, va de 5, placé au milieu, c'est-à-dire à la *croisée* des nombres impairs, à 6, placé de même à la *croisée* des nombres pairs, réunit manifestement par leur *centre* [*et tout à fait à la manière d'un gnomon dressé, comme un arbre, au* milieu *de l'Univers*] deux carrés magiques superposés.

4	9	2
3	5	7
8	1	6

7	2	9
8	6	4
3	10	5

Les deux carrés magiques dont parle Granet sont le *Luo shu* et le carré obtenu de celui-ci en remplaçant chaque nombre par son complément en 11 (voir ci-dessus). On obtient le même carré par translation, mais la méthode de Granet a l'avantage d'inclure explicitement le thème du renversement dans sa construction. Encore une fois, le texte cité par Granet ne nomme ni l'un ni l'autre carré magique. Il s'applique aussi bien, sinon mieux, au carré alchimique. Les deux lectures conduisent aux mêmes symboles et font basculer le carré magique chinois de la tradition confucéenne à la tradition taoïste et alchimique.

4	9	**2**
3	**5**	7
8	**1**	6

+

5	**10**	3
4	**6**	**8**
9	2	**7**

=

4	10	2
3	5, 6	8
9	1	7

L'union du couple de carrés de Granet engendre la translation scindée du *Luo shu* de la manière illustrée ci-dessus par une équation de carrés. Par construction de la translation scindée, les sommes alchimiques du nouveau carré ne sont pas 15 et 18 – les sommes magiques des carrés parents – mais 16 et 17, c'est-à-dire les sommes qu'on obtiendrait dans les carrés magiques pour les lignes passant par le centre, si l'on y échangeait les places de 5 et de 6 au centre. L'échange des qualités, sur lequel insiste Granet, est inscrit dans ce carré alchimique. Je souligne, en passant, l'isomorphisme symbolique entre la conjonction des carrés magiques de Granet et la preuve géométrique des pythagoriciens sur les nombres triangulaires (voir le début du chapitre), d'autant plus que le troisième terme dans chaque cas (carré alchimique d'un côté et rectangle de l'autre) diffère par nature du couple de départ. En une belle rencontre entre un objet mathématique et une image symbolique, l'Androgyne, fruit d'une union mystérieuse, change aussi de nature par rapport à ses parents *Sol* et *Luna* ou *Rex* et *Regina*. Les carrés magiques complémentés en 10 et en 12, quant à eux, devraient produire un carré magique complémenté en 11, ce qui est impossible (voir l'équation (**) du premier chapitre). En engendrant un carré alchimique, ils passent en quelque sorte par la mort, comme le couple royal dans le *Rosarium*.

Le nouveau carré,[95] formé d'une moitié de chacune des séquences de base des carrés magiques à l'image d'une reproduction sexuée,[96] intègre les paires de compléments en 11 autour de son centre; sépare et unit les nombres pairs et les nombres impairs en deux gnomons (ou équerres) en rapport d'inversion – et ainsi représente une autre conjonction, celle entre l'arithmétique et la géométrie; possède la même symétrie dynamique que le *tai ji tu* et le *He tu*, brisant la symétrie maximale du *Luo shu* et de sa conjointe; et rétablit l'équilibre entre le *yin* (pair) et le *yang* (impair), compromis dans chacun des carrés magiques. Mais surtout, il donne une solution mathématique au problème de l'union des deux carrés, alors que Granet propose une solution mécanique, rapprochant les deux carrés unis par leur centre d'un ancien instrument divinatoire, le *shi*[97] ou cosmographe,[98] formé d'une planchette ronde (ciel) et d'une autre carrée (terre), unies aussi par leur centre pour pivoter. Je ne serais peut-être pas arrivé à ma solution

[95] On peut unir les deux carrés magiques d'une autre façon, donnant la 2e translation scindée du *Luo shu*.
[96] Par souci de complétude, j'ajoute qu'il existe aussi une construction alternative du *He tu* à partir du couple de carrés magiques donné par Granet: on déploie les bras de chaque carré, puis on unit les deux croix comme on l'a fait pour les carrés magiques, à partir de deux bras de chacun (deux choix). Cette méthode ne fonctionne pour nos carrés alchimiques que si la congruence entre les bras est 2 (comme pour le *Luo shu*), ce qui est le cas pour quatre carrés, avec une exception pour un carré dont cette congruence est 3. Les deux méthodes ne donnent pas le même résultat pour l'un des deux choix.
[97] [Cn, 43-6].
[98] [Ma, 39-43], qui souligne de plus que le même motif apparaît aussi sur d'anciens miroirs chinois. Voir aussi [Le 1, 274, 276-7] au sujet du *shi* et son dynamisme, du rôle symbolique de l'abstraction; du mouvement, du vent, du temps et des saisons – tout ce que contient aussi le carré alchimique.

(le carré alchimique) si je n'avais d'abord transformé la séquence des dix premières figures du *Rosarium* en cercle dual, en m'inspirant du *tai ji tu*. En utilisant de cette manière la tradition alchimique occidentale et la tradition chinoise, ma démarche rejoint elle aussi la symbolique de la conjonction.

Si le couple de carrés magiques rappelle pour Granet le *shi*, le carré alchimique possède quant à lui tous les attributs d'un *symbolon*. En Grèce ancienne, un *symbolon* consistait en tout objet susceptible d'être brisé en deux, dont chaque moitié était détenue par une personne et servait de signe de reconnaissance pour une rencontre future. Chaque moitié devient invisible pour l'autre, mais leur nature complémentaire[99] assure que leur réunion révèlera le lien originel des deux personnes. Le mot symbole [100] provient de *symbolon*, et on peut l'interpréter de deux façons. Premièrement, le *symbolon* représente, symbolise le lien entre les deux personnes, particulièrement s'il s'agit d'un couple. Deuxièmement, une moitié, connue, devient le symbole de l'autre, invisible. Dans un passage célèbre du *Banquet,*[101] Platon raconte, par l'intermédiaire d'Aristophane, le mythe de notre nature double originelle que les dieux ont séparée. Il compare explicitement ce mythe sur l'origine de l'amour au *symbolon*. Dans la Genèse, selon certaines traductions,[102] la création de la femme se fait avec une moitié d'Adam plutôt qu'avec une simple côte. Un très curieux passage de l'évangile apocryphe selon Thomas[103] relate l'ascension d'une montagne par Jésus et Marie Madeleine, au sommet de laquelle Jésus s'unit à une femme sortie du côté de son corps. Cette vision, selon Jung, montre que l'image du Christ contient celles du second Adam, de l'*Anthropos* et de l'Androgyne.[104]

---

[99] Le long de la brisure se trouve une sorte de complémentation faite de pleins et de creux, de *yang* et de *yin*.
[100] Voir les belles pages de Corbin, [Co 6, 160-1], où l'association du *symbolon* à mes thèmes est transparente: les deux mondes, le double, la conjonction. Voir aussi [Ju 6, 180] et [Wh, 181], de même que [Gt, 146-7, 227], concernant l'image mythique équivalente de l'œuf cosmique unifiant les deux principes complémentaires.
[101] [Pt, 49-53]. Voir aussi [Gu 2, 58] et [Ju 13, 593-4].
[102] [Bs, 74]. Adam androgyne, Adam aux deux faces que Dieu coupe en deux: [Ju 3, 384, 407]. Voir aussi [Ro 2, 282]: dans la tradition chinoise, la partie gauche de l'homme est *yang* et sa partie droite est *yin*.
[103] [Bs, 81]. Voir aussi [Co 4, 74].
[104] [Ju 6 , 202-7]. Voir aussi [Ju 2, 54, 146, 151-2].

La pratique du *symbolon* était aussi répandue en Chine ancienne, avec des variantes mais toujours dans le but de lier deux parties.[105] Je renvoie le lecteur aux pages lumineuses d'Isabelle Robinet, qui compare le *symbolon* chinois au gage céleste donné à une famille royale,[106] et au *jing*, au texte sacré dans la tradition taoïste, qui d'ailleurs « a souvent d'abord été un diagramme ou un Tableau (*tu*), pour devenir ensuite un texte »,[107] comme le *Yi jing* est d'abord l'ensemble des hexagrammes plutôt que ses commentaires. Le *Luo shu* offert à Yu le Grand et conduisant à son succès est le modèle classique de ce type de gage. « Le *jing* lie deux parties et est lui-même de nature double; [...] [l'adepte] tient et connaît la moitié – symbole, *fu*[108] ou *jing* – dont il sait le double sens et qui en tant que moitié appelle l'autre moitié, l'Autre, celle de l'au-delà. [...] L'aspect nettement bipartite des *fu*, généralement bicolores, que l'on coupe en deux, parfois écrits doublement en miroir, parfois tracés en double version, [...] souligne fortement cet aspect double des Ecrits sacrés du taoïsme. »[109] Les taoïstes auraient pu faire bon usage du carré alchimique, un *jing* potentiel parfait se tenant dans l'ombre du *Luo shu*.

[105] [Ro 2, 37-44]. Selon [Cy, 20], cette forme de contrat s'inscrit près des débuts de l'écriture chinoise. Voir aussi [Gn 3, 441]: « [...] jadis, quand un mari et une femme allaient se séparer, ils brisaient un miroir. L'homme en prenait une moitié à titre de gage de foi [...] S'il arrivait que sa femme eût des rapports avec un autre homme, le miroir se changeait en pie et venait, en volant, jusqu'au mari. » L'histoire ne dit pas si l'oiseau se manifeste aussi dans la situation inverse.

[106] Robinet souligne que le *Luo shu* et le *He tu* furent de tels gages. Voir aussi [Sa, 408-9].

[107] [Ro 2, 40]. Par souci d'homogénéité, j'ai rétabli le *pinyin* dans le texte de Robinet.

[108] Le *fu* est un charme ou un talisman taoïste, voir [Ro 2, 49-53], et [Sk 2, 160-3] pour des exemples. Dans la tradition occidentale à tout le moins, un tel talisman a été associé au carré magique d'ordre 3 en utilisant le parcours des nombres dans le carré, voir [Ag, 321]. Le même procédé s'applique évidemment aux carrés alchimiques d'ordre (3, 11) et conduit à une belle diversité de figures.

[109] [Ro 2, 42, 44, 43] dans cet ordre. Voir aussi [Ct 1, 123-4], [Ct 2, 62-3] et [Le 3, 30].

Chapitre trois

La voie diagonale

Le *tai ji tu* brille seul dans son ciel comme la lune dans la nuit. Le carré alchimique, au contraire, appelle une expansion mathématique. Je me propose de l'amorcer dans les deux prochains chapitres en suivant une direction bien précise, celle de l'intensification symbolique. Il s'agit d'étendre les résultats mathématiques obtenus pour les carrés d'ordre 3 aux carrés d'ordre supérieur à 3, de telle sorte que la structure symbolique isolée précédemment demeure en évidence. La classe de carrés magiques à laquelle mon programme m'a conduit englobe certains des plus connus dans l'histoire de cet objet, qui après la Chine se passe en Inde et en Islam.[1] Si l'on a pu, sur ces terres, hésiter à identifier lequel des carrés magiques d'ordres supérieurs prend le plus naturellement la relève du *Luo shu*, le doute tombe de lui-même dans le détour par les carrés alchimiques.

Un *carré latin d'ordre* n est un tableau $n \times n$ de n symboles distincts tel que chaque symbole apparaît exactement une fois dans chaque rangée et dans chaque colonne. Je ne considérerai que les carrés latins construits sur les ensembles de symboles $\mathbf{n} = \{0, 1, \ldots, n-1\}$.

---

[1] [Ca 2] et [Ca 3].

Définition. Un carré magique S d'ordre n est *décomposable* s'il existe des carrés latins A et B d'ordre n et des constantes positives a, b et c tels que[2] $S = a \cdot A + b \cdot B + (c)_n$.

Le carré magique d'ordre 7 donné au premier chapitre est décomposable. Sa décomposition est $A + 7 \cdot B + (1)_7$ où A et B sont respectivement

2	6	3	0	4	1	5
3	0	4	1	5	2	6
4	1	5	2	6	3	0
5	2	6	3	0	4	1
6	3	0	4	1	5	2
0	4	1	5	2	6	3
1	5	2	6	3	0	4

6	4	2	0	5	3	1
0	5	3	1	6	4	2
1	6	4	2	0	5	3
2	0	5	3	1	6	4
3	1	6	4	2	0	5
4	2	0	5	3	1	6
5	3	1	6	4	2	0

Ces deux carrés latins sont *orthogonaux*: deux nombres appartenant à des cases correspondantes dans chaque carré forment une paire de l'ensemble $\mathbf{n}^2$ et chacune de ces paires (ordonnée) apparaît exactement une fois de cette façon.[3] Cette propriété assure que le carré résultant de l'équation matricielle aura des nombres distincts, tandis que la propriété définissant un carré latin donnera l'unicité de la somme sur les rangées et les colonnes. Finalement, pour obtenir un carré magique, les sommes sur les deux diagonales doivent aussi être les mêmes, ce qui sera le cas si les deux carrés latins ont des nombres distincts sur ces diagonales, ou s'ils sont complémentés (en n–1).

Les premiers carrés magiques décomposables à apparaître, dans les traditions indienne et islamique, furent des carrés *continus*.[4] Un carré magique naturel d'ordre impair est continu s'il peut se construire en suivant la séquence de base à partir d'une case de départ et en respectant un *pas* et un *saut* réguliers.[5] Dans l'exemple ci-dessus, le

[2] Comme équation matricielle, voir la proposition 2 au premier chapitre.

[3] Voir [LM, 5].

[4] [Ca 2, 196]. Le *Luo shu* est aussi décomposable, comme tout carré magique d'ordre 3 (voir la proposition 2 du chapitre un), mais cette propriété ne semble jamais avoir été considérée en ce qui le concerne, avant qu'elle ne fut découverte pour des carrés magiques d'ordre supérieur.

[5] Le carré étant considéré comme un tore, c'est-à-dire qu'on identifie les bords opposés.

pas est un mouvement de cavalier en haut à gauche et le saut, quand on atteint un multiple de l'ordre, un déplacement d'une case vers le bas. Voici un autre exemple avec le même saut et un pas de deux en diagonale, en haut et à gauche:

14	10	1	22	18
20	11	7	3	24
21	17	13	9	5
2	23	19	15	6
18	4	25	16	12

On l'appelle un carré en losange, un nom inspiré par la distribution particulière des nombres du carré selon leur parité. La façon dont on le construisait en Inde, où il fut découvert, rappelle étrangement certains thèmes de la structure symbolique du carré alchimique. L'idée, dirions-nous aujourd'hui, est d'incorporer la constante au premier carré de la décomposition en carrés latins, d'effectuer la multiplication par l'ordre pour le deuxième carré et de partir de la réflexion horizontale du carré obtenu.[6] Les deux carrés de départ partagent donc la même structure. Ces carrés sont ensuite conjoints en renversant le deuxième sur le premier et en effectuant les sommes dans les cases correspondantes, produisant le carré en losange. Le commentaire de Cammann ne laisse aucun doute sur le fondement symbolique de cette construction, lié au thème de la conjonction: « [...] une expression mathématique de l'union sexuelle d'un dieu avec sa conjointe. »[7] On peut comparer cette construction à celle de Shao Yong (voir la figure 3 du chapitre deux), qui s'étale sur deux pages dans le vieux livre que Robert Temple a consulté,[8] de sorte que, quand le livre se referme, le *yin* et le *yang* se marient.

---

[6] [Ca 3, 278].

[7] [Ca 3, 286].

[8] [Te, 262]. Il s'agit d'une édition illustrée du *Yi jing* datant du 19e siècle, postérieure de beaucoup à Shao Yong.

Proposition 3. Si un carré magique complémenté S d'ordre impair n est décomposable, alors ses translations scindées sont alchimiques.

Preuve. Soit $S = a \cdot A + b \cdot B + (c)_n$ selon la définition d'un carré décomposable. Alors A et B sont orthogonaux puisque S possède des nombres distincts. De plus, $a \neq b$ pour la même raison (considérer les paires (0, 1) et (1, 0) de $\mathbf{n}^2$). On suppose toujours que $a < b$. Pour un i fixé entre 0 et n–1, la i-ème *transversale* de B est formée de ses n cases contenant i. Puisque A et B sont orthogonaux, les nombres occupant les cases de A correspondant à cette transversale[9] couvrent exactement **n**. Ainsi, dans les mêmes cases de S se trouve la progression arithmétique $c + i \cdot b + j \cdot a$ pour $j = 0, \ldots, n-1$ (i fixé). Les n transversales de B donnent n progressions, lesquelles couvrent exactement les nombres de S. Le plus grand de ces nombres est $c + (n-1) \cdot b + (n-1) \cdot a$ et le plus petit est c. Ils doivent former une paire de compléments, donc S est complémenté en

$$m = 2c + (n-1) \cdot b + (n-1) \cdot a.$$

Le nombre central du carré magique est $\frac{m}{2} = c + k \cdot b + k \cdot a$, où $k = \frac{n-1}{2}$. Il s'agit du terme médian de la k-ième progression, laquelle passe donc par la case centrale du carré où se trouve le dit nombre. La k-ième transversale est appelée *principale,* en accord avec l'usage du terme dans la preuve de la proposition 1 du premier chapitre. Le dernier terme de la (k–1)-ième progression est $c + (k-1) \cdot b + (n-1) \cdot a$ et le premier terme de la (k+1)-ième progression est $c + (k+1) \cdot b$. Leur somme étant m, ils forment une paire de compléments dans S. Puisque $a < b$, nous pouvons vérifier que

$$c + (k-1) \cdot b + (n-1) \cdot a < c + (k+1) \cdot b,$$

ce qui montre que le premier nombre appartient à la première demi-séquence, ainsi qu'à la (k–1)-ième progression et à toutes celles qui la précèdent; tandis que le deuxième nombre appartient à la seconde demi-séquence, ainsi qu'à la (k+1)-ième progression et à

[9] Voir [LM, 33], où cet ensemble de nombres distincts est appelé une transversale.

toutes celles qui lui succèdent. Finalement, une ligne de S ne passant pas par la case centrale doit contenir un nombre de chaque progression parce que B est un carré latin. Donc, k nombres de cette ligne proviennent de la première demi-séquence et k nombres de la seconde, tandis que le nombre appartenant à la progression médiane provient de la première ou de la seconde demi-séquence selon qu'il est plus petit ou plus grand que le nombre central. Ceci prouve $(k, k+1)$ est la paire de distribution de S.

Par analogie avec les carrés continus, j'appelle A le *carré du pas* et B le *carré du saut* de S ($a < b$). Ces carrés sont aussi complémentés. En effet, avec les mêmes notations que dans la preuve précédente, prenons i et i' dans des cases de A symétriques par le centre et j et j' dans les cases correspondantes de B. Alors

$$(c + i \cdot b + j \cdot a,\ c + i' \cdot b + j' \cdot a)$$

est une paire de compléments dans S, ainsi

$$2c + (i + i') \cdot b + (j + j') \cdot a = m \ \Rightarrow\ c + \frac{(i + i')}{2} \cdot b + \frac{(j + j')}{2} \cdot a = \frac{m}{2}.$$

Mais comme

$$\frac{i + i'}{2},\ \frac{j + j'}{2} \leq n - 1 \text{ et } c + k \cdot b + k \cdot a = \frac{m}{2}$$

est la seule manière d'écrire le nombre central de S (A et B orthogonaux), nous avons

$$\frac{i + i'}{2} = \frac{j + j'}{2} = k,$$

donc $i + i' = j + j' = n - 1$ et A et B sont complémentés en n–1.

Puisque $(k,\ k+1)$ est la paire de distribution de S, les sommes alchimiques de la première translation scindée d'un carré magique décomposable sont $(s+k,\ s+k+1)$, sa paire centrale étant alors $\left(\frac{m}{2}\,,\ \frac{m}{2}+1\right)$. Cette paire, libre par construction de la translation scindée, rend régulier le carré alchimique. La seconde translation scindée a les mêmes sommes alchimiques et la même paire centrale, et ne sera régulière que si la paire $\left(\frac{m}{2}-1\,,\ \frac{m}{2}+1\right)$ n'apparaît pas dans le carré magique. Le carré de gauche ci-dessous est un exemple d'un tel carré. Ses translations scindées redressent forcément son déséquilibre extrême entre le pair absent et l'impair omniprésent.

21	47	13	39	5
7	23	49	15	31
33	9	25	41	17
19	35	1	27	43
45	11	37	3	29

21	3	4	12	25
15	17	6	19	8
10	24	13	2	16
18	7	20	9	11
1	14	22	23	5

Un carré magique non décomposable peut avoir des translations scindées alchimiques, comme le montre le carré de droite ci-dessus.[10] Puisque 3 et 4 sont sur la même rangée, le carré n'est pas décomposable. Mais sa paire de distribution demeure tout de même (2, 3).

Je reviens à la translation scindée d'un carré décomposable S. Dans un tel carré alchimique, une rangée et une colonne ne passant pas par le centre et se rencontrant sur la transversale principale du carré du saut (c'est-à-dire sur les cases correspondantes dans le carré alchimique) donnent toutes deux la même somme alchimique, parce qu'elles ont k nombres de chaque demi-séquence (voir la preuve de la proposition 3), plus le nombre de la transversale principale, qui détermine alors la somme alchimique selon son appartenance à la première ou à la deuxième demi-séquence. Les sommes alchimiques se regroupent sur les positions de la transversale principale, comme elles le

[10] [Ca 2, 191].

font toujours pour l'ordre 3. J'illustre ce fait sur un carré continu d'ordre 5 construit sur le pas du cavalier:

22	14	1	18	10
3	20	7	24	11
9	21	13	5	17
15	2	19	6	23
16	8	25	12	4

Sa première translation scindée est le carré alchimique suivant, pour lequel j'ai indiqué la distribution des sommes alchimiques et la transversale principale:

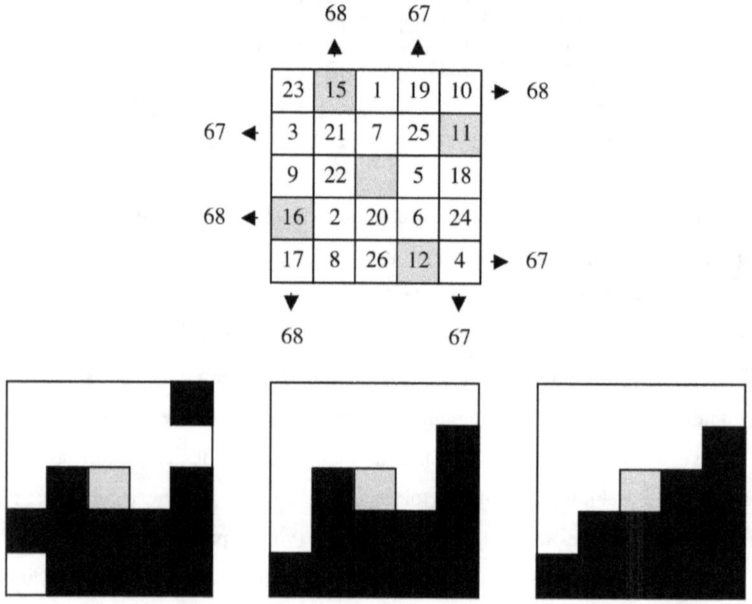

Cette propriété de la transversale principale me servira au chapitre quatre dans la partie mathématique du programme annoncé au début de celui-ci.

La distribution des nombres dans le carré alchimique précédent montre une séparation presque complète du pair et de l'impair (ci-dessus à gauche). Pour parachever cette séparation, il suffit de permuter les deux premières rangées, puis les deux dernières (ci-dessus au centre). On obtient encore un meilleur *symbolon* après une permutation supplémentaire, celle de la deuxième et de la quatrième colonne (ci-dessus à droite).[11] Voici le carré magique correspondant et la distribution paritaire de ses nombres:

3	24	7	20	11
22	18	1	14	10
9	5	13	21	17
16	12	25	8	4
15	6	19	2	23

Nous retrouvons le même contraste frappant entre un carré magique et sa translation scindée, rencontré déjà chez le *Luo shu*. Le carré magique est unitaire, le carré alchimique est dual, c'est-à-dire unitaire et double à la fois. Notez qu'on peut montrer qu'aucun carré magique complémenté d'ordre impair ne possède la propriété de séparer le pair et l'impair.

Le nouveau carré magique demeure décomposable par construction. Il est aussi complémenté, puisque les lignes ont été permutées symétriquement par rapport au centre. Je nomme une telle permutation une *opération sur les lignes*. Pour un carré décomposable, il existe aussi des *opérations sur les transversales*: les permutations des transversales du carré du pas ou de celles du carré du saut qui respectent la symétrie centrale. On peut donc modifier le pas ou le saut sans changer les propriétés de décomposabilité et de complémentarité du carré magique.[12]

[11] Une autre forme se cache sous ce carré, elle apparaîtra au chapitre suivant. Voir aussi le premier carré magique donné au chapitre un.

[12] Puisque l'orthogonalité des deux carrés latins résultants est préservée, le nouveau carré a des nombres distincts et toutes les propriétés voulues.

Définition. Deux carrés magiques S et T d'ordre n, complémentés en m et décomposables, sont *de même famille* s'il existe une suite finie d'opérations sur les lignes et les transversales menant de S à T.

Il s'agit d'une relation d'équivalence.[13] Une telle relation permet d'identifier certains éléments d'un ensemble, comme nous le faisons par exemple pour nos carrés de nombres en ne distinguant pas deux formes symétriques du même carré. Pour des raisons symboliques liées aux points cardinaux, les anciens Chinois n'ont jamais identifié de tels carrés, du moins en ce qui concerne le *Luo shu*, qui pour eux était un objet orienté. Je n'identifie pas non plus deux carrés magiques de même famille parce que la distribution des nombres pairs et impairs dans les carrés magiques, et surtout dans leurs translations scindées, n'est pas nécessairement préservée par cette relation. Je démontrerai au chapitre suivant que certaines opérations sur les transversales préservent cette distribution, mais je m'occupe pour le moment du problème d'énumération de ces familles de carrés magiques, quand l'ordre est impair.

Une action[14] d'un groupe G sur un ensemble X est définie par une application $G \times X \xrightarrow{\bullet} X$ telle que (e étant l'identité sur G)

$$\forall g,\ g' \in G,\ \forall x \in X,\ e \cdot x = x \ \text{ et } (gg') \cdot x = g \cdot (g' \cdot x).$$

Pour un élément $x \in X$, les ensembles

$$\mathrm{Orb}(x) = \{g \cdot x \in X : g \in G\} \text{ et } G(x) = \{g \in G : g \cdot x = x\}$$

sont appelés respectivement l'orbite de x (l'image de x sous l'action du groupe) et le groupe d'isotropie de x (le sous-groupe de G qui fixe x). Un résultat élémentaire[15] de la théorie des groupes précise la cardinalité de l'orbite de x:

[13] Je recommande [BK] et [Mc 1] pour une exposition des notions mathématiques que j'utiliserai dans ce chapitre et le suivant – sans toujours les définir. Mais n'importe quel texte d'algèbre générale fera l'affaire.
[14] Voir [La, 19] et [Mc 1, 85].

$$|\,\mathrm{Orb}(x)\,| = \frac{|\,G\,|}{|\,G(x)\,|}. \quad (***)$$

Si deux groupes G et H agissent sur un même ensemble X et que leurs actions commutent, c'est-à-dire que $g\cdot(h\cdot x) = h\cdot(g\cdot x)$ (avec les notations et les raccourcis habituels), alors ces dernières induisent naturellement une action du produit de groupes $G\times H$ sur le même ensemble. On a alors[16] $\forall x \in X$, $G(x)\times H(x) \leq (G\times H)(x)$. On peut montrer qu'il y a égalité si, et seulement si, l'intersection des orbites sous les deux actions ne contient que x, en utilisant le fait qu'il existe une bijection entre cette intersection et l'ensemble quotient $(G\times H)(x)\,/\,G(x)\times H(x)$.

J'étiquette les rangées d'un carré magique de haut en bas et ses colonnes de gauche à droite avec les éléments de **n** = {0, 1, … , n–1}. Une opération sur les lignes peut alors être représentée par une permutation de **n**, c'est-à-dire par un élément du groupe symétrique $\mathbf{S}_n$. Cela est aussi vrai des opérations sur les transversales puisque permuter celles-ci revient à permuter les nombres d'un carré latin. Soit $\sigma \in \mathbf{S}_n$ une telle permutation:

$$\sigma = \begin{pmatrix} 0 & 1 & \dots & k & \dots & n-1 \\ \sigma 0 & \sigma 1 & \dots & k & \dots & \sigma(n-1) \end{pmatrix},$$

où $k = \dfrac{n-1}{2}$ est le nombre central de la séquence. Cette permutation doit préserver la complémentarité du carré, ce qui équivaut à demander que

$$i + j = n-1 \;\Rightarrow\; \sigma i + \sigma j = n-1, \text{ avec } 0 \leq i, j \leq n{-}1.$$

Autrement dit, l'image de σ forme une ligne complémentée en n–1. Cette propriété entraîne la complémentarité du carré magique résultant, quelle que soit l'opération appliquée. Je note **R** l'ensemble des permutations ayant la propriété en question. **R** est

[15] Voir [MB, 74] ou [Cl, 182]. Le quotient en haut de la page est l'indice [G : $G(x)$] du sous-groupe dans le groupe.

[16] $\leq$ signifie « sous-groupe ».

un sous-groupe du groupe symétrique $\mathbf{S}_n$. Considérons en effet la permutation particulière

$$\rho = \begin{pmatrix} 0 & 1 & \dots & k & \dots & n-1 \\ n-1 & n-2 & \dots & k & \dots & 0 \end{pmatrix},$$

qui envoie un nombre i sur n–1–i, son complément en n–1. **R** est le centralisateur de ρ, c'est-à-dire le sous-groupe de $\mathbf{S}_n$ formé de toutes les permutations commutant avec ρ. En effet,

$$\sigma \in \mathbf{R} \Leftrightarrow \sigma\rho = \rho\sigma \Leftrightarrow \forall i \in \mathbf{n}\ ,\ \sigma(n-1-i) = n-1-\sigma i\,.$$

$$(\Rightarrow)\quad i+n-1-i=n-1 \;\Rightarrow\; \sigma i + \sigma(n-1-i) = n-1 \;\Rightarrow\; \sigma(n-1-i) = n-1-\sigma i\,;$$

$$(\Leftarrow)\quad i+j=n-1 \;\Rightarrow\; \sigma i + \sigma j = \sigma(n-1-j) + \sigma(n-1-i) = n-1-\sigma j + n-1-\sigma i$$
$$\Rightarrow\; \sigma i + \sigma j = n-1\,.$$

Quel est l'ordre de **R**? Il y a n–1 choix possibles pour $\sigma 0$ puisque k est fixe, et alors $\sigma(n-1)$ est déterminé par ce choix, ce qui laisse n–3 choix possibles pour $\sigma 1$, etc. Donc, l'ordre de **R** est $(n-1)\times(n-3)\times\ \dots\ \times 4\times 2 = (n-1)!! = 2^k \cdot k!$. J'appelle **R** un *groupe de renversement.*

Les quatre opérations en jeu pour nos carrés magiques – permuter soit les rangées du carré, soit ses colonnes, soit les transversales de son carré du pas, soit les transversales de son carré du saut – sont indépendantes l'une de l'autre, c'est-à-dire qu'elles commutent, si bien que la suite d'opérations reliant deux carrés de même famille se réduit à une suite de quatre opérations telles qu'énumérées. Cette indépendance des opérations permet de définir une action[17] du groupe $\mathbf{R}^4$ sur l'ensemble des carrés magiques décomposables, d'ordre impair n et complémentés en m, en opérant sur un carré

[17] Notez que les orbites forment une partition de l'ensemble et donnent donc une relation d'équivalence. J'ai expliqué précédemment pourquoi je ne passais pas au quotient, c'est-à-dire à l'identification des carrés d'une même orbite.

magique de cet ensemble dans l'ordre suivant: les rangées, les colonnes, les transversales de son carré du pas et finalement les transversales de son carré du saut. L'orbite d'un tel carré sous cette action est la même chose que sa famille. Le problème d'énumération se résume donc à trouver l'ordre (l'indice) du groupe d'isotropie du carré.[18] Je rappelle qu'un élément du groupe d'isotropie d'un objet fixe celui-ci. Dans le cas de l'action considérée sur les carrés magiques, cet élément sera une opération donnant une forme symétrique du carré. Comme je n'ai trouvé qu'un résultat partiel pour le problème général, je sépare d'abord la question selon les deux types d'opération.

I. Considérons l'action de $\mathbf{R}^2$ sur nos carrés donnée par les opérations sur les lignes. Quelles opérations, appliquées à un carré S, résultent en une forme symétrique de S? Dans ce cas-ci, la réponse est immédiate et ne dépend pas de S: inverser l'ordre des rangées donne un carré symétrique selon l'axe horizontal, inverser l'ordre des colonnes donne un carré symétrique selon l'axe vertical, et composer les deux opérations précédentes donne un carré symétrique selon le centre. Mais ces inversions se ramènent précisément à l'action diverse de ρ sur le carré, donc le groupe d'isotropie de S est $\mathbf{R}^2(S)_1 = \{(id, id), (id, \rho), (\rho, id), (\rho, \rho)\}$, où id est la permutation identité.[19] La cardinalité de l'orbite de S sous cette action est

$$|\operatorname{Orb}_1(S)| = \frac{|\mathbf{R}^2|}{|\mathbf{R}^2(S)_1|} = \frac{(n-1)!!^2}{4} = (2^{k-1}\cdot k!)^2.$$

Voyons ce résultat sur notre carré magique du cavalier, en nous restreignant à l'action sur les rangées. Dans ce cas, $\mathbf{R}$ est composé des permutations[20]

$$id,\ \rho,\ (\ 0\ \ 4\ ) = \begin{pmatrix} 0 & 1 & 2 & 3 & 4 \\ 4 & 1 & 2 & 3 & 0 \end{pmatrix},\ (\ 1\ \ 3\ ) = \begin{pmatrix} 0 & 1 & 2 & 3 & 4 \\ 0 & 3 & 2 & 1 & 4 \end{pmatrix},$$

[18] Voir l'équation (***) à la page 83.

[19] L'indice « 1 » précise qu'il s'agit de l'action sur les lignes. Notez que ce groupe d'isotropie est isomorphe au groupe diédral $\mathbf{D}_2$. Le groupe diédral $\mathbf{D}_n$, d'ordre $2n$, est le groupe des symétries d'un polygone régulier à n côtés, voir [MB, 60].

[20] $\mathbf{R}$ est ici isomorphe au groupe diédral $\mathbf{D}_4$.

$$(0\ 1)(3\ 4) = \begin{pmatrix} 0 & 1 & 2 & 3 & 4 \\ 1 & 0 & 2 & 4 & 3 \end{pmatrix},\ (0\ 3)(1\ 4) = \begin{pmatrix} 0 & 1 & 2 & 3 & 4 \\ 3 & 4 & 2 & 0 & 1 \end{pmatrix},$$

$$(0\ 1\ 4\ 3) = \begin{pmatrix} 0 & 1 & 2 & 3 & 4 \\ 1 & 4 & 2 & 0 & 3 \end{pmatrix} \text{ et } (0\ 3\ 4\ 1) = \begin{pmatrix} 0 & 1 & 2 & 3 & 4 \\ 3 & 0 & 2 & 4 & 1 \end{pmatrix}.$$

Le groupe d'isotropie est $\{id, \rho\}$. L'action sur le carré produit les huit carrés ci-dessous. Un carré à droite est le symétrique du carré à gauche, et sa permutation est le produit par ρ de celle de gauche (son renversement). L'une ou l'autre de ces colonnes forme donc l'orbite de notre carré. Le résultat est similaire pour l'action sur les colonnes. Nous voyons que pour tout carré magique, l'intersection des orbites de l'action sur les rangées et de celle sur les lignes ne contient que ce carré.

22	14	1	18	10
3	20	7	24	11
9	21	13	5	17
15	2	19	6	23
16	8	25	12	4

id

16	8	25	12	4
15	2	19	6	23
9	21	13	5	17
3	20	7	24	11
22	14	1	18	10

(0 4) (1 3)

16	8	25	12	4
3	20	7	24	11
9	21	13	5	17
15	2	19	6	23
22	14	1	18	10

(0 4)

22	14	1	18	10
15	2	19	6	23
9	21	13	5	17
3	20	7	24	11
16	8	25	12	4

(1 3)

3	20	7	24	11
22	14	1	18	10
9	21	13	5	17
16	8	25	12	4
15	2	19	6	23

(0 1) (3 4)

15	2	19	6	23
16	8	25	12	4
9	21	13	5	17
22	14	1	18	10
3	20	7	24	11

(0 3) (1 4)

15	2	19	6	23
22	14	1	18	10
9	21	13	5	17
16	8	25	12	4
3	20	7	24	11

(0 1 4 3)

3	20	7	24	11
16	8	25	12	4
9	21	13	5	17
22	14	1	18	10
15	2	19	6	23

(0 3 4 1)

II. Je passe à l'action de $\mathbf{R}^2$ sur nos carrés donnée par les opérations sur les transversales. Une telle opération correspond à une paire de permutations (σ, τ) de $\mathbf{R}^2$, la première pour A, le carré du pas, et l'autre pour B, celui du saut. L'orthogonalité des carrés latins assure que deux opérations distinctes donnent des carrés distincts, à une symétrie près du carré. Il y a huit formes symétriques de ce carré correspondant à l'action du groupe diédral $\mathbf{D}_4$ sur S. $\mathbf{R}^2(S)_t$ est donc isomorphe à un sous-groupe de $\mathbf{D}_4$.[21] Comme S est complémenté, la symétrie centrale remplace chaque nombre par son complément. Cela se transfère aux carrés du pas et du saut, et revient à appliquer ρ aux transversales des deux carrés. Autrement dit, (ρ, ρ) appartient toujours à $\mathbf{R}^2(S)_t$ quel que soit S, et le choix du sous-groupe se réduit au groupe cyclique $\mathbf{C}_2$ (si (*id*, *id*) et (ρ, ρ) sont les deux seules paires présentes), $\mathbf{D}_2$ (deux sous-groupes de réflexions), $\mathbf{C}_4$ (un groupe cyclique de rotations) et $\mathbf{D}_4$ lui-même. Il reste donc trois cas à considérer.

[21] L'indice « t » signale une opération sur les transversales.

Premier cas: $\mathbf{R}^2(S)_t \cong \mathbf{D}_2$. Comme une réflexion est idempotente,[22] le seul choix possible des permutations correspondant aux deux réflexions du sous-groupe est (id, ρ) et (ρ, id). il faut trouver quels carrés magiques réalisent ce choix. Notons d'abord qu'une réflexion verticale ou horizontale fixe la colonne ou la rangée médiane. Comme A et B sont des carrés latins, tous les nombres dans $\mathbf{n}$ sont fixés et $id = \rho$, ce qui implique une contradiction. $\mathbf{D}_2$ doit donc être le sous-groupe des réflexions diagonales. Appelons les deux diagonales principales de S la première et la seconde, dans un ordre fixe, et supposons que les paires (id, ρ) et (ρ, id) correspondent respectivement à la réflexion le long de la première et de la seconde diagonales.[23] On vérifie que la transversale médiane de B (la transversale principale) est alors la première diagonale et que sa seconde diagonale possède des nombres distincts. En dehors des deux diagonales principales, les nombres réfléchis sont identiques le long de la deuxième diagonale et complémentaires le long de la première. La structure de A est la même en inversant les rôles des deux diagonales.

Si S appartient au présent cas et si T est de la même famille que S via une opération sur les transversales, alors T a la même structure pour ses carrés du pas et du saut puisque l'opération permute les nombres (les transversales). Tous les carrés de l'orbite (la famille) ont le même groupe d'isotropie. J'appelle *carrés diagonaux* des carrés magiques de ce type. Je présente des exemples plus loin. Pour de tels carrés, la situation des actions simples composant l'action du produit est similaire à celle de l'action sur les lignes, l'intersection des orbites ne contenant que le carré lui-même.

Second cas: $\mathbf{R}^2(S)_t \cong \mathbf{C}_4$. Si (σ, τ) correspond à la rotation de $\frac{\pi}{2}^{\circ}$, alors (σ^3, τ^3), son inverse, correspond à celle de $\frac{3\pi}{2}^{\circ}$. De plus, $\sigma^2 = \rho \Rightarrow \rho\sigma = \sigma^3 = \sigma^{-1}$ (même chose pour τ). Dans la représentation explicite d'une permutation σ (comme celle de ρ donnée plus haut), son renversement $\rho\sigma$ est obtenu en renversant la ligne des images de σ. Dans la représentation de σ par un produit de cycles disjoints, son

[22] Un élément d'un groupe est idempotent si son produit par lui-même donne l'identité.
[23] L'argument est le même dans l'autre cas.

inverse σ^{-1} est obtenu en renversant les cycles. Les deux procédés donnent ici le même résultat. Examinons la structure de S si une rotation de $\frac{\pi}{2}^{\circ}$ conduit à une forme symétrique. Dans A, la transversale médiane k est fixe parce que la complémentarité est préservée, k est donc envoyé sur lui-même par la rotation et n'apparaît pas sur les diagonales principales, excepté à la case centrale, puisque A est un carré latin et que les cases sur les diagonales principales restent sur la même ligne ou la même colonne après la rotation. Considérons un nombre $a \neq k$ dans A avec son quadruplet de cases symétriques sous la rotation, occupées respectivement (suivant la rotation) par a, b, c et d. Les nombres a et c sont alors des compléments, de même que b et d, et donc $c = n-1-a \neq a$ et $d = n-1-b \neq b \neq a$. Nous en concluons que $n-1$ est doublement pair et que σ est un produit de 4-cycles disjoints couvrant $\mathbf{n} \setminus \{k\}$:

$$\sigma = \prod_{i \in \mathbf{w}} (\; a_i \quad b_i \quad \rho a_i \quad \rho b_i \;),$$

où $|\mathbf{w}| = \frac{n-1}{4}$ et les nombres distincts a_i, b_i sont différents de k. Clairement $\sigma \in \mathbf{R}$ et $\sigma^2 = \rho$. Aussi, $\sigma^{-1} = \rho\sigma$ a la même structure que σ (il suffit de renverser les cycles). En utilisant le même argument avec B, on obtient un résultat similaire pour τ. Soit F le sous-ensemble de $\mathbf{R}$ formé de ces permutations σ. Notez que F est fermé sous les inverses mais que $id \notin F$ et donc F n'est pas fermé sous les produits. Le normalisateur de F est $\mathbf{R}$ lui-même, c'est-à-dire que $\forall \sigma \in F$, $\forall \beta \in \mathbf{R}$, $\beta\sigma\beta^{-1} \in F$. Soient σ et β deux de ces permutations. Puisque σ et $\beta\sigma\beta^{-1}$ sont conjuguées, elles ont la même structure de cycles et les cycles dans $\beta\sigma\beta^{-1}$ sont les images de β des cycles dans σ.[24] Donc, avec la décomposition de σ donnée ci-dessus, nous obtenons

$$\beta\sigma\beta^{-1} = \prod_{i \in \mathbf{w}} (\; \beta a_i \quad \beta b_i \quad \beta\rho a_i \quad \beta\rho b_i \;) = \prod_{i \in \mathbf{w}} (\; \beta a_i \quad \beta b_i \quad \rho\beta a_i \quad \rho\beta b_i \;).$$

[24] [Cp 1, 212, proposition 13.1.4] ou [MB, 65].

La dernière égalité découle du fait que **R** est le centralisateur de ρ. Donc $\beta\sigma\beta^{-1} \in F$.

Comme pour les carrés diagonaux, si un carré S appartient au cas présent, alors toute sa famille aussi, si l'on se restreint aux opérations sur les transversales. La remarque précédente et le fait que deux carrés dans cette famille ont des groupes d'isotropie conjugués permettent d'exprimer le groupe d'isotropie de l'un en fonction de celui de l'autre. Je nomme de tels carrés des *carrés rotationnels*. Quant aux actions simples sur ces carrés, les groupes d'isotropie sont triviaux et l'intersection des orbites est formée des carrés S, $\sigma \cdot S = \tau^{-1} \cdot S$, ! ^{1}#$S$ = #S et $\rho \cdot S$, le côté gauche des égalités étant du côté de A et le côté droit du côté de B.

Troisième cas: $\mathbf{R}^2(S)_t \cong \mathbf{D}_4$. Il suffit de regarder les diagonales principales du carré pour voir que les structures du carré magique trouvées dans les deux cas précédents sont incompatibles. Un carré dont le groupe d'isotropie est isomorphe à $\mathbf{D}_4$ doit posséder les deux structures, ce qui est impossible. Le groupe d'isotropie d'un carré ni diagonal ni rotationnel est donc d'ordre 2. L'intersection des orbites sous les actions simples contient seulement S et $\rho \cdot S$.

En conclusion, le nombre de carrés de la famille de S, via des opérations transversales seulement, est

$$|\,\mathrm{Orb}_t(S)\,| = \frac{|\,\mathrm{R}^2\,|}{|\,\mathrm{R}^2(S)_t\,|} = \begin{cases} \dfrac{(n-1)!!^2}{4} = (2^{k-1} \cdot k!)^2 & \text{si } S \text{ est diagonal ou rotationnel,} \\[2ex] \dfrac{(n-1)!!^2}{2} = 2^{2k-1} \cdot k!^2 & \text{pour tout autre } S. \end{cases}$$

3	4	0	1	2
4	0	1	2	3
0	1	2	3	4
1	2	3	4	0
2	3	4	0	1

2	1	0	4	3
3	2	1	0	4
4	3	2	1	0
0	4	3	2	1
1	0	4	3	2

La classe des carrés diagonaux contient des exemples bien connus, quoique je les considère ici sous un nouvel angle. Tout carré magique d'ordre 3 est diagonal, d'après la décomposition donnée au premier chapitre. Tout carré en losange de type indien est diagonal. Les carrés latins ci-dessus sont respectivement les carrés du pas et du saut du carré en losange d'ordre 5 donné en début de chapitre.[25] Dans cette décomposition, non seulement une diagonale principale de chaque carré est constante, mais aussi toutes les diagonales brisées de même orientation. J'appelle ces objets des *carrés strictement diagonaux*. Les carrés planétaires[26] d'ordres impairs sont aussi strictement diagonaux, par exemple celui de la Lune, d'ordre 9, que je présente à la page suivante. Le carré magique qui se trouve au début du premier chapitre est de la même famille, via la permutation (0 2 7 5) (1 3 8 6)$\in$**R** appliquée aux transversales du carré du saut. Le carré magique dont la translation scindée possède une distribution triangulaire du pair et de l'impair, que j'ai construit plus haut en permutant les lignes du carré du cavalier, est diagonal[27] (mais pas strictement), tandis que le carré du cavalier est lui-même rotationnel. Notez qu'un carré continu de formation diagonale n'est pas nécessairement diagonal au sens où je l'entends ici, comme l'illustre l'exemple au bas de cette page.[28] Le carré du saut a la structure d'un carré diagonal (le même que pour le carré en losange), tandis que le carré du pas a celle d'un carré rotationnel. Le groupe d'isotropie de ce carré pour les opérations sur les transversales est $\mathbf{C}_2$.

17	24	1	8	15
23	5	7	14	16
4	6	13	20	22
10	12	19	21	3
11	18	25	2	9

=

2	4	1	3	5
3	5	2	4	1
4	1	3	5	2
5	2	4	1	3
1	3	5	2	4

+

15	20	0	5	10
20	0	5	10	15
0	5	10	15	20
5	10	15	20	0
10	15	20	0	5

[25] Notez qu'une réflexion horizontale relie les deux carrés.

[26] Voir, par exemple, [Cr], [Sw, 137] et le chapitre suivant. Les carrés de Mars (ordre 5) et de Vénus (ordre 7) ont la même formation continue que celui de la Lune.

[27] La permutation (0, 4) appliquée aux lignes (rangées et colonnes) de ce carré donne le carré de Mars.

[28] J'ai ajouté la constante au carré du pas et fait le produit par 5 pour le carré du saut – dans la tradition indienne.

37	78	29	70	21	62	13	54	5
6	38	79	30	71	22	63	14	46
47	7	39	80	31	72	23	55	15
16	48	8	40	81	32	64	24	56
57	17	49	9	41	73	33	65	25
26	58	18	50	1	42	74	34	66
67	27	59	10	51	2	43	75	35
36	68	19	60	11	52	3	44	76
77	28	69	20	61	12	53	4	45

Contrairement aux carrés diagonaux, je n'ai pu trouver de construction naturelle de carrés rotationnels, à une exception près: le carré du cavalier d'ordre 5 déjà rencontré. Les deux permutations de la construction précédente d'un carré rotationnel d'ordre 5 sont $\sigma = (\ 0 \quad 1 \quad 4 \quad 3\ )$ et $\tau = \rho\sigma = \sigma^{-1} = (\ 0 \quad 3 \quad 4 \quad 1\ )$. Pour ce carré

$$\mathbf{R}^2(S)_t = \{\ (id,\ id),\ (\sigma,\ \sigma^{-1}),\ (\sigma^{-1},\ \sigma),\ (\rho,\ \rho)\ \}.$$

C'est le seul groupe d'isotropie possible pour un carré rotationnel d'ordre 5 parce que σ et τ sont les seules permutations ayant la forme donnée plus haut. Tout carré relié à celui-ci par une opération sur les transversales est aussi rotationnel, par exemple le carré d'ordre 5 à la page suivante (avec ses carrés du pas et du saut),[29] via l'opération $(\sigma,\ \rho)$.

Je présente aussi à la page suivante un carré rotationnel[30] d'ordre 9 avec ses carrés du pas et du saut. Je l'ai construit case par case en m'inspirant du carré du cavalier et en me servant du fait qu'une réflexion horizontale relie ses carrés du pas et du saut.[31] La permutation agissant sur le carré du pas est σ = (0 1 8 7) (2 3 6 5) et celle agissant sur le carré du saut est[32] $\tau = \sigma^{-1}$ = (0 7 8 1) (2 5 6 3).

[29] Ce carré est pandiagonal au sens classique: les diagonales brisées donnent aussi la somme magique.
[30] Je rappelle que $n-1$ est doublement pair.
[31] Comme pour le carré en losange, voir plus haut.
[32] Les deux permutations sont l'inverse l'une de l'autre à cause de la réflexion horizontale.

1	15	24	8	17
23	7	16	5	14
20	4	13	22	6
12	21	10	19	3
9	18	2	11	25

0	4	3	2	1
2	1	0	4	3
4	3	2	1	0
1	0	4	3	2
3	2	1	0	4

0	2	4	1	3
4	1	3	0	2
3	0	2	4	1
2	4	1	3	0
1	3	0	2	4

58	45	20	53	1	69	12	77	34
68	52	3	36	11	76	19	60	44
78	35	10	43	21	59	2	67	54
7	66	50	74	31	18	42	26	55
17	73	33	57	41	25	49	9	65
27	56	40	64	51	8	32	16	75
28	15	80	23	61	39	72	47	4
38	22	63	6	71	46	79	30	14
48	5	70	13	81	29	62	37	24

3	8	1	7	0	5	2	4	6
4	6	2	8	1	3	0	5	7
5	7	0	6	2	4	1	3	8
6	2	4	1	3	8	5	7	0
7	0	5	2	4	6	3	8	1
8	1	3	0	5	7	4	6	2
0	5	7	4	6	2	8	1	3
1	3	8	5	7	0	6	2	4
2	4	6	3	8	1	7	0	5

6	4	2	5	0	7	1	8	3
7	5	0	3	1	8	2	6	4
8	3	1	4	2	6	0	7	5
0	7	5	8	3	1	4	2	6
1	8	3	6	4	2	5	0	7
2	6	4	7	5	0	3	1	8
3	1	8	2	6	4	7	5	0
4	2	6	0	7	5	8	3	1
5	0	7	1	8	3	6	4	2

III. Je termine par l'action globale de $\mathbf{R}^4$ sur nos carrés magiques, c'est-à-dire quand des opérations des deux types agissent ensemble. Si on veut utiliser les résultats précédents, le point crucial consiste à déterminer quelles opérations sur les lignes produisent le même résultat que des opérations sur les transversales. En effet, notons $\mathbf{H}$ le produit de groupes $\mathbf{R}^2(S)_1 \times \mathbf{R}^2(S)_t$, que nous connaissons quel que soit S. Nous avons alors[33]

$$|\operatorname{Orb}(S)| = \frac{|\mathbf{R}^4|}{|\mathbf{R}^4(S)|} = \frac{|\mathbf{R}^4|}{|\mathbf{H}| \cdot |\mathbf{R}^4(S)/\mathbf{H}|} = \frac{|\mathbf{R}^4|}{|\mathbf{H}| \cdot |\operatorname{Orb}(S)_1 \cap \operatorname{Orb}(S)_t|}.$$

Le problème consiste donc à trouver l'intersection $\operatorname{Orb}(S)_1 \cap \operatorname{Orb}(S)_t$. Je n'ai pu le faire que pour le cas très particulier des carrés strictement diagonaux. Voici le résultat.

Proposition 4. Si S est un carré strictement diagonal d'ordre n, alors

$$|\operatorname{Orb}(S)| = \frac{(n-1)!!^4}{8 \cdot \varphi(n)},$$

où φ est la fonction d'Euler.

Preuve. Je rappelle d'abord ce qu'est la fonction d'Euler. On considère $\mathbf{n}$ comme l'anneau $\mathbf{Z}_n$ des nombres modulo n. L'ensemble $\Phi(n) = \{\, t \in \mathbf{n} \setminus \{0\} : (t, n) = 1 \,\}$ des nombres relativement premiers à n, les éléments inversibles de l'anneau, forment un groupe multiplicatif d'ordre

$$\varphi(n) = n \prod_i \left(1 - \frac{1}{p_i}\right),$$

[33] J'utilise la bijection entre l'intersection et le quotient dont j'ai parlé à la page 83.

où les p_i sont les nombres premiers distincts apparaissant dans la décomposition de n.[34]

Pour $t \in \Phi(n)$ et $i \in \mathbf{n}$, définissons $\lambda_t(i) = (i-k)t + k$, avec $k = \frac{n-1}{2}$, toutes les opérations étant prises modulo n. Alors l'application $\lambda(t) = \lambda_t$ définit un monomorphisme $\lambda : \Phi(n) \to \mathbf{R}$, où $\mathbf{R}$ est notre groupe de renversement. Ceci découle des résultats suivants:

1) $\lambda_t \in \mathbf{S}_n$. Il suffit de montrer que λ_t est injective, ce qui est immédiat puisque t est inversible.

2) $\lambda_t \in \mathbf{R}$. On peut vérifier directement que $i + j = n-1 \Rightarrow \lambda_t(i) + \lambda_t(j) = n-1$.

3) $\lambda_{st} = \lambda_s \circ \lambda_t$ et $(\lambda_t = id \Rightarrow t = 1)$. La première relation est facile à vérifier. Pour la seconde, calculez $\lambda_t(k+1)$.

λ est donc un monomorphisme et l'ordre de son image $\mathrm{Im}\lambda$, un sous-groupe[35] de $\mathbf{R}$, est $\varphi(n)$. Ce monomorphisme est relié à l'intersection des orbites. En effet,

$$\alpha \cdot S \in \mathrm{Orb}(S)_1 \cap \mathrm{Orb}(S)_t \Leftrightarrow \exists\, t \in \Phi(n),\ \alpha_1 = \alpha_2 = \lambda_t,$$

où $\alpha = (\alpha_1, \alpha_2)$ représente une opération sur les lignes. Vérifions-le.

$(\Rightarrow)$ Par hypothèse, il existe une opération sur les transversales $\beta = (\beta_1, \beta_2)$ telle que[36] $\alpha \cdot S = \beta \cdot S$. Puisque S est strictement diagonal et que β préserve cette propriété, α la préserve aussi. Précisons ce point. Dans une matrice $n \times n$ quelconque $M = (c_{ij})$, les deux diagonales principales déterminent deux types de diagonales[37]. Je note ces diagonales de chaque type $\Delta_0, \ldots, \Delta_{n-1}$ et $\Delta'_0, \ldots, \Delta'_{n-1}$. Je les ordonne selon la première rangée selon l'ordre habituel sur les rangées et les colonnes, de telle sorte que Δ_0 et Δ'_{n-1} soient les diagonales principales. Un regard rapide sur les indices montre que, pour $i, j, h \in \mathbf{n}$ et en opérant modulo n,

---

[34] [Mc 2, 52-3] et [Cl, 104-5].

[35] On peut montrer que c'est aussi un sous-groupe du groupe affine, voir [DM, 52].

[36] Comme l'usage le permet, je note les deux actions de la même manière.

[37] Toutes brisées sauf les deux principales.

$$c_{ij} \in \Delta_h \Leftrightarrow i+h=j \Leftrightarrow j-i=h, \text{ et } c_{ij} \in \Delta'_h \Leftrightarrow c_{i,\rho j} \in \Delta_{\rho h} \Leftrightarrow \rho j - i = \rho h,$$

où ρ est la permutation de renversement. Je dis alors que $\alpha = (\alpha_1, \alpha_2)$, où α_1 est une permutation des rangées et α_2 une permutation des colonnes, *préserve* les diagonales Δ_h si, et seulement si,

$$\exists\, \delta \in \mathbf{S}_n, \forall\, i, j \in \mathbf{n}, j-i=h \Rightarrow \alpha_1(j) - \alpha_2(i) = \delta(h).$$

En d'autres mots, α induit une permutation δ des diagonales Δ_h. Similairement, α *préserve* les diagonales Δ'_h si, et seulement si,

$$\exists\, \delta' \in \mathrm{S}_n, \forall\, i, j \in \mathrm{n}, \rho j - i = \rho h \Rightarrow \alpha_1(\rho j) - \alpha_2(i) = \delta'(\rho h).$$

Je reviens à notre problème. Supposons[38] que le carré du pas A de S a des diagonales constantes Δ_h et que son carré du saut B a des diagonales constantes Δ'_h. Alors $\alpha \cdot S$ est strictement diagonal si, et seulement si, α préserve les diagonales Δ_h de A (considéré comme une matrice) et les diagonales Δ'_h de B. Mais $\Delta_0 = (k)$ est la diagonale principale et est fixée par β, donc aussi par α, ainsi $\delta(0) = 0$ (voir la définition de δ ci-dessus), ce qui donne $\alpha_1 = \alpha_2$. Ensuite, en utilisant un raisonnement par induction, je montre que $\forall\, h \in \mathbf{n},\ \delta(h) = h \cdot \delta(1)$.

1[e] $\delta(0) = 0 = 0 \cdot \delta(1)$ comme nous venons de le voir.

2e Soit i et j tels que $i + h = j$. Alors, utilisant l'hypothèse d'induction en cours de route,

$$\begin{aligned}\delta(h+1) &= \alpha_1(j+1) - \alpha_1(i) = \alpha_1(j+1) - \alpha_1(j) + \alpha_1(j) - \alpha_1(i) \\ &= \delta(1) + \delta(h) = \delta(1) + h \cdot \delta(1) = (h+1) \cdot \delta(1).\end{aligned}$$

[38] L'argument est le même dans le cas contraire.

Donc $t := \delta(1) \in \Phi(n)$, en considérant le h tel que $\delta(h) = 1$ et le fait que $\delta \in \mathbf{S}_n$. De plus, $\alpha_1 = \lambda_t$. En effet, on obtient que $\forall\ i, j \in \mathbf{n},\ \alpha_1(j) - \alpha_1(i) = (j-i)t$. Puisque α_1 fixe k, nous avons

$$\alpha_1(i) - \alpha_1(k) = \alpha_1(i) - k = (i-k)t \Rightarrow \alpha_1(i) = k + (i-k)t = \lambda_t(i).$$

($\Leftarrow$) Cette même propriété découle directement de la définition de λ_t:

$$\forall\ t \in \Phi(n), \forall\ i, j \in \mathbf{n},\ \lambda_t(i) - \lambda_t(j) = (i-j)t.$$

En utilisant cette propriété, nous pouvons vérifier facilement que tout $\lambda_t \in \mathrm{Im}\lambda$ préserve les Δ_h de A et les Δ'_h de B (ou le contraire selon le cas), quand on définit les permutations désirées δ et δ' par $\delta(h) = h \cdot t$ et $\delta'(h) = \rho h \cdot t$. L'opération sur les lignes $\alpha = (\lambda_t, \lambda_t)$ donne donc un carré strictement diagonal $\alpha \cdot S \in \mathrm{Orb}(S)_1$. Comme ces carrés forment une unique orbite pour les opérations sur les transversales, la conclusion suit et l'équivalence est montrée.

Nous savons que $\rho \circ \lambda_t = \lambda_t \circ \rho$ puisque $\lambda_t \in \mathbf{R}$, mais en évaluant le second terme de l'égalité, nous trouvons que

$$\lambda_t \rho(i) = \lambda_t(n-1-i) = (n-1-i-k)t + k = (k-i)t + k = \lambda_{-t}(i),$$

c'est-à-dire que $\rho \circ \lambda_t = \lambda_{-t}$. Les opérations sur les lignes associées à λ_t et λ_{-t}, appartenant toutes deux à l'intersection des orbites, conduisent ainsi au même résultat car λ_t et $\rho \circ \lambda_t$ produisent deux carrés symétriques par rapport au centre:

$$(\lambda_{-t}, \lambda_{-t}) \cdot S = (\rho\lambda_t, \rho\lambda_t) \cdot S = (\rho, \rho)(\lambda_t, \lambda_t) \cdot S = (\lambda_t, \lambda_t) \cdot S.$$

Notez que l'inverse additif de t dans $\mathbf{n}$ est $n-t$. L'image de λ est

$$\mathrm{Im}\lambda = \{\, id,\ \rho,\ \lambda_2,\ \lambda_{n-2},\ \dots,\ \lambda_k,\ \lambda_{k+1} \,\}$$

et nous ne conservons que la moitié de cet ensemble: $\{\, id,\ \lambda_2,\ \dots,\ \lambda_k \,\}$. Donc

$$|\,\mathrm{Orb}(S)_1 \cap \mathrm{Orb}(S)_t\,| = \frac{|\,\mathrm{Im}\lambda\,|}{2} = \frac{\varphi(n)}{2},$$

ce qui conduit directement au résultat annoncé. Si n est premier, alors $\varphi(n) = n-1 = 2k$ et

$$|\,\mathrm{Orb}(S)\,| = \frac{(2^{k-1} \cdot k!)^4}{k}.$$

Une façon simple de construire les λ_t à partir de la représentation explicite d'une permutation consiste à commencer par l'image k du nombre médian et d'ajouter t (modulo n) aux nombres successifs à sa droite. Pour $n = 5$ nous obtenons

$$\lambda_2 = \begin{pmatrix} 0 & 1 & 2 & 3 & 4 \\ 3 & 0 & 2 & 4 & 1 \end{pmatrix} = (\ 0\ \ 3\ \ 4\ \ 1\ ).$$

On peut vérifier le résultat sur le carré en losange d'ordre 5, dont les carrés du pas et du saut ont été donnés précédemment. L'opération sur les lignes (λ_2, λ_2) appliquée au carré en losange produit le carré de Mars. Pour trouver l'opération sur les transversales, il suffit de remarquer que la rangée médiane du carré du pas est dans l'ordre donné aux colonnes, donc la permutation de celles-ci conduit directement à la permutation des nombres, c'est-à-dire des transversales, du carré du pas: $\beta_1 = \lambda_2^{-1} = (\ 0\ \ 1\ \ 4\ \ 3\ )$. On trouve de la même manière que $\beta_2 = \lambda_2^{-1}$. On peut vérifier que l'opération sur les transversales $(\lambda_2^{-1}, \lambda_2^{-1})$ appliquée au carré en losange donne bien aussi le carré de Mars.

Pour les ordres 7 et 9 on a $\varphi(7) = \varphi(9) = 6$. Dans ce dernier cas on trouve

$$\lambda_2 = \begin{pmatrix} 0 & 1 & 2 & 3 & 4 & 5 & 6 & 7 & 8 \\ 5 & 7 & 0 & 2 & 4 & 6 & 8 & 1 & 3 \end{pmatrix} = (\ 0\ \ 5\ \ 6\ \ 8\ \ 3\ \ 2\ )(\ 1\ 7\ ) \text{ et}$$

$$\lambda_4 = \begin{pmatrix} 0 & 1 & 2 & 3 & 4 & 5 & 6 & 7 & 8 \\ 6 & 1 & 5 & 0 & 4 & 8 & 3 & 7 & 2 \end{pmatrix} = (0\ 6\ 3)(2\ 5\ 8).$$

Je n'ai ainsi pu résoudre que partiellement le problème d'énumération des familles de carrés décomposables, mais pour la suite de mon étude mathématique cette situation n'est pas dramatique puisque je devrai me restreindre de toute façon aux opérations sur les transversales, comme nous le verrons au chapitre suivant.

Avant de poursuivre cette étude, je voudrais regarder de plus près le groupe de renversement, qui a émergé naturellement des considérations précédentes. Il s'agit en fait d'un groupe de réflexions bien connu,[39] mais je le nomme et l'utilise dans un contexte différent puisqu'il partage avec le carré alchimique la même structure symbolique. Il appartient donc de plein droit à la collection d'objets dont j'ai parlé à la fin du chapitre premier. En examinant ce groupe plus en détails, j'en profiterai en même temps pour ajouter à ma collection divers objets mathématiques.

Dans un groupe quelconque, un élément et son inverse jouent le rôle d'une paire de compléments, par exemple un nombre et son négatif dans le groupe additif des entiers. La représentation de ce groupe par une droite possède en plus une symétrie naturelle, le côté des nombres négatifs étant l'image réfléchie de celui des nombres positifs – ou vice versa. La même représentation du groupe multiplicatif des nombres réels positifs n'a plus cette symétrie, mais le renversement s'y trouve toujours puisqu'une suite croissante supérieure à 1 (par exemple celle des nombres naturels) s'inverse en une suite décroissante de fractions,[40] l'axe de renversement passant par 1.

René Guénon rapporte une étrange conception de Leibniz, que lui-même associait à son calcul infinitésimal et qu'on pourrait rapprocher du renversement des rationnels: « [...] rien n'empêche que les animaux en mourant soient transférés dans de tels mondes [incomparablement plus petits que le nôtre]; je pense en effet que la mort n'est rien d'autre qu'une contraction de l'animal, de même que la génération n'est rien d'autre qu'une évolution ».[41] Autrement dit, les êtres suivraient dans la vie la ligne d'évolution

[39] Voir [Hu] et [GB].
[40] Voir [Gu 6, ch. IX], et [Gu 5, ch. L] au sujet de l'analogie et de l'inversion. On peut imaginer que le même rapport existe entre le macrocosme et le microcosme.
[41] [Gu 6, 53].

des nombres naturels, et dans la mort la ligne amenuisante des rationnels. Le calcul infinitésimal à ses débuts a dû paraître bien mystérieux pour qu'on puisse y projeter et y adapter des conceptions sur l'autre monde aussi anciennes – et toujours actives.

Dans ces groupes numériques, l'unité est le seul élément identique à son inverse, ce qui n'est évidemment pas vrai dans tout groupe. Dans un groupe de symétries par exemple, ces éléments d'ordre 2 (les idempotents) sont les réflexions et la symétrie centrale, et comme elles divisent toujours une figure en deux moitiés,[42] elles font surgir invariablement tous les thèmes symboliques du carré alchimique.

Une autre façon de former des paires de compléments dans un groupe consiste à passer par son centre.[43] Pour un élément c du centre et un élément quelconque a du groupe, $(a, a^{-1}c)$ devient une paire de compléments en c. Le centre d'un groupe mesure sa commutativité, un cas extrême étant celui du groupe symétrique $\mathbf{S}_n$ puisque son centre se réduit à la permutation identité. Dans un tel groupe, le caractère singulier de l'unité s'accentue, amenant le groupe du côté de l'un, du côté du carré magique. Le groupe de renversement **R**, que je noterai[44] pour l'occasion $\mathbf{R}_n$ pour $n \geq 2$, rejoint au contraire le carré alchimique du côté du deux, puisque son centre[45] est $Z(\mathbf{R}_n) = \{id, \rho\}$.

Le thème du renversement devient explicite dans un groupe de permutations parce que l'inverse d'une permutation est donnée par le retournement des cycles de sa décomposition. Ce thème est surdéterminé dans $\mathbf{R}_n$ par la forme même de ρ et par le rôle qu'y joue la complémentation en $n-1$. Il apparaît aussi dans la représentation des groupes diédraux. Le groupe diédral $\mathbf{D}_n$ est représenté dans $\mathbf{S}_n$ en numérotant les sommets du polygone, de sorte qu'à chaque symétrie de la figure correspond une permutation des nombres associés aux sommets. Quand n est pair, on peut de même représenter $\mathbf{D}_n$ dans $\mathbf{R}_n$ en prenant soin de numéroter les sommets de manière que la figure, pourrait-on dire, soit complémentée en $n-1$, ce qui donne par exemple la repré-sentation ci-dessous de $\mathbf{D}_4$ dans $\mathbf{R}_4$. Cette représentation distingue les sommets opposés du carré en les complémentant, et elle le fait en inversant le parcours le long de ces sommets. Deux coins[46]

---

[42] Le choix de ces moitiés n'est évidemment pas unique.

[43] Le centre d'un groupe est le sous-groupe de ses éléments commutant avec tout élément du groupe.

[44] Voir [Hu] et [GB]. Il est d'habitude noté $\mathbf{B}_n$.

[45] J'omets la preuve, simplement technique.

[46] J'entends par là un sommet avec ses deux côtés adjacents.

opposés du carré produisent le carré complet en s'unissant, ce que ne font pas deux coins adjacents. Il existe ainsi une complémentation naturelle du carré, que souligne la représentation. Celle-ci met aussi en évidence le centre du carré. Une simple torsion dans la numérotation des sommets engendre ainsi tous les thèmes symboliques du carré alchimique.

Le passage se fait aisément des deux paires de compléments et du centre à l'image de la croix, surtout quand elle s'incarne en deux de ces couples de compléments ou d'opposés: les quatre directions cardinales, les quatre éléments ou les quatre fonctions selon Jung.[47] Avec mon œil un peu exercé aux mathématiques, ou déformé par elles, j'ai toujours eu des réserves sur ce que Jung dit de la quaternité en de nombreux passages de ses ouvrages. Par exemple, une quaternité centrée peut s'interpréter par le cinq ou par le quatre, alors pourquoi favoriser celui-ci?[48] Il y a ainsi en Chine ancienne cinq éléments et cinq directions, structurés dans chaque cas par la croix du *Luo shu*. Pour un occidental le centre ne peut former une direction, mais dans la mentalité orientale la fixité du centre et sa stabilité tranquille comptent autant, sinon plus, que les directions périphériques. Le centre correspond alors à l'identité d'un groupe.

La frontière entre le quatre et le cinq apparaît aussi dans le problème de la non-résolubilité des équations par radicaux à partir des degrés strictement supérieurs à 4, une propriété que Jung utilise quelque part pour accentuer l'importance de la quaternité, mais qui pourrait servir à distinguer le cinq aussi bien que le quatre. Le travail investi dans la preuve de cette propriété a conduit à la création des nombres complexes et

[47] Voir en particulier [Ju 3, 195, 202-3, 209-10], Jung dans la dernière de ces références disant un mot sur le 3 + 1, c'est-à-dire sur la brisure de symétrie dans le carré ou la croix provoquée par la quatrième fonction.

[48] Voir, entre autres, [Ju 1, 192-3], [Ju 3, 3] et [Ju 14, 201].

surtout à celle de la théorie des groupes,[49] et là réside son intérêt mathématique et symbolique. En mathématique, la structure prime sur l'élément. De la même manière, un groupement structuré de symboles l'emporte parfois sur chaque symbole qu'il contient, comme le montre d'ailleurs l'approche de Jung.[50]

Puisque $\mathbf{R}_n$ est isomorphe à $\mathbf{R}_{n+1}$, les groupes de renversement identifient le quatre et le cinq (un nombre et son suivant), ce qui donne la représentation ci-dessous[51] de $\mathbf{D}_4$ dans $\mathbf{R}_5$. $\mathbf{D}_4$ est isomorphe à $\mathbf{R}_4$ ou $\mathbf{R}_5$, comme nous l'avons vu plus haut. Les paires de compléments en ρ, telles que définies précédemment pour un élément du centre, sont les deux réflexions diagonales, les deux réflexions droites, les deux rotations chacune avec elle-même, et (id, ρ). Quand n est pair, des numérotations similaires représenteront $\mathbf{D}_n$ dans $\mathbf{R}_n$ ou $\mathbf{R}_{n+1}$, mais si n est impair, il faut numéroter, en suivant le même procédé, les sommets du polygone en alternance avec ses côtés, ce qui revient à introduire un double inversé du polygone original. Nous obtenons alors une représentation de $\mathbf{D}_n$ dans $\mathbf{R}_{2n}$. Le passage du pair à l'impair conduit ici naturellement aux thèmes du renversement, du double et de la conjonction, comme pour les carrés magiques et alchimiques.

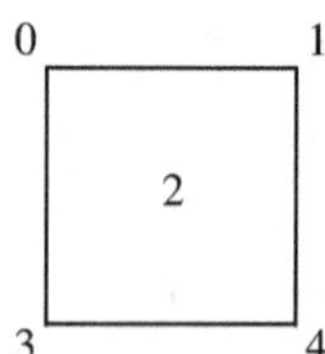

Ces thèmes prennent la forme d'un objet familier quand $n = 3$: le Sceau de Salomon, c'est-à-dire l'union d'un triangle pointant vers le haut (le feu, le masculin) et d'un triangle pointant vers le bas (l'eau, le féminin).[52] Comme le souligne Jung, « [...] une triade possède empiriquement une trinité opposée à elle comme son com-

[49] Voir [Lv].
[50] Voir en particulier [Ju 6, chapitre XIV].
[51] Le même procédé est apparu au chapitre deux à propos de l'octogone et de la disposition des trigrammes selon Fu Xi et nous a conduit aux cercles duaux. Notez aussi l'analogie avec le dé (début du chapitre deux).
[52] Voir [Pu, 26], et aussi la disposition des fleurs dans les illustrations 3 et 4 du *Rosarium* (chapitre deux).

plément. »[53] Les alchimistes auraient travaillé selon lui sur une triade matérielle (*Mercurius triplex*) pour compléter la Trinité chrétienne. Comment ne pas parler du pouvoir d'évocation d'un objet mathématique quand un problème purement technique relié à cet objet conduit à un tel symbole de l'union des opposés ou des complémentaires, et à une telle rencontre avec les images abstruses de l'alchimie ou de la psychologie des profondeurs? Le groupe de renversement devient lui-même la conjonction de deux contraires (ou perçus comme tels), l'un mathématique et l'autre symbolique, comme si sa structure duale lui permettait parfois d'agir dans ces deux dimensions à la fois. On a parlé de l'étrange accord entre les mathématiques et le réel,[54] peut-être serait-il temps de parler aussi de l'étrange accord entre les mathématiques et les symboles issus de la réalité intérieure.

Le cas $n = 3$ s'adapte aussi parfaitement aux relations entre les couleurs. Les trois couleurs primaires (jaune, rouge et bleu) prennent place sur les sommets du triangle de base et les couleurs secondaires (orange, vert et violet) sur son double, chacune de ces dernières étant l'union de ses deux couleurs adjacentes. Les paires de compléments correspondent alors à deux couleurs complémentaires, c'est-à-dire dont l'union donne la lumière blanche (le tout, l'unité).[55]

Le thème du double apparaît aussi dans $\mathbf{R}_n$ à travers la décomposition d'une permutation en cycles disjoints, puisque tout cycle y est accompagné de son reflet complémenté en $n-1$. Ce phénomène devient plus clair si l'on se restreint aux permutations de $\mathbf{R}_n$ préservant les demi-séquences,[56] dont l'ensemble, noté H, forme un groupe isomorphe à $\mathbf{S}_k$, où $k = \frac{n-1}{2}$ si n est impair et $\frac{n}{2}$ s'il est pair. Deux copies de $\mathbf{S}_k$ vivent ainsi dans $\mathbf{R}_n$, une pour chaque demi-séquence, et dans la décomposition en cycles disjoints d'une permutation de H, tout cycle formé de nombres d'une demi-séquence se dédouble dans l'autre.

[53] [Ju 6, 224]. Voir aussi [Ju 2, 44].

[54] Voir [By, 332] à propos d'une fameuse remarque d'Eugene Wigner.

[55] Voir [Ab, 87-8]. Voir aussi [Co 7, 49, 62], où la même figure représente la personne humaine et son double.

[56] C'est-à-dire telles que l'image d'un élément reste dans la même demi-séquence. Je parlerai au chapitre suivant de permutations *homogènes* ou *hétérogènes* pour les demi-séquences ou la parité, selon les définitions naturelles.

Ce sous-groupe a un complément,[57] c'est-à-dire un sous-groupe normal N de $\mathbf{R}_n$ tel que

$$H \cap N = \{id\} \text{ et } \mathbf{R}_n = NH.$$

On dit alors que $\mathbf{R}_n$ est le *produit semi-direct* de H et N – ou, d'un point de vue symbolique, le produit de leur conjonction. N est l'ensemble

$$\left\{ \rho_u = \prod_{i \in \mathbf{u}} (\ i \ \ \rho i\ ) \in \mathrm{R}_n \ : \mathbf{u} \subseteq \mathbf{k} \right\}.$$

Nous avons alors $id = \rho_\varnothing$ et $\rho = \rho_\mathbf{k}$. N est un sous-groupe de $\mathbf{R}_n$. En effet, un produit de transpositions est son propre inverse: $\rho_\mathbf{u}^{-1} = \rho_\mathbf{u}$. De plus, si on compose deux de ces produits de permutations, les transpositions qui apparaissent deux fois vont s'annuler, par conséquent $\rho_\mathbf{u} \circ \rho_\mathbf{v} = \rho_{\mathbf{u}+\mathbf{v}}$, où $\mathbf{u} + \mathbf{v}$ est la somme disjointe $(\mathbf{u} \cup \mathbf{v}) - (\mathbf{u} \cap \mathbf{v})$. Ceci montre de plus que le groupe est abélien. Il est aussi normal. En effet, soit $\sigma \in \mathbf{R}_n$ et $\rho_\mathbf{u} \in N$. On vérifie que

$$\sigma \circ \rho_\mathbf{u} \circ \sigma^{-1} = \rho_\mathbf{v} \in N,$$

avec $\mathbf{v} = \mathbf{k} \cap (\sigma(\mathbf{u}) \cup \rho\sigma(\mathbf{u}))$. Si $\sigma \in H$, alors cet ensemble est simplement $\sigma(\mathbf{u})$. L'ordre de N est 2^k. $H \cap N = \{id\}$ parce que aucune permutation de N ne préserve les demi-séquences. Montrons que $\mathbf{R}_n = NH$. Soit $\sigma \in \mathbf{R}_n$. L'ensemble $\mathbf{u} = \{\ i \in \mathbf{k} : \sigma i \in \mathbf{k}\ \}$, où k sépare les deux demi-séquences, est défini selon l'habitude. Posons $\lambda|_\mathbf{u} = \sigma|_\mathbf{u}$ et $\lambda|_{\mathbf{k}-\mathbf{u}} = \rho\sigma|_{\mathbf{k}-\mathbf{u}}$. Ceci suffit à définir $\lambda \in H$ puisque le reste de l'image est son ombre dans la deuxième demi-séquence. On vérifie sans peine que $\lambda \circ \rho_{\mathbf{k}-\mathbf{u}} = \sigma$ sur $\mathbf{k}$, et donc partout sur $\mathbf{n}$. Cette représentation de σ est unique parce que l'intersection des deux sous-groupes est triviale. L'ordre de $\mathbf{R}_n$ est donc $2^k \cdot k!$. Dans $\mathbf{D}_4 = \mathbf{R}_4$, N est le sous-groupe d'ordre 4 engendré par les réflexions diagonales et H est le sous-groupe d'ordre 2 engendré par la réflexion verticale.

---

[57] Voir [Cl, 191-2]. Pour la même construction dans le cadre des groupes de réflexions, voir [GB, 67]. Pour la notion de sous-groupe normal, voir [MB, 77]. *HN* est l'ensemble des produits *hn* avec $h \in H$ et $n \in N$. Quand N est normal, *HN* est un sous-groupe.

Nous avons vu que N est abélien, alors nous pouvons noter ses opérations additivement:

$$\rho_{\mathrm{u}} + \rho_{\mathrm{v}} = \rho_{\mathrm{u}} \circ \rho_{\mathrm{v}} = \rho_{\mathrm{u+v}}\,,\ -\rho_{\mathrm{u}} = \rho_{\mathrm{u}}^{-1} = \rho_{\mathrm{u}} \text{ et } 0 = id.$$

On peut vérifier que N est un anneau booléen[58] en lui ajoutant les opérations

$$\rho_{\mathrm{u}} \cdot \rho_{\mathrm{v}} = \rho_{\mathrm{u}\cap\mathrm{v}} \text{ et } 1 = \rho.$$

L'algèbre de Boole correspondante est isomorphe à $\mathcal{P}(\mathbf{k})$, l'ensemble des parties de **k**. Dans ce contexte, *id* devient le plus petit élément et ρ le plus grand élément d'un ordre partiel, ce qui souligne encore leur dualité. De plus, une paire de compléments en ρ dans N reconduit exactement à la notion classique de complémentation dans une algèbre de Boole, puisque

$$\rho_{\mathrm{u}}^{-1} \circ \rho = \rho_{\mathrm{u}} + \rho_{\mathrm{k}} = \rho_{\mathrm{k-u}}\,.$$

Dans une telle algèbre des parties d'un ensemble, deux compléments correspondent à deux sous-ensembles séparés, c'est-à-dire dont l'intersection est vide, et dont l'union donne le tout. Ils produisent un *symbolon*, une image de la conjonction.

Un ordre partiel est un exemple de catégorie. Une catégorie est donnée par une classe d'objets et une classe de flèches (ou morphismes) entre paires d'objets, vérifiant certains axiomes qui reproduisent les propriétés élémentaires de la composition des fonctions entre ensembles.[59] On parle ainsi de la catégorie des ensembles et des fonctions, ou de celle des groupes et des homomorphismes de groupes. On peut transformer un ordre partiel en une catégorie en remplaçant la relation d'ordre par des flèches. Il s'agit d'une petite catégorie, en ce sens que la classe des objets et celle des flèches sont des ensembles. Un autre exemple de petite catégorie est donné par un groupe. Le groupe lui-même est l'unique objet de la catégorie, dont les flèches sont les éléments du groupe et la composition, son produit. On voit quelle grande versatilité

[58] [Cp 2, 73].
[59] Voir [Mc 2], l'ouvrage classique sur les catégories.

caractérise la notion de catégorie, ce que ses détracteurs appellent son « non-sens abstrait »!

Le thème du renversement apparaît naturellement en théorie des catégories à travers le processus d'inversion du sens des flèches. Ceci conduit à deux propriétés de la théorie liées directement à nos thèmes: le principe de dualité et la catégorie duale.[60] Tout énoncé en théorie des catégories possède un énoncé dual – les deux forment donc une sorte de paire de compléments – qu'on obtient en renversant les flèches dans l'énoncé original. Comme le dual d'un axiome de la théorie des catégories est aussi un axiome, le dual de tout théorème est aussi un théorème. C'est le principe de dualité. On peut dire que la théorie des catégories est auto-duale, comme l'est la géométrie projective (dualité entre droites et points) – ou un carré alchimique en un autre sens, et tous les objets de ma collection.

Quant à la catégorie duale d'une catégorie donnée, elle est construite sur les mêmes objets mais en renversant toutes les flèches. Nous obtenons donc un autre type, au second niveau, de paire de compléments (ou un double), à l'image d'un carré magique et de sa translation dans un autre contexte.

Le thème de la conjonction dans la théorie des catégories apparaît en filigrane derrière celui de la dualité. Il apparaît aussi au cœur même de la découverte de cette théorie, d'après la relation qu'en donne Saunders MacLane dans son autobiographie.[61] Samuel Eilenberg et lui arrivèrent en effet à cette découverte après avoir remarqué une identité fondamentale entre deux problèmes provenant de domaines distincts des mathématiques. On peut dire que la théorie des catégories formalise de telles rencontres à travers la notion de foncteur, qui est une flèche entre catégories.[62] Ces rencontres se multiplient dans les mathématiques modernes depuis la géométrie analytique de René Descartes. La rencontre entre les mathématiques et les symboles échappe à tout formalisme. Par ailleurs, nous venons de voir comment les thèmes symboliques du carré

[60] Pour les détails voir [Mc 2, 31-5].

[61] [Mc 3, ch. 13].

[62] Un foncteur d'un groupe (considéré comme une catégorie) dans la catégorie des ensembles équivaut à une action de groupe. MacLane décrit dans ce contexte la relation entre l'action d'un produit de groupes et l'action de ses facteurs, voir la proposition 1 de [Mc 2, 37].

alchimique réunissent des objets indépendamment de la présence ou non de liens formels entre ceux-ci.

La catégorie duale d'un ordre partiel est obtenue simplement en renversant son ordre. Ainsi, pour l'ordre partiel qui se trouve dans un groupe de renversement, le plus petit et le plus grand élément (id et ρ) échangent leur rôle dans chaque catégorie. La suite des n premiers nombres possède un ordre partiel naturel (en fait un ordre total), elle peut ainsi être vue comme une catégorie. Le chemin qu'a pu prendre le petit Gauss quand il conquit le méchant Büttner, MacLane et Eilenberg l'ont-ils croisé quand ils découvrirent la théorie des catégories?

Les objets mathématiques finissent par devenir des outils inertes servant seulement à la construction de théories et de théorèmes. Tel n'est pas toujours le cas plus près de la source. La belle symétrie entre les deux moitiés d'un objet mathématique de ma collection, qui permet de construire l'une à partir de l'autre par renversement (l'inversion dans un groupe, la complémentation dans un carré alchimique), cache parfois une asymétrie psychologique originelle. Il a fallu, par exemple, que nos prédécesseurs franchissent une barrière mentale tenace avant d'accepter l'existence des nombres négatifs, ces nombres fantômes – fantômes de fantômes pourtant dans le tout qu'ils forment. La lune dans la nuit voit la mort et la vie.

Chapitre quatre

Spirale sans fin

Je termine dans ce chapitre mon étude des familles de carrés magiques et de carrés alchimiques, en mettant cette fois l'accent sur la distribution des nombres dans un carré, dont il a été question à quelques reprises déjà mais que je présente maintenant de manière plus formelle.

26	20	14	1	44	38	32
34	28	15	9	3	46	40
42	29	23	17	11	5	48
43	37	31	25	19	13	7
2	45	39	33	27	21	8
10	4	47	41	35	22	16
18	12	6	49	36	30	24

Un *p-coloriage* d'un espace métrique X est une fonction continue f de X dans l'espace discret $\mathbf{p} = \{0, 1,\ldots, p-1\}$. Dans le contexte de nos carrés de nombres d'ordre n, l'idée est d'associer une couleur aux points à l'intérieur d'une case, dépendamment d'une propriété particulière du nombre qui l'occupe. L'espace X dans le plan correspond à l'intérieur du tableau sans les frontières entre les cases (un ouvert, donc un sous-espace du plan), et sans la case centrale dans certains cas, par exemple pour les carrés alchimiques. La condition de continuité assure qu'une seule couleur est associée à chaque case du carré. Je considère quelques exemples tirés du carré magique en losange d'ordre 7 de la page précédente.

La propriété des nombres d'un carré qui m'intéresse le plus dans ce travail est leur parité, et le carré en losange prend son nom précisément du 2-coloriage correspondant[1] (noir = pair = 0 et blanc = impair = 1):

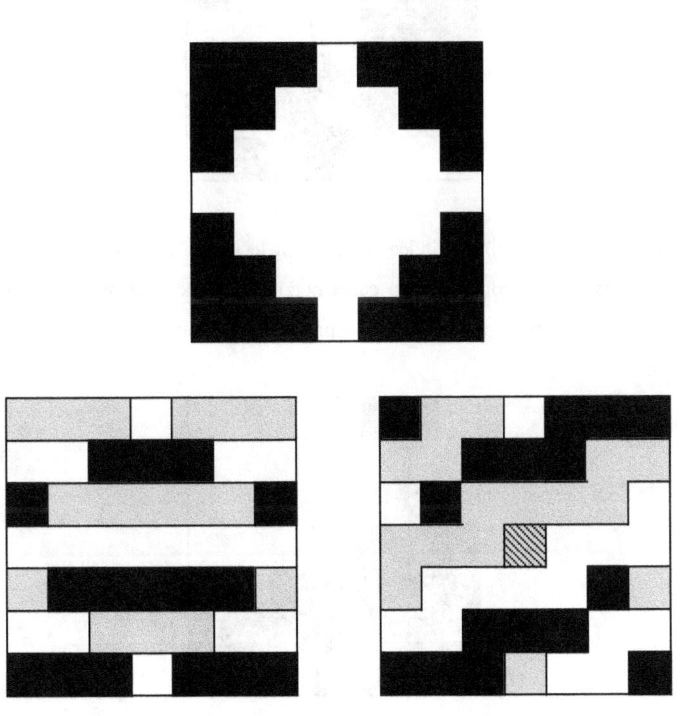

On peut aussi réduire les nombres modulo $p > 2$. Pour le même carré et sa première translation scindée avec $p = 3$ (gris = 2), on obtient les deux carrés ci-dessus.[2]

[1] Notez qu'une couleur peut suffire si tous les nombres sont de même parité, c'est la raison pour laquelle je ne demande pas que f soit surjectif, c'est-à-dire que toutes les couleurs soient utilisées.

[2] Pour un carré décomposable comme celui-ci, le coloriage modulo n (l'ordre du carré) est essentiellement la même chose que son carré du pas.

L'appartenance aux deux demi-séquences produit un autre 2-coloriage de carrés complémentés.[3] Le résultat pour le carré en losange est le suivant (blanc = 1e demi-séquence = 0):

Évidemment, les translations scindées obtiennent le même coloriage. En additionnant (modulo 2) les deux 2-coloriages du carré magique (parité et demi-séquences), nous retrouvons le coloriage selon la parité de sa première translation scindée:

Une action du produit du groupe de symétrie[4] de *X* par le groupe symétrique $\mathbf{S}_p$ sur l'ensemble des p-coloriages de *X* est définie par l'équation suivante[5]:

---

[3] Si l'ordre est impair, on exclut la case centrale de l'espace parce que le nombre médian n'appartient à aucune des demi-séquences.

[4] C'est l'ensemble des bijections de *X* sur lui-même.

[5] Voir [Gr, 403].

$$(r,\, \sigma)\cdot f = \sigma \circ f \circ r,$$

où r est une symétrie, σ une permutation et f un coloriage. L'action peut être illustrée par le diagramme suivant:

$$\begin{array}{ccc} X & \xrightarrow{(r,\,\sigma)\cdot f} & \mathrm{p} \\ r \downarrow & & \uparrow \sigma \\ X & \xrightarrow[f]{} & \mathrm{p} \end{array}.$$

Une *forme* sur X est une orbite sous cette action.[6] La forme *paritaire* et la forme *séquentielle* d'un carré sont liées aux 2-coloriages que nous venons de voir. Le *groupe de symétrie* d'une forme est donné par le groupe d'isotropie d'un de ses coloriages. Formes et coloriages apparaissent habituellement dans le contexte des pavages du plan, pour lesquels une forme ne correspond pas nécessairement à ma définition, mais représente une sorte de structure répétitive. Ce cas est inclus ici dans celui des formes dont le groupe de symétrie posséde des translations ou des réflexions de glisse.[7]

Deux coloriages dans la même orbite ont des groupes d'isotropie isomorphes par conjugaison. Mais comme je ne demande pas qu'un coloriage soit surjectif, deux permutations différentes peuvent se retrouver associées, dans un groupe d'isotropie, à la même symétrie de X. On convient de choisir de façon unique une telle permutation, et alors le groupe de symétrie d'une forme provient d'un sous-groupe du groupe de symétrie de X de telle sorte que chaque symétrie du sous-groupe a le même effet qu'une permutation des couleurs. En effet, considérons les deux actions simples induites par l'action du produit.[8] Avec le choix demandé, le groupe de symétrie d'une forme est en bijection avec l'intersection des orbites[9] sous les deux actions simples d'un coloriage représentatif. Par exemple, le groupe de symétrie de la forme associée au 3-coloriage du carré en losange est un groupe de réflexion d'ordre 4: la réflexion verticale a le même

[6] Je rappelle que les orbites divisent l'ensemble en classes d'équivalence.

[7] Voir [SG, 36]. « Réflexion de glisse » est ma traduction de *glide reflection*: une réflexion suivie d'une translation.

[8] Elles commutent car la composition de fonctions est associative.

[9] Voir la page 94.

effet que la transposition (0 2), la réflexion horizontale a le même effet que l'identité et la symétrie centrale est le résultat de leur composition.

Je reviens aux formes paritaires des carrés magiques et alchimiques. Nous avons vu à la fin du chapitre premier qu'il existe deux formes paritaires possibles pour les carrés alchimiques d'ordre 3. Il y en a trois pour les carrés magiques du même ordre:

 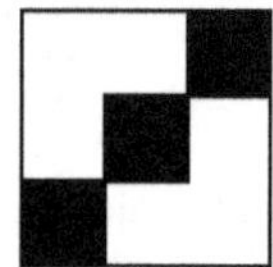 

Pour donner une idée de la situation des formes paritaires des carrés magiques d'ordre supérieur, voici toutes les formes possibles[10] pour l'ordre 5 si le carré est naturel et complémenté:

[10] D'après Bernard Gervais, *Les Carrés Magiques de 5*, cité dans [De, 172]. Il y a 721 formes au total pour les carrés magiques naturels d'ordre 5 (même ouvrage).

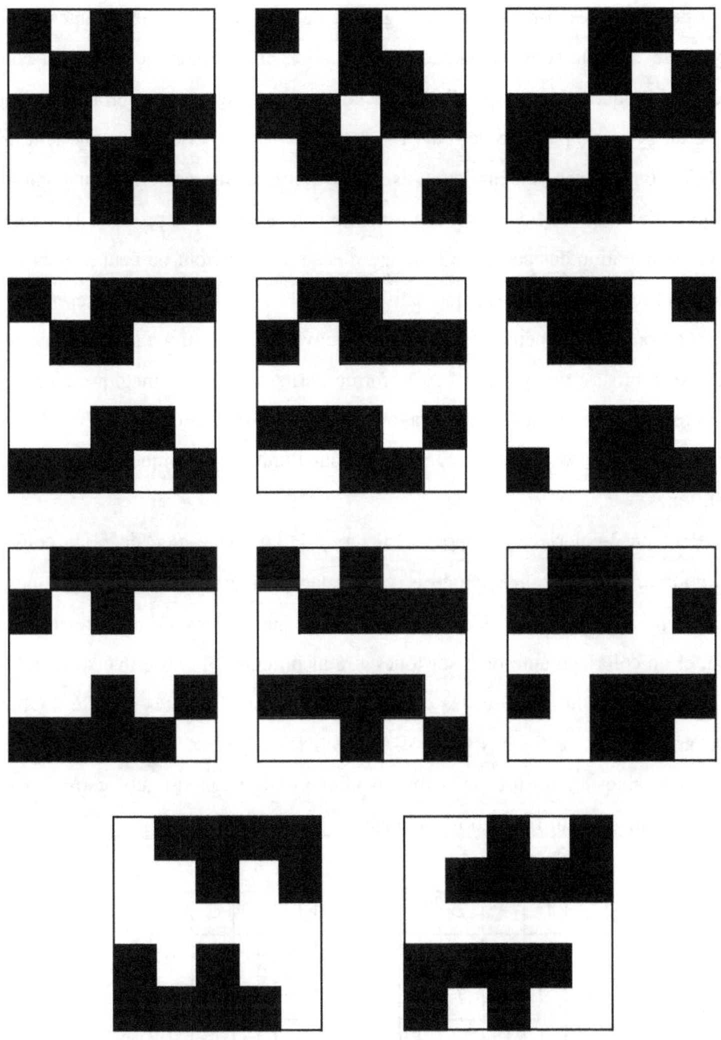

Puisque je ne considère que des carrés complémentés, le groupe de symétrie d'une forme paritaire contient au moins la symétrie centrale (en plus de l'identité), fixant les couleurs dans le cas des carrés magiques – comme toute symétrie d'ailleurs car celle-ci fixe la case centrale – et les renversant dans le cas des carrés alchimiques. J'ai regroupé les formes paritaires ci-dessus selon le groupe de symétrie. Tous les groupes contenant la symétrie centrale sont représentés. La situation change complètement du côté des carrés alchimiques: le groupe d'ordre 2 contenant la symétrie centrale est l'unique groupe de symétrie possible de leurs formes paritaires. En effet, pour une telle forme, une réflexion fixe les couleurs sur l'axe de symétrie et les renverse (par complémentarité) sur l'axe perpendiculaire à celui-ci, elle ne peut donc pas produire le même effet qu'une permutation des couleurs; la rotation d'un quart de tour ne peut ni préserver les couleurs ni les renverser parce que dans les deux cas son itération les préservera, mais cette itération est la symétrie centrale qui les renverse. Ainsi, il y a toujours une plus ou moins forte brisure de symétrie[11] de la forme paritaire du carré magique à celle de sa translation scindée, comme nous l'avons déjà constaté à propos du *Luo shu*. Cette unicité du groupe de symétrie accentue surtout l'unité symbolique de tous les carrés alchimiques.

Pour un 2-coloriage f, j'appelle $(\ 0\ 1\ ) \circ f$ le coloriage *dual* de f. Un coloriage f est *auto-dual* s'il existe une symétrie σ telle que $(\sigma, (\ 0\ 1\ ))$ est dans le groupe d'isotropie de f. La parité induit des coloriages duaux sur un carré de nombres et sa translation, et un coloriage auto-dual sur tout carré alchimique. Il existe une sorte de dualité entre les carrés alchimiques et les carrés magiques complémentés d'ordre doublement pair. Par exemple, le fameux carré d'Albretch Dürer[12] et sa translation scindée sont auto-duaux, mais la brisure de symétrie s'inverse par rapport aux carrés magiques d'ordre impair et à leur translations scindées:

16	3	2	13
5	10	11	8
9	6	7	12
4	15	14	1

17	3	2	14
5	11	12	8
10	6	7	13
4	16	15	1

[11] Voir [SG].

[12] [An, 147]. Le carré magique fait partie de la gravure *Mélancolie I*.

Le coloriage d'un carré de nombres appartient à sa géométrie. Nous avons vu, et nous verrons encore, ce que celle-ci ajoute à la symbolique de certains carrés alchimiques. Par ailleurs, la notion de symétrie contient indéniablement un aspect esthétique[13] et je voudrais en dire quelques mots dans le contexte de mes carrés de nombres. Quelle sentiment éveille, par exemple, la forme paritaire du carré magique et décomposable ci-dessous? Et la forme paritaire de sa translation scindée? Je préfère la forme de droite. Son dynamisme et son éclatement cubistes l'emportent à mon avis sur l'ordre rigide de la première forme, à peine tempéré par la réflexion et l'inversion.

42	18	29	9	45	26	6
20	35	11	43	23	3	40
4	36	16	31	12	48	28
33	13	49	25	1	37	17
22	2	38	19	34	14	46
10	47	27	7	39	15	30
44	24	5	41	21	32	8

Cette forme rappelle certains caractères chinois, par exemple 木 (*mu*, arbre) dans ses calligraphies anciennes, dont j'ai parlé au chapitre deux (page 53). Mais justement, si la symétrie d'un caractère peut parfois nous en apprendre beaucoup sur son symbo-

[13] Voir [Wy] et [Cr].

lisme, la tendance dominante dans la longue tradition chinoise de la calligraphie fut de briser toutes les symétries.[14] On attribue le propos suivant à Wang Xizhi (303–361), surnommé le sage de la calligraphie[15]: « Si les traits sont réguliers et droits comme un abaque, carrés et uniformes en haut et en bas, symétriques devant et derrière, ce n'est pas de la calligraphie [...] ». Le simple trait horizontal (*yi*, le nombre un), l'unique trait de pinceau dont a parlé le peintre Shitao[16] (1671–1719), le trait qui brise la symétrie parfaite du vide, même lui perd la sienne dans la création calligraphique. La figure 10 montre une partie[17] d'une calligraphie imitée de Wang Xizhi, avec deux *yi* dans la colonne centrale, asymétriques et très différents l'un de l'autre. À leur gauche se trouvent les caractères 日 (*ri*, soleil) et 天 (*tian*, ciel), et à leur droite 其 (*qi*, il, elle, cela), dont les symétries naturelles se brisent aussi.

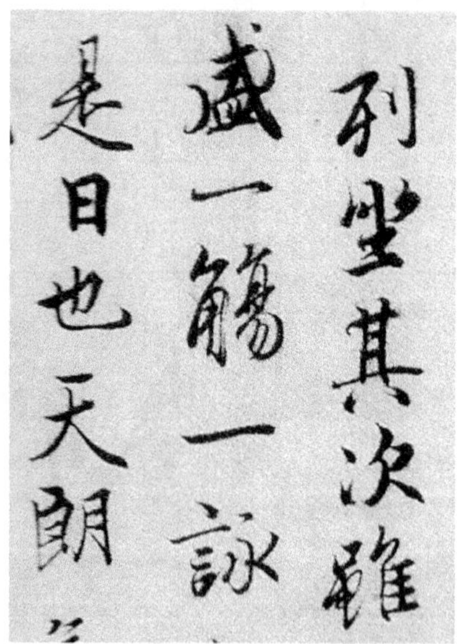

Figure 10: *Deux fois un.*

[14] [Cy, 116-8].
[15] [FW, 112].
[16] [Ce 1, 13]: « Son tracé, selon l'interprétation traditionnelle, est un acte qui sépare (et unit en même temps) le ciel et la terre. » Voir aussi [Ce 2, 127-8, 131-2], [Ve, 107] et [Ja 4, 93-7].
[17] [Wn, 159]. Wang Xizhi, *Préface à la Collection du Pavillon des Orchidées* (extrait), d'après une copie de l'époque des Tang. Musée du palais, Beijing.

Figure 11: *M. C. Escher*, Jour et Nuit (1938).

On peut comparer la deuxième forme paritaire ci-dessus à la fameuse gravure de M. C. Escher, construite sur une réflexion horizontale et l'auto-dualité (voir la figure 11).[18] La symétrie de la gravure lui confère une structure tripartite similaire à celle d'un carré alchimique d'ordre 3 dont j'ai parlé au chapitre deux (pages 48-9). Dans sa partie gauche est représenté une scène fluviale diurne, incluant les trois premiers oiseaux noirs. La même scène se retrouve à droite, nocturne et inversée. L'axe invisible de la réflexion échangeant les couleurs, qui relie les deux scènes, passe par le milieu du tiers central. Un renversement entre le bas et le haut court le long de cet axe. En bas, les champs divisés en rectangles brisent la réflexion simple préservant les couleurs. Nous sommes à l'aurore ou au crépuscule, au moment de la conjonction du jour et de la nuit. La transformation topologique de ces champs en oiseaux culmine en haut en un contraste maximal entre le noir et le blanc, et aussi en une disjonction portée par le mouvement divergent des oiseaux. La symétrie revient en haut sous la forme d'une réflexion de glisse inversant les couleurs. En bas le un, en haut le deux. En bas les trois dimensions de la réalité, en haut les deux dimensions du symbole.

On a reproché à Escher de mettre trop de mathématique dans ses œuvres, et en effet une gravure telle que *Jour et Nuit* laisse perplexe d'un point de vue strictement

[18] [Er, 38]. Voir aussi [Yu, 80, 82].

artistique. Selon moi, elle marie joliment les aspects mathématique et symbolique, mais il est difficile de décider si cela augmente ou annule sa portée artistique. Disons que la décision aurait été facile si Escher n'avait utilisé dans sa composition qu'une simple réflexion. Le changement de couleurs, en particulier, joue pleinement sur la nature paradoxale de la structure symbolique du carré alchimique (le un et le deux), tout aussi présente mais plus discrète dans un objet tel que l'ensemble des nombres entiers, dont j'ai parlé à la fin du chapitre précédent. La gravure d'Escher permet d'apprécier la différence symbolique entre le carré magique et le carré alchimique – un bel objet à mettre dans ma collection!

Wang Xizhi parle de l'idée cachée dans l'espace entre les traits.[19] Cette danse du vide et du plein rappelle un peu la dualité[20] entre la figure et le fond dans la gravure d'Escher. La Chine commerciale d'aujourd'hui vend ses produits partout dans le monde. J'ai trouvé l'inscription de la figure 12 sur un morceau de carton provenant de là-bas. Un simple nombre révélant pourtant la touche calligraphique chinoise: sur une ligne verticale invisible, le 2 se termine en pointe et le 7 commence en rondeur – le vide marie au centre le pair et l'impair et dualise l'unique trait de pinceau horizontal.[21]

Je reviens aux familles de carrés magiques décomposables et aux formes paritaires de ces carrés. Le problème consiste à trouver combien de membres de la famille d'un carré donné ont la même forme paritaire que celui-ci, et combien ont des translations scindées de même forme paritaire que celles du carré donné. Je parlerai de la famille *magique* et de la famille *alchimique* du carré à partir de ces deux critères. Je me restreins aux opérations sur les transversales, et ce pour deux raisons. Premièrement, la partie de la famille magique d'un carré obtenue par ces opérations ne dépend pas de sa forme paritaire, ce qui n'est pas le cas avec les opérations sur les lignes. Deuxièmement, les opérations sur les transversales préservent la diagonalité (et la rotationnalité) du carré, comme nous l'avons vu au chapitre précédent – une propriété qui me servira plus tard.

[19] Voir [Ci 1, 290].
[20] Martin J. Powers parle quant à lui de leur dialectique, voir [Po, 213-6].
[21] Dans *La création d'Adam* de Michel-Ange, le vide entre les doigts unit aussi les deux figures.

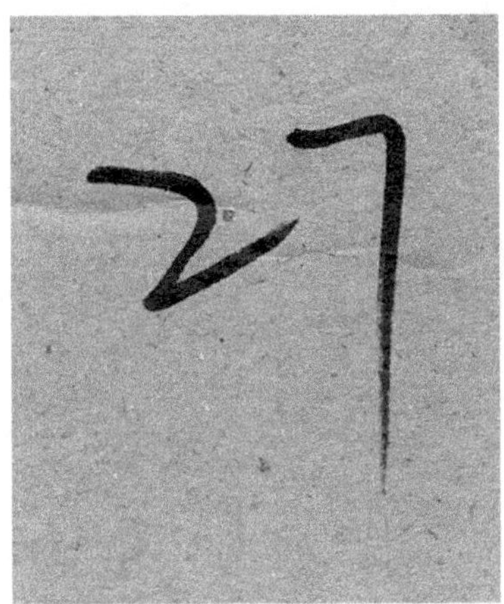

Figure 12: *Nombre à saveur de Chine.*

Je commence par la famille magique d'un carré décomposable S d'ordre impair n. Nous avons vu au début du chapitre précédent qu'une double progression $c + i \cdot b + j \cdot a$ $(0 \leq i, j \leq n-1)$ provient de la décomposition $S = a \cdot A + b \cdot B + (c)_n$ $(a < b)$. Considérons la *signature paritaire* de cette progression: la manière dont les nombres pairs et impairs sont distribués à l'intérieur de celle-ci. Comme les progressions en une dimension (i ou j fixé) sont arithmétiques, il y a quatre types possibles pour la progression double (voir plus bas), selon la parité de a, b et c (n impair). Les rôles de 0 et de 1 peuvent être intervertis sans changer le type. Un carré magique naturel par exemple (c'est-à-dire construit sur la séquence de base 1, … , n^2, auquel cas $a = c = 1$ et $b = n$) est de type I. Les progressions horizontales (i fixé) correspondent[22] aux transversales de B et les progressions verticales (j fixé) aux transversales de A. Toute permutation des lignes de la signature paritaire du carré préservant son type correspond donc exactement à une opération sur les transversales préservant la forme paritaire de S. Cette permutation doit rester dans **R**, le groupe de renversement. Comme les lignes, c'est-à-dire les transversales, alternent d'une parité à l'autre, il ne faut garder, quand elles alternent aussi de forme, que les permutations[23] dont les images préservent la parité.

[22] Voir la proposition 3 au chapitre précédent.

[23] Il s'agit de permutations homogènes, voir la note 56 du chapitre précédent.

$$\begin{array}{ccccccc}
0 & 1 & 0 & \cdot & \cdot & \cdot & 0 \\
1 & 0 & 1 & \cdot & \cdot & \cdot & 1 \\
\cdot & & & & & & \cdot \\
\cdot & & & & & & \cdot \\
\cdot & & & & & & \cdot \\
0 & 1 & 0 & \cdot & \cdot & \cdot & 0
\end{array}$$

Type I

$$\begin{array}{ccccccc}
0 & 1 & 0 & \cdot & \cdot & \cdot & 0 \\
0 & 1 & 0 & \cdot & \cdot & \cdot & 0 \\
\cdot & & & & & & \cdot \\
\cdot & & & & & & \cdot \\
\cdot & & & & & & \cdot \\
0 & 1 & 0 & \cdot & \cdot & \cdot & 0
\end{array}$$

Type II

$$\begin{array}{ccccccc}
0 & 0 & 0 & \cdot & \cdot & \cdot & 0 \\
1 & 1 & 1 & \cdot & \cdot & \cdot & 1 \\
\cdot & & & & & & \cdot \\
\cdot & & & & & & \cdot \\
\cdot & & & & & & \cdot \\
0 & 0 & 0 & \cdot & \cdot & \cdot & 0
\end{array}$$

Type III

$$\begin{array}{ccccccc}
0 & 0 & 0 & \cdot & \cdot & \cdot & 0 \\
0 & 0 & 0 & \cdot & \cdot & \cdot & 0 \\
\cdot & & & & & & \cdot \\
\cdot & & & & & & \cdot \\
\cdot & & & & & & \cdot \\
0 & 0 & 0 & \cdot & \cdot & \cdot & 0
\end{array}$$

Type IV

On peut vérifier tout de suite les résultats suivants sur le nombre d'opérations pour chaque type. La première valeur correspond à $n-1 = 2k$ doublement pair et la deuxième à $n-1$ simplement pair.

Type I: $k!!^4$; $(k-1)!!^2 \times (k+1)!!^2$.
Types II et III: $k!!^2 \times (2k)!!$; $(k-1)!! \times (k+1)!! \times (2k)!!$.
Type IV: $(2k)!!^2$; $(2k)!!^2$.

Le groupe d'isotropie de S élimine certaines de ces opérations. Évidemment, toute la famille est magique si S est de type IV. Pour les autres types, parce que ρ est homogène on doit diviser ces résultats par 4 si S est diagonal et par 2 s'il n'est ni diagonal ni rotationnel. Si S est rotationnel, le résultat dépend du type et de l'opération (σ, τ) de son groupe d'isotropie, selon que les permutations sont homogènes ou non.

Type I: on divise par 4 si σ et τ sont homogènes, par 2 si elles ne le sont pas. Types II et III: pour le type II on divise par 4 si σ est homogène, par 2 si elle ne l'est pas; même chose pour le type III avec τ. Type IV: on divise par 4.

À titre d'exemple, prenons le carré indien en losange d'ordre 7 et de type I. A et B sont respectivement

4	5	6	0	1	2	3
5	6	0	1	2	3	4
6	0	1	2	3	4	5
0	1	2	3	4	5	6
1	2	3	4	5	6	0
2	3	4	5	6	0	1
3	4	5	6	0	1	2

3	2	1	0	6	5	4
4	3	2	1	0	6	5
5	4	3	2	1	0	6
6	5	4	3	2	1	0
0	6	5	4	3	2	1
1	0	6	5	4	3	2
2	1	0	6	5	4	3

6	5	4	2	1	0	3
5	4	2	1	0	3	6
4	2	1	0	3	6	5
2	1	0	3	6	5	4
1	0	3	6	5	4	2
0	3	6	5	4	2	1
3	6	5	4	2	1	0

3	4	5	0	6	1	2
2	3	4	5	0	6	1
1	2	3	4	5	0	6
6	1	2	3	4	5	0
0	6	1	2	3	4	5
5	0	6	1	2	3	4
4	5	0	6	1	2	3

En appliquant à A la permutation (0 2) (4 6) et à B la permutation (1 5) (2 4), on obtient les nouveaux carrés latins ci-dessus, que je donne avec le membre de la famille magique de notre carré de départ qu'ils engendrent (voir la page suivante).

Voyons maintenant ce qui se passe avec les familles alchimiques. Que deviennent les types précédents, par exemple pour la première translation scindée de notre carré magique S? Nous avons vu dans la preuve de la proposition 3 que les k premières progressions horizontales (transversales de B) proviennent de la première demi-séquence de la séquence de base de S et les k dernières, de la seconde. Nous obtenons alors la première forme ci-dessous pour le type I, si k est pair.[24] Il y a deux formes de lignes pour les transversales de B (les rangées du type). Les permutations de **R** permises doivent être homogènes pour la parité sur la partie de l'image qui est homogène pour les demi-séquences de la suite 0, … , n–1, et hétérogènes pour la parité sur la partie de l'image qui est hétérogène pour les demi-séquences.[25] La permutation de renversement ρ ne vérifie pas cette condition parce qu'elle est homogène pour la parité et hétérogène pour les demi-séquences. Le même résultat tient pour une permutation apparaissant dans le groupe d'isotropie d'un carré rotationnel,[26] parce que ses cycles contiennent un élément et son image par ρ. Cela signifie qu'il n'y a pas à diviser les résultats obtenus. De plus, une transversale et son complément sont de formes différentes, l'image de la permutation pour une forme détermine donc celle de l'autre par complémentarité.

28	34	40	3	44	8	18
20	26	31	37	1	46	14
12	17	23	29	39	7	48
45	9	15	25	35	41	5
2	43	11	21	27	33	38
36	4	49	13	19	24	30
32	42	6	47	10	16	22

On obtient donc $k!$ permutations possibles pour les transversales de B. Il y a quatre formes pour les transversales de A, deux à gauche de la colonne centrale et deux à droite. Les permutations doivent être homogènes pour la parité et pour les demi-séquences. On obtient donc $\left(\frac{k}{2}!\right)^2$ permutations pour les transversales de A, et donc $k! \times \left(\frac{k}{2}!\right)^2$ au total.

---

[24] La partie grise indique la zone où il y a un renversement de la parité.

[25] Puisque la parité change dans la 2e demi-séquence.

[26] Voir la page 90.

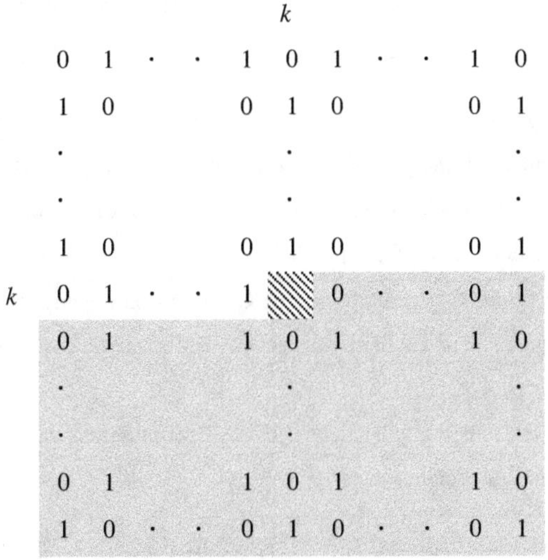

						k					
	0	1	·	·	1	0	1	·	·	1	0
	1	0			0	1	0			0	1
	·					·					·
	·					·					·
	1	0			0	1	0			0	1
k	0	1	·	·	1		0	·	·	0	1
	0	1			1	0	1			1	0
	·					·					·
	·					·					·
	0	1			1	0	1			1	0
	1	0	·	·	0	1	0	·	·	0	1

Type I, *k* pair

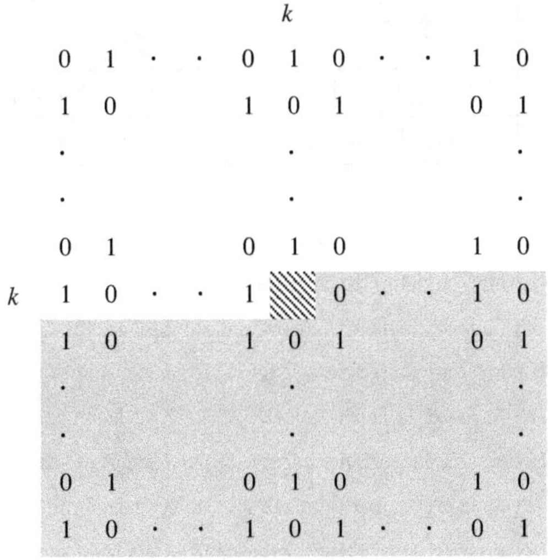

						k					
	0	1	·	·	0	1	0	·	·	1	0
	1	0			1	0	1			0	1
	·					·					·
	·					·					·
	0	1			0	1	0			1	0
k	1	0	·	·	1		0	·	·	1	0
	1	0			1	0	1			0	1
	·					·					·
	·					·					·
	0	1			0	1	0			1	0
	1	0	·	·	1	0	1	·	·	0	1

Type I, *k* impair

Si k est impair, on utilise la deuxième forme du type (voir la page précédente). Un raisonnement semblable au précédent donne au total $k! \times \frac{k-1}{2}! \times \frac{k+1}{2}!$ permutations. Les autres types sont traités de la même manière. Voici les résultats:

Type II. Même total que pour le type I. Les permutations dans B sont homogènes pour les demi-séquences, tandis que celles dans A sont homogènes pour la parité et pour les demi-séquences, comme pour le type I.

Type III. On trouve $k!^2$ permutations, que k soit pair ou impair. Dans A, les permutations sont homogènes pour les demi-séquences, tandis que dans B la condition est la même que pour le type I.

Type IV. Même total que pour le type III. Les permutations dans A et dans B sont homogènes pour les demi-séquences.

4	5	6	0	1	2	3
5	6	0	1	2	3	4
6	0	1	2	3	4	5
0	1	2	3	4	5	6
1	2	3	4	5	6	0
2	3	4	5	6	0	1
3	4	5	6	0	1	2

3	4	0	5	1	6	2
2	3	4	0	5	1	6
6	2	3	4	0	5	1
1	6	2	3	4	0	5
5	1	6	2	3	4	0
0	5	1	6	2	3	4
4	0	5	1	6	2	3

La permutation (0 2 7 5) (1 3 8 6), reliant les carrés du saut du carré de la Lune et du carré magique donné au début du chapitre un, respecte les conditions ci-dessus: les deux carrés magiques apppartiennent à la même famille alchimique. Voici un autre exemple à partir du carré en losange de la page 122. La permutation (0 2) (4 6) est appliquée à son carré du pas et la permutation (0 5) (1 6) à son carré du saut (voir les deux carrés latins ci-dessus). Je présente ensuite le carré magique diagonal de la même famille alchimique avec sa forme paritaire et celle de ses translations scindées (voir la page suivante). Le losange du carré magique disparaît, mais la forme de ses translations scindées demeure, comme on peut le vérifier sur le carré de départ. La brisure de symétrie entre les deux formes s'amenuise par rapport à la situation antérieure (le carré en losange et sa symétrie maximale). Le contraste des textures s'atténue aussi il me semble, quoique le mouvement propre aux carrés alchimiques ressort nettement de la deuxième forme.

26	34	7	36	9	45	18
20	28	29	2	38	11	47
49	15	23	31	4	40	13
8	44	17	25	33	6	42
37	10	46	19	27	35	1
3	39	12	48	21	22	30
32	5	41	14	43	16	24

La famille magique et la famille alchimique d'un carré agissent à la manière de systèmes dynamiques discrets, les formes paritaires se transformant en leur sein au fil des permutations – la forme des translations scindées dans la première famille et celle des carrés magiques dans la deuxième. Que pourrait être l'équivalent d'un état stable pour ces systèmes? Un exemple serait un carré de la famille alchimique dont la forme paritaire possède un groupe de symétrie maximal, ou un carré de la famille magique dont les translations scindées séparent le pair et l'mpair,[27] ou encore, pour les deux

[27] Comme nous l'avons vu au chapitre trois à propos des opérations sur les lignes, voir la page 80.

familles, un carré continu. Je voudrais plutôt, pour clore cette section, examiner un phénomène nouveau de quasi-dualité apparaissant dans certains de ces systèmes dynamiques. Prenons par exemple le carré continu d'ordre 13 construit sur le modèle du carré de la Lune.[28] Ce carré est de type I et nous avons vu plus haut que, dans sa famille alchimique, il est permis de permuter les transversales[29] de son carré du saut de façon à ce qu'elles changent de parité, exceptée bien sûr la diagonale principale qui reste toujours fixe. Puisqu'il y a six paires complémentées de diagonales, trois sur des nombres pairs et trois sur des nombres impairs,[30] on peut toujours trouver deux carrés vérifiant la propriété suivante: si une paire change de parité dans un carré, alors elle ne change pas de parité dans l'autre. Les formes paritaires de ces deux carrés auront donc des coloriages duaux, excepté sur la transversale principale fixe. J'appelle cette particularité du système une *quasi-dualité*. Elle permet d'apparier certains carrés magiques de manière différente de celle employée par Marcel Granet avec le *Luo shu* (voir la fin du chapitre deux). Il existe dix paires de formes quasi-duales pour l'ordre 13 qui nous occupe[31]:

1. *Id* et (0 7) (2 9) (4 11) (1 8) (3 10) (5 12):

[28] Voir la page 92.

[29] Je rappelle que le carré étant strictement diagonal, les transversales du carré du saut sont les diagonales parallèles à la diagonale principale, et qu'une opération sur ces diagonales correspond à une permutation des diagonales correspondantes dans le carré lui-même.

[30] Ainsi le phénomène de quasi-dualité ne peut apparaître si k est impair, parce que le nombre de ces paires n'est pas le même pour chaque parité.

[31] Pour $n-1 = 2k$ doublement pair, ce nombre est $\sum_{i=1}^{k/2} \frac{(k/2)!}{i!}$.

2. (2 9) (3 10) et (0 7) (4 11) (1 8) (5 12):

3. (0 7) (5 12) et (2 9) (4 11) (1 8) (3 10):

4. (4 11) (1 8) et (0 7) (2 9) (3 10) (5 12):

5. (0 9) (3 12) et (2 7) (4 11) (1 8) (5 10):

6. (4 9) (3 8) et (0 7) (2 11) (1 10) (5 12):

7. (2 11) (1 10) et (0 7) (4 9) (3 8) (5 12):

8. (2 7) (5 10) et (0 9) (4 11) (1 8) (3 12):

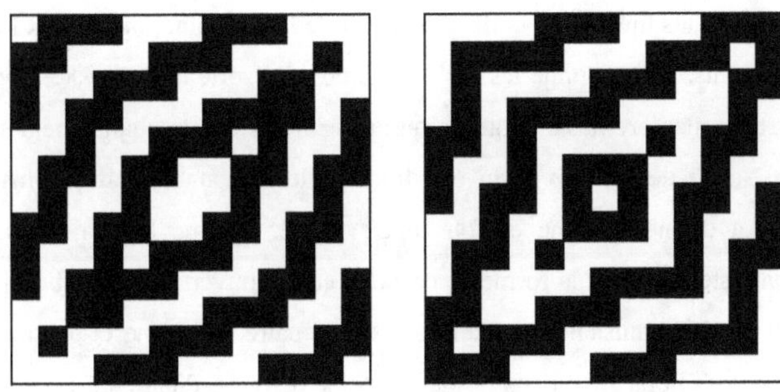

9. (0 11) (1 12) et (2 7) (4 9) (3 8) (5 10):

10. (4 7) (5 8) et (0 9) (2 11) (1 10) (3 12):

J'ai assigné à chaque forme un exemple de permutation des transversales du carré du saut engendrant cette forme. Je laisse au lecteur le soin de décider lesquelles, parmi ces variations sur les thèmes de la diagonalité et de la centralité, présentent les tableaux les plus attrayants. J'ai ordonné les opérations de telle sorte que le système passe d'un état à l'autre de manière aussi continue que possible et que le changement se fasse de l'état initial stable de la croix à un état final également stable – du moins selon ma perception. La dernière forme et son centre fermé, comme le plan d'une enceinte sacrée,[32] contraste fort avec la forme en croix au centre ouvert, et la symbolique bascule précisément à mi-chemin en traversant la sixième paire. Je donne ci-dessous la forme correspondante de l'état final dans le sous-système de quasi-dualité du carré de la Lune, peut-être plus belle encore dans sa simplicité.[33]

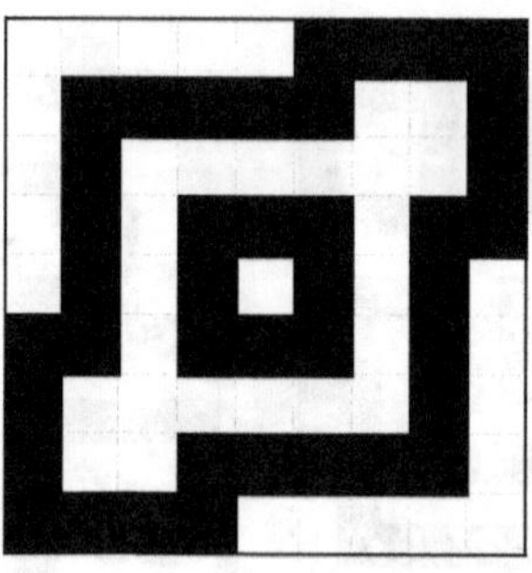

Il y a trois paires de formes quasi-duales pour les carrés magiques d'ordre 9. Je les présente dans le cas du carré rotationnel construit au chapitre précédent. Les deux formes ci-dessous appartiennent à la première paire. La forme paritaire à gauche est celle de notre carré rotationnel et la forme à droite, celle du carré obtenu de celui-ci par la permutation (0 5) (2 7) (1 6) (3 8) des transversales de son carré du saut. La symétrie se diagonalise, tandis que la croix centrale demeure en filigrane. Les autres formes n'ont que la symétrie centrale. Je donne à la page suivante des carrés pour les premières formes des deux autres paires, avec leur permutation et la position en gris de

[32] Voir [Pe 1, 117, 130].

[33] C'est la forme paritaire du carré d'ordre 9 donné au début du chapitre premier.

la transversale principale. Quant aux carrés quasi-duaux, les permutations suivantes feront respectivement l'affaire: (1 6) (2 7) et (2 5) (3 6).

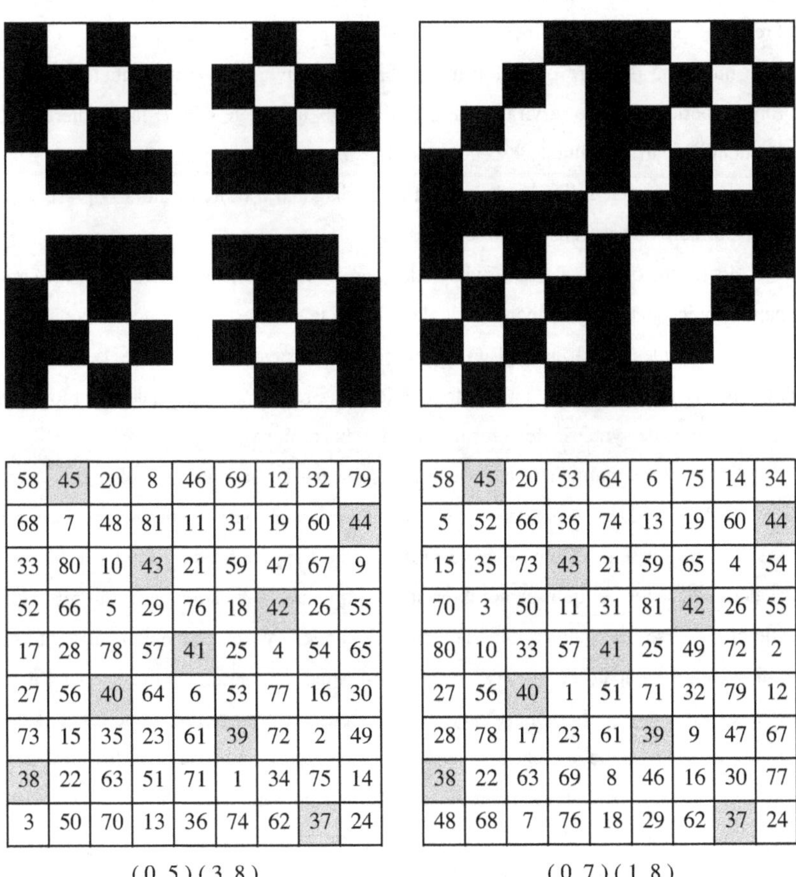

58	45	20	8	46	69	12	32	79
68	7	48	81	11	31	19	60	44
33	80	10	43	21	59	47	67	9
52	66	5	29	76	18	42	26	55
17	28	78	57	41	25	4	54	65
27	56	40	64	6	53	77	16	30
73	15	35	23	61	39	72	2	49
38	22	63	51	71	1	34	75	14
3	50	70	13	36	74	62	37	24

(0 5) (3 8)

58	45	20	53	64	6	75	14	34
5	52	66	36	74	13	19	60	44
15	35	73	43	21	59	65	4	54
70	3	50	11	31	81	42	26	55
80	10	33	57	41	25	49	72	2
27	56	40	1	51	71	32	79	12
28	78	17	23	61	39	9	47	67
38	22	63	69	8	46	16	30	77
48	68	7	76	18	29	62	37	24

(0 7) (1 8)

J'en arrive finalement à la dernière étape de mon exploration des propriétés mathématiques des carrés alchimiques. Elle consiste à montrer que la classe des carrés diagonaux, dans un décor élargi incluant les translations scindées et leur forme paritaire, représente l'expansion naturelle du *Luo shu* aux ordres supérieurs. Plus précisément, il s'agit d'établir que la construction des carrés alchimiques d'ordre 3 élaborée au premier chapitre se transpose le mieux à ces carrés. J'ai utilisé dans cette construction trois opérations élémentaires sur les carrés alchimiques: l'échange des nombres dans une paire de compléments appartenant à la diagonale principale, la substitution d'une paire libre à une paire de compléments de la diagonale principale et, finalement, la rotation. Parce que cette dernière opération ne semble pas pouvoir servir telle quelle pour les ordres supérieurs, je me servirai seulement des deux autres. Je note D la première. Évidemment, le carré résultant de cette opération n'est pas alchimique pour $n > 3$. Mais j'utiliserai le résultat suiivant: si S est un carré diagonal d'ordre n, alors D préserve la forme paritaire de ses translations scindées.

En tenant compte de la structure des carrés du pas et du saut de S trouvée au chapitre précédent, il est d'abord facile de voir que la somme de deux nombres dans des cases symétriques par rapport à l'un des axes diagonaux est toujours paire. Les nombres ont donc la même parité, ce qui montre que les deux réflexions diagonales sont toujours dans le groupe de symétrie de la forme paritaire du carré magique.

Considérons maintenant la réflexion passant par la diagonale principale du carré. C'est la diagonale correspondant à la diagonale constante sur le nombre médian de **n** dans le carré du saut.[34] Comme ce carré détermine l'appartenance à l'une ou à l'autre des demi-séquences et que ses nombres sont complémentaires suivant la dite réflexion, celle-ci renverse les couleurs dans la forme séquentielle du carré magique, excepté sur la diagonale principale où elle les préserve. La situation contraire prévaut pour l'autre réflexion diagonale, par composition avec la symétrie centrale qui renverse les couleurs. La forme séquentielle du carré diagonal contient ainsi deux quasi-réflexions, deux réflexions cachées. En additionnant les deux formes on obtient le même résultat pour la forme paritaire des translations scindées. J'explicite à la page suivante cette symétrie cachée dans le cas du carré indien en losange.[35]

Finalement, par la remarque précédente, l'effet de D sur la forme paritaire d'une translation scindée du carré diagonal est le même que la réflexion de la forme le long de la seconde diagonale. Mais comme cette réflexion préserve la forme, D la préserve aussi.

---

[34] Voir la proposition 4 au chapitre 3.

[35] Ces quasi-réflexions sont aussi très visibles dans la forme paritaire de droite à la page 125.

Je me restreins maintenant aux carrés diagonaux et naturels. Soient S un tel carré et

$$(a_1, b_1), \dots, (a_k, b_k), \text{ avec } k = \frac{n-1}{2},$$

les paires de compléments sur sa diagonale principale, ordonnées selon les différences croissantes $b_i - a_i$, $i = 1, \dots, k$ $(a_i < b_i)$. La diagonalité de S entraîne que $a_i = a_0 - i$ et $b_i = a_0 + i$, où a_0 est le nombre médian de la séquence de base, et alors $b_i - a_i = 2i$. Les nombres a_1 et b_1 sont pairs puisque a_0 est impair. La parité alterne jusqu'à la fin de la séquence et se termine en a_k et b_k avec celle de k–1, qui dépend elle-même de la parité simple ou double de n–1. Il faut séparer ces deux cas. J'examinerai le deuxième plus en détails.

Pour n doublement pair (k pair), je construis un cycle de quatre carrés alchimiques sur la première translation scindée du carré diagonal S. Les paires de compléments sur la diagonale principale de ce carré alchimique sont

$$(a_1, b_1{+}1), \dots, (a_k, b_k{+}1)$$

et la paire libre est $(a_0, b_0) = (a_0, a_0{+}1)$, les différences sont donc

$$d_i = 2i + 1, i = 0, \dots, k.$$

Le carré est régulier. Notez qu'une des sommes alchimiques de la translation scindée est associée aux a_i (première demi-séquence) tandis que l'autre est associée aux b_i (deuxième demi-séquence). De plus, la somme associée à un nombre de la diagonale principale est la même sur sa rangée et sur sa colonne.[36] Il s'agit d'opérer sur la diagonale principale en s'assurant que la somme associée aux a_i augmente (ou décroît) d'une valeur constante (et vice versa, par complémentarité, pour les b_i), de sorte que le carré résultant demeure alchimique. Le processus se déroule en quatre étapes.

I. Échanger les paires dont les différences sont complémentées en $n+1 = 2(k+1)$, ensuite appliquer D. Un échange est ici une simple substitution[37] si l'une des paires est libre, ou le produit de deux substitutions si les deux paires sont sur la diagonale principale. Il faut vérifier la propriété demandée sur la somme alchimique. Il y a trois cas possibles:

Cas 1. La substitution de (a_k, b_k+1) par (a_0, b_0) puisque $d_0 + d_k = 2(k+1)$. Les nombres a_0 et a_k sont impairs (k pair) et la somme alchimique en a_k augmente de k. Maintenant, D remplace a_0 par b_0 et l'augmentation totale est $k+1$.

Cas 2. On peut voir facilement que pour un échange sans paire libre, si $1 \leq i < j <$ k (alors $a_i > a_j$) et (d_i, d_j) est une paire de compléments en $n+1$, alors $i + j = k$. Puisque k est pair, a_i et a_j partagent la même parité. La somme en a_i et a_j diminue et augmente respectivement de $j - i$. D remplace a_i par $b_i + 1$ et a_j par $b_j + 1$, la somme en a_i augmente donc de $d_j - (j - i) = k+1$ et la somme en a_j augmente aussi de $d_i + j - i = k+1$.

Cas 3. La paire au milieu de la séquence de base ($i = k/2$) n'est pas impliquée dans un échange. Alors D augmente la somme en $a_k/2$ de $d_k/2 = 2(k/2) + 1 = k+1$.

II. Échanger les paires dont les différences sont complémentées en $n-1$. Comme dans le cas 2 plus haut, on vérifie que pour $0 \leq i < j < k$, si (d_i, d_j) est une paire de compléments en $n-1$, alors $i + j = k-1$. Toutes les paires de la diagonale sont ainsi échangées. Rappelons que (a_k, b_k+1) est ici la paire libre. Maintenant, a_i et a_j diffèrent

[36] Voir les pages 79-80.

[37] Je rappelle que cette substitution se fait sans changer la parité, si bien que la forme paritaire sera préservée.

en parité puisque $k-1$ est impair, et donc a_i est remplacé par b_j+1 et a_j par b_i+1. L'augmentation constante de la somme est k, qu'on calcule de la même façon que précédemment.

III. Même opération qu'en I. (a_k, b_k+1) est ici substitué à (a_0, b_0) et, avec l'effet de D, la somme en a_0 augmente de $2k + 1 - k = k+1$. Les deux autres cas sont les mêmes qu'en I.

IV. Échanger les paires dont les différences sont complémentées en $n+3$. Cette étape est similaire à la deuxième. Chaque paire sur la diagonale est échangée via une paire de compléments en $k+1$ et l'augmentation de la somme est $k+2$. L'opération n'affecte pas la paire libre (a_0, b_0).

Inspectons une case donnée de la diagonale principale de la translation scindée. Le nombre l'occupant passe d'une demi-séquence à l'autre à chaque étape du processus. Par exemple, s'il s'agit d'un a_i (première demi-séquence), la première opération augmente sa somme associée de $k+1$, la seconde la diminue de k, la troisième l'augmente de nouveau de $k+1$ et finalement la quatrième la diminue de $k+2$ (vice versa quand on commence dans la deuxième demi-séquence). Tout s'égalise à la fin et le cycle se complète.

La procédure est similaire si k est impair, la voici sans détails: I. Échanger les paires dont les différences sont complémentées en $n+3$, puis appliquer D. II. Échanger les paires dont les différences sont complémentées en $n+1$. III. Échanger les paires dont les différences sont complémentées en n–1, puis appliquer D. IV. Échanger les paires dont les différences sont complémentées en $n+1$.

Le cycle ainsi construit en donne immédiatement un autre, formé des carrés congruents. Nous savons déjà que le carré congruent de la translation scindée est alchimique, mais il en sera de même pour les autres carrés du cycle parce que les augmentations et les diminutions des sommes alchimiques sont constantes dans la construction précédente. De plus, les nombres appartenant à la diagonale principale des carrés du premier cycle proviennent du milieu de la séquence de base et la transformation de congruence les en sort: les deux cycles de carrés sont disjoincts.

Que se passe-t-il avec la deuxième translation scindée de notre carré magique diagonal? Les paires de compléments sur la diagonale principale sont (a_1+1, b_1), ... , (a_k+1, b_k), les différences étant $d_i = 2i - 1$, $i = 1, \dots, k$. La paire libre est $(1, n^2+1)$. On ne peut l'utiliser dans les substitutions parce que sa différence est trop grande, excepté bien sûr si $n = 3$. Si $n-1$ est doublement pair, la seule opération possible est l'échange des paires dont les différences sont complémentées en $n-1$. Si $n-1$ est simplement pair, la seule opération possible est le même échange suivi de D. Quatre carrés supplémentaires s'ajoutent donc, en comptant les carrés congruents. Pour $n = 3$, ces quatre carrés forment un cycle (le 5e cycle de A_{11}).

Figure 13: *Médaillons talismaniques sur les carrés de Mars.*

Dans la construction précédente, la diagonalité du carré magique n'intervient que pour établir que D préserve la forme paritaire des translations scindées. La même opération utilisée sur la transversale principale d'un carré naturel décomposable donnera aussi des carrés alchimiques en suivant la construction précédente, mais la forme paritaire des translations scindées ne sera pas nécessairement préservée.

J'ai parlé plus tôt de la famille magique et de la famille alchimique d'un carré magique complémenté d'ordre impair. Je peux parler maintenant de la *famille paritaire* d'un carré alchimique, donnée par l'ensemble des carrés alchimiques partageant avec ce carré son ordre (n, m) et sa forme paritaire. Mon approche des carrés alchimiques permet d'explorer très partiellement cette famille, quand elle provient d'un carré magique naturel et diagonal. Il s'agit d'abord de trouver les carrés magiques de la famille alchimique de ce carré provenant d'une opération sur les transversales – par conséquent, tous diagonaux eux-mêmes – et d'appliquer ensuite la construction précédente à chacun de ces carrés. Par exemple, la famille paritaire de la translation scindée du *Luo shu* contient 16 carrés, dont 12 sont accessibles par cette méthode. Il faut s'attendre sans doute à ce que cette proportion diminue rapidement à mesure que l'ordre augmente. On peut se demander aussi ce qu'il advient des familles qui ne proviennent pas d'un carré magique, et combien de formes paritaires appartiennent à chaque catégorie.

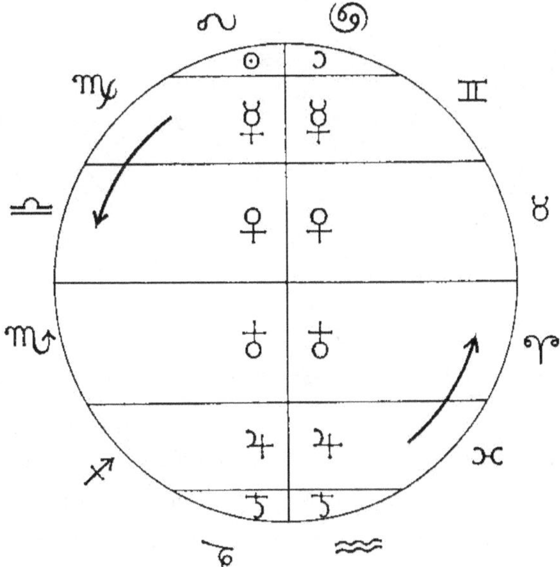

Figure 14: *Le zodiaque.*

Par ailleurs, pour que cette étude remplisse le programme annoncé au début du chapitre précédent, il faudrait, parmi ces familles, en dénicher au moins une qui se distingue par sa forme paritaire, une forme qui reconduise mieux que d'autres à la structure symbolique associée aux objets de ma collection. Cette famille existe. Elle se cache derrière un exemple bien connu de carrés diagonaux naturels: les carrés planétaires.[38]

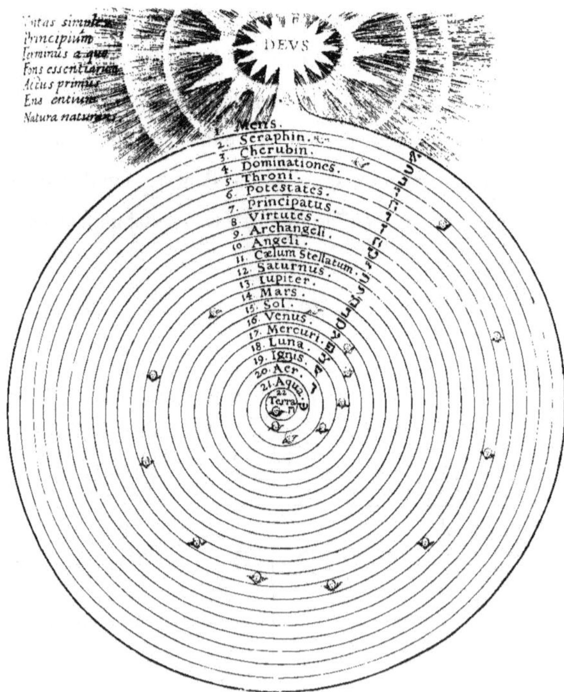

Figure 15: *La hiérarchie des sphères et le Dieu transcendant.*

L'idée d'associer à la séquence des sept planètes des carrés magiques naturels d'ordre croissant remonte au moins aux Frères de la Pureté.[39] Quand les carrés continus furent découverts, leur construction simple et élégante en firent sûrement d'emblée des

[38] [Ag, 318-29].
[39] [Ca 2, 192-4].

candidats parfaits pour les carrés planétaires d'ordre impair. Mais comme l'unique carré magique naturel d'ordre 3, le *Luo shu*, contient en quelque sorte tous les types de carré continu, il a fallu décider lequel parmi ceux-ci reproduisait le mieux, aux ordres supérieurs, la nature de ce carré unique. Nul doute que la forme paritaire a été un facteur décisif dans ce choix. Il aura fallu un carré à symétrie maximale comme le *Luo shu*, et puisque les carrés en losange et les carrés cruciformes sont les seuls[40] à satisfaire ce critère pour l'ordre 5, l'un ou l'autre devait emporter la décision. Ce fut le carré cruciforme, peut-être parce que le centre y est mis plus en évidence que dans le carré en losange, et que les formes de ces carrés progressent naturellement d'un ordre au suivant en ajoutant sur le pourtour un anneau gnomonique fait de cases blanches et noires en alternance, ce qui accentue l'effet de rayonnement à partir du centre.

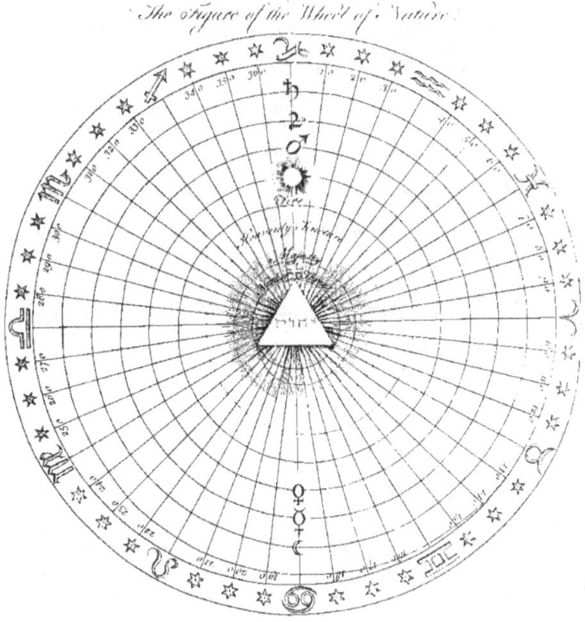

Figure 16: *La hiérarchie des sphères et le Dieu immanent.*

[40] Voir la page 112.

Mais pour le carré de Mars, le carré en losange de la tradition indienne côtoya parfois le carré cruciforme de la tradition islamique, comme le montre[41] la figure 13. Le carré du bas est le carré en losange et celui du haut, transcrit en lettres hébraïques, le carré cruciforme. Dans les deux images, le Bélier et le Scorpion zodiacaux encadrent à gauche Mars ou son carré, en accord avec l'astrologie occidentale, comme le montre le tableau du zodiaque dont parle Titus Burckhardt à propos des liens entre l'astrologie et les débuts de l'alchimie (voir la figure 14).[42] Le tableau met l'accent sur la réflexion horizontale plutôt que sur la symétrie centrale (signes en opposition). *Scorpio* forme avec *Aries* le couple des maisons de Mars, la première du côté masculin (*Sol*), la deuxième du côté féminin (*Luna*). La symétrie bilatérale sépare aussi le tableau en une moitié diurne et une moitié nocturne. Cette symétrie et ce couple du Jour et de la Nuit se retrouvent dans une horloge, l'image d'une suite duale en 11.

Le tableau du zodiaque révèle aussi un renversement et une dégradation de la lumière en partant du haut (soleil et lune) et en allant vers les ténèbres et la mort en bas (Saturne). Cette réflexion verticale ressort dans les signes inversés de Mars et de Vénus[43]. Les flèches indiquent la descente du soleil (le lion, le roi) dans la mort, puis sa remontée, sa renaissance – un thème très répandu dans l'alchimie occidentale[44]. Puisque Mercurius est le petit garçon et Saturne le vieil homme, on retrouve aussi dans toute la descente une image de la vie, qui s'inverse donc du côté de la montée[45]. Nous avons rencontré au chapitre deux cette montée et cette descente[46] dans la disposition des trigrammes selon Fu Xi, de même que dans la croix *He tu* associée à un carré alchimique de paire centrale (1, 10). Je souligne en passant la forme à symétrie centrale du

---

[41] [Sc, 32]. Agrippa a suivi la tradition islamique des carrés planétaires, voir [Ag, 318].

[42] [Bu 1, 87-91]. Voir aussi [Bu 1, 193] pour une division entre planètes actives et planètes passives, avec Mercure au sommet ou au centre, comme androgyne. On retrouve cette division des planètes dans l'image de l'Androgyne donnée au chapitre deux, proche de l'image présente du zodiaque.

[43] Le signe de Mars est formé habituellement d'un cercle et d'une flèche, ce qui en fait le seul des signes des planètes qui n'est pas construit uniquement sur le cercle, le demi-cercle et la croix. Burckhardt suppose que le signe qu'il donne était sa forme originelle. Concernant le thème de la lumière et des ténèbres, le tableau se compare à la figure de l'*Anthropos* donnée au chapitre deux.

[44] [Bu 1, 91]. Un thème présent aussi dans la religion de l'Égypte ancienne, voir le chapitre deux. Le dieu solaire est un vieillard au crépuscule et un enfant à l'aurore.

[45] Voir [Ju 3, 224-5] et [Ju 1, 164-5]. Pour d'autres amplifications sur le thème de la jeunesse et de la vieillesse fondées sur une suite duale (dont une égyptienne, voir la page 66), voir [Ab, 156-7]. Voir aussi [Ro 2, 120], [Co 7, 263-4] et [Lu, 243-4].

[46] Voir les pages 49 et 55.

signe du Cancer, très proche du diagramme du *tai ji*. Le Cancer est ici la maison de la Lune, la planète qui traditionnellement constitue l'entre-deux du monde céleste et du monde terrestre, et dont le rapport d'inversion se trouve de la sorte inscrit dans cette maison: « Dans les mots de la *Table d'émeraude* – selon laquelle tout ce qui est en bas est comme ce qui est en haut, et tout ce qui est en haut est comme ce qui est en bas – il y a une référence à une inversion en miroir entre les deux côtés. »[47] Le Cancer est en opposition au Capricorne, ce sont les « portes solsticiales qui divisent le cycle annuel en deux moitiés, l'une ascendante et l'autre descendante »[48]. Comme nous l'avons vu, ce cycle est en Chine associé au dragon, lui-même associé au tonnerre, dont le caractère a la même symétrie que le signe du Cancer et le carré alchimique.

Dans le tableau du zodiaque, la hiérarchie des planètes reflète directement celle des métaux, puisque ceux-ci se rapprochent de l'or solaire: du plomb (Saturne) à l'argent (Lune), en passant par le mercure et les autres métaux planétaires. Plus tard, selon Burckhardt, ces hiérarchies se renverseront, l'ordre croissant des planètes allant de la terre, au plus bas, au ciel Empyrée et à Dieu en passant par Saturne et la sphère des fixes. L'astrologie et l'alchimie deviendront alors complémentaires[49]:

> Au Moyen Âge, l'étude de l'alchimie était étroitement associée à celle de l'astrologie. En fait, on peut décrire les deux sujets comme complémentaires, l'un s'occupant du Ciel et l'autre de la Terre [...] L'astrologie est la voie de la descente du pôle supérieur et essentiel du cosmos, vers le pôle inférieur et substantiel. L'alchimie, au contraire, commence « par en bas », par la substance ou la *materia prima*, qui est le pôle inférieur du cosmos, et se construit par une montée vers le pôle supérieur.

En plus de cette complémentation entre l'astrologie et l'alchimie et du thème de la montée et de la descente, l'aspect plus numérique des paires de compléments refait surface dans les nombreuses croyances en l'existence d'une hiérarchie des mondes ou

---

[47] [Bu 1, 83]. Voir aussi [Gu 4, 130-4] où nous retrouvons plusieurs des nos thèmes symboliques. Le texte de Guénon traite du signe du Cancer, le seul à stricte symétrie centrale.
[48] [Gu 4, 217]. Le chapitre XIX du même ouvrage traite du signe du Cancer et rejoint la symbolique associée ici au carré alchimique.
[49] [Na 3, 250].Voir aussi [Bu 1, 76].

des sphères. Pierre Lory,[50] par exemple, décrit une telle hiérarchie issue de la tradition islamique. Aux trois mondes supérieurs, spirituels – le monde de l'Intellect, celui des Idées archétypiques et les mondes angéliques – correspondent trois mondes inférieurs, matériels – les mondes animal, végétal et minéral. Cette correspondance monde à monde joue le même rôle qu'une complémentation, une symétrie entre le monde animal et les mondes angéliques, et entre le monde végétal et le monde des Idées archétypiques. La symétrie entre le monde minéral et le monde de l'Intellect, quant à elle, fonde l'*opus* alchimique. Quelque part dans le monde minéral se trouve le point le plus bas de la création, le point le plus dense. Autour de ce point s'élabore la Pierre des philosophes[51]:

> Alors se produit un retournement, un reflux d'énergie qui, ne pouvant « descendre » plus loin, va remonter les degrés de l'être en un sens inverse, ascendant, de retour vers son origine [...] À l'origine des mondes, dans l'Intellect, la potentialisation est à son maximum: elle s'actualise ensuite au travers des degrés inférieurs, jusqu'à un point ultime dans le monde minéral où se produit ce retournement complet, le potentiel reprenant sa force maximale et réamorçant la seconde phase du cycle vital, de la grande « respiration » de l'univers vivant [...]

La figure 15 présente un autre exemple de la hiérarchie des mondes, tiré de l'œuvre de Robert Fludd.[52] Il y a vingt-deux échelons dans cette hiérarchie, tous associés à une lettre de l'alphabet hébreu et reliés entre eux par une spirale, pour souligner le mouvement descendant de la création et le mouvement ascendant du retour. Comme le dit Jill Purce dans son commentaire sur cette image,[53]

> Fludd montre clairement que la voie en spirale de l'humain à Dieu est l'inverse de l'enroulement créatif originel qui se développe, à partir de la pensée de Dieu, à travers les hiérarchies angéliques, les orbites célestes et les éléments, jusqu'à la terre en bas au centre. Tandis que la voie directe serait aveuglante, la position des

[50] [Lo, 31-6].
[51] [Lo, 33].
[52] [Pu, fig. 31].
[53] [Pu, fig. 31].

têtes angéliques [formant une autre spirale dans la figure] suggère la possibilité pour l'homme d'accélérer le taux de croissance de son évolution spirituelle.

Figure 17: *Le monde selon Dante.*

Purce compare cette conception du Dieu transcendant à celle du Dieu immanent de Jacob Boehme, de la même tradition hermétique, dont la figure 16 donne une illustration.[54] Cette fois la terre n'est même plus dans le paysage, ou peut-être à la périphérie, au delà et en bas de la sphère de la lune, tandis que le parcours de la spirale de l'extérieur vers l'intérieur crée des paires de compléments en 8, avec le soleil au centre de la série,[55] comme une réplique du vrai centre des mondes. Il faudrait fondre ces cercles en un, en une spirale double[56]:

> [...] le ciel sans étoiles le plus éloigné [...] doit représenter la frontière entre le temps et l'éternité, entre les modes de la durée plus ou moins conditionnés et

[54] [Pu, fig. 30]. Voir aussi [Pu, 108] pour une représentation de l'arbre séfirothique avec les planètes et les âges de la vie humaine, et de la descente et de la montée de cet arbre en spirale autour de l'axe central et à travers les côtés passif et actif.
[55] Comparez à [Bu 1, 83-4].
[56] [Bu 1, 47-8].

l'éternel « maintenant ». Ainsi, l'âme [...] ascendant à travers les sphères, quand elle atteindra l'Empyrée, laissera derrière le monde de la multiplicité, des formes et des conditions mutuellement exclusives, et rejoindra l'Être, un mais complet. Dante représente cette traversée de la frontière – qui implique un renversement total des points de vue – en confrontant l'ordre cosmique des sphères concentriques, qui s'élargissent successivement de la limitation terrestre à l'infinité divine, à l'ordre inverse, dont le centre est Dieu, autour duquel les chœurs des anges tournent en cercles s'élargissant de plus en plus.

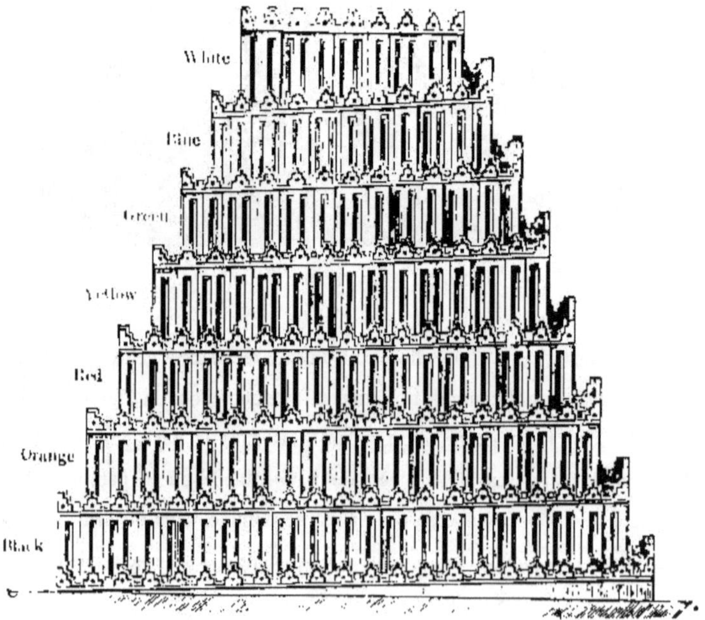

Figure 18: *La ziggourat de Khorsabad.*

Ce mouvement spiralé se retrouve dans la Comédie à la fois dans la montée de la montagne sainte du purgatoire (voir la figure 17)[57] et, sous forme négative et inversée, dans la descente des cercles de l'enfer. Dans la figure, les sept étages en spirale de la

[57] [Cm 1, 91]. L'illustration appartient à la Medici Society de Londres.

montagne[58] correspondent aux sept sphères planétaires avec celle de la lune comme entre-deux, comme lieu de la conjonction des deux mondes, celui de la terre d'un côté et celui des planètes et des sphères célestes de l'autre, au-dessus du monde changeant. Au delà de la montagne le voyage se poursuit dans ces sphères. Ou bien, comme le remarque Purce,[59] l'ascension de la montagne va de pair avec la descente de l'esprit le long des sphères célestes. Ce symbolisme remonte d'aussi loin que la tradition mésopotamienne puisque la ziggourat ne nous renvoie pas à autre chose (voir la figure 18).[60]

Figure 19: *Le minaret de Samarra.*[61]

---

[58] Avec Adam et Ève au sommet, là où la conjonction se consomme. Notez l'isomorphisme entre cette image de la montagne et notre traditionnel gâteau de noces.

[59] [Pu, fig. 49].

[60] [Pe 2, 33]. Voir aussi [Pu, 115]. [Fr 7, 107-8] et [Wh, 28-9] discutent un rêve impressionnant de ziggourat à l'approche de la mort.

[61] [Pu, fig. 49].

Sept couleurs, sept métaux, sept planètes. En fait, la spirale du temple est double, la montée le long des étages renversant la descente le long de l'échelle planétaire,[62] tout comme la prêtresse rejoint le sommet pour y consommer le *hieros gamos* avec le dieu descendu du ciel.[63] Comme le dit Jung: « La voie vers le but semble d'abord chaotique et interminable, et les signes qu'elle conduise quelque part augmentent seulement petit à petit. La voie n'est pas droite, mais circonvolutive. Une meilleure connaissance prouve plutôt qu'elle est spiralée. [...] C'est une *longissima via*, non droite mais serpentine, une voie qui unit les opposés à la manière du caducée directeur, une voie dont les tours et détours labyrinthiques ne manquent pas de terreurs. »[64]

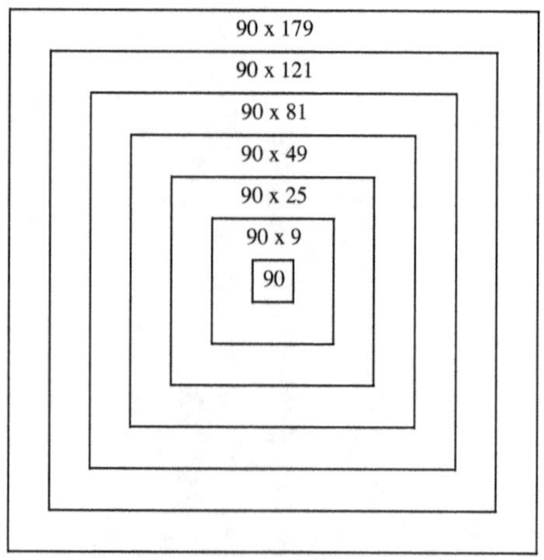

Dans l'article de H. E. Stapleton mentionné dans la note 63, celui-ci affirme que les temples de Harran[65] dédiés à chaque planète possédaient un autel au nombre caractéristique de marches, de trois pour le temple de la Lune à neuf pour celui de Saturne – à l'inverse de l'ordre des carrés planétaires. Une des thèses de Stapleton est que le carré

[62] Voir [St 1, 24] pour la correspondance entre les planètes et les couleurs, du noir associé à Saturne au blanc associé à la Lune. Ainsi la sphère planétaire la plus éloignée de la terre devient l'étage du temple le plus proche de celle-ci.

[63] Voir [Ro 2, 177-8].

[64] [Ju 1, 28, 6].

[65] Voir aussi [Ge] au sujet de la cité d'Harran, semble-t-il le berceau de la tradition hermétique et « le dernier bastion des civilisations sumérienne, hittite et babylonienne » (Stapleton), la cité aussi des Frères de la Pureté qui auraient construit les premiers carrés planétaires.

magique provient de la tradition de Harran, en esprit sinon en fait, et qu'il existe un lien direct entre les carrés magiques d'ordre impair de même construction que les carrés planétaires et le plan de base des ziggourats. L'argument de Stapleton repose sur une propriété élémentaire des carrés magiques complémentés d'ordre impair, qui fait que le total des nombres sur chaque étage du carré est $c \times (2x-1)^2$, où c est le nombre central du carré et x l'étage (en partant du sommet). Pour le carré d'ordre 13 à sept étages cela donne le résultat illustré ci-dessus.[66]

Du lien de ce résultat avec la mesure de l'aire de ce qui reste de la ziggourat à Borsippa, Stapleton conclut que cette ziggourat avait sept étages, comme celle de Khorsabad, et que le carré magique y était connu.[67] De la présence des nombres impairs et des carrés dans ces plans de ziggourat, il en conclut aussi que la construction pythagoricienne des nombres carrés à l'aide de gnomons ou d'équerres de nombres impairs, $\sum_{k=1}^{n}(2k-1)=n^2$, provient directement de cette tradition.

Au delà des influences historiques, impossibles à démêler, il y a le symbole, et il semble que les pythagoriciens, comme les anciens Chinois, furent particulièrement doués pour importer ces images primordiales au domaine mathématique – ou pour les y découvrir. La symbolique de la conjonction, incarnée depuis une haute antiquité dans la ziggourat babylonienne, fut peut-être présente à leur esprit quand ils construisirent leurs nombres triangulaires, d'autant plus que le un au sommet d'un tel nombre n'en était pas un pour eux, mais leur générateur à tous, ni pair ni impair ou pair et impair à la fois. Et ne peut-on pas imaginer que le fameux « scandale des irrationnels », comme on l'appelle aujourd'hui, ne traduit pas le choc qu'ils subirent quand ils découvrirent l'insuffisance de leurs chers nombres naturels, mais la surprise – ou la joie – de trouver l'image de la conjonction là où ils ne s'y attendaient pas, là où ils n'auraient peut-être pas voulu la mettre? Quoi qu'il en soit, la preuve de l'irrationalité de $\sqrt{2}$, qui finit par

[66] Notez que ce résultat ne dépend que de la complémentation et de la parité de l'ordre, et non de la construction particulière du carré continu. Les carrés planétaires d'ordres impairs des Frères de la Pureté ne sont pas tous complémentés, voir [Ca 2, 192].

[67] [St 2]. L'hypothèse de Stapleton implique une découverte des carrés magiques bien antérieure à la Chine, ce qui est peu probable. Concernant l'influence possible de la civilisation mésopotamienne sur les Shang, voir [Ca 4, 228].

une contradiction,[68] par un non, par un nombre qui est lui aussi à la fois pair et impair, passant du pair à l'impair en un renversement sans fin; cette preuve d'où peut-être est née la première théorie axiomatique,[69] celle du pair et de l'impair, construite justement pour monter à l'irrationalité, conduit au scandale ou, aussi bien, si l'on fait juste un pas au delà de ce non, à la conjonction mystérieuse.

À quel domaine appartient la forme suivante? À l'histoire, à la symbolique, aux mathématiques – ou à la chance pure qui fait que ces carrés planétaires d'ordre impair aboutissent, par le biais de leurs translations scindées, à une image aussi universelle,[70] contenant dans un tourbillon de vent tout ce que je raconte en ces pages. Cette double spirale se love aussi derrière le carré magique que j'ai présenté au début du chapitre premier, puisqu'il appartient à la famille alchimique du carré planétaire de la Lune.

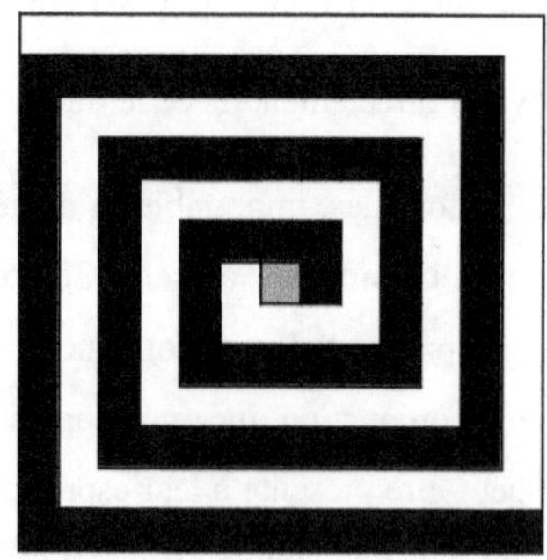

Quand j'ai découvert le cercle dual en 10 apparaissant en filigrane dans les relations entre les illustrations du *Rosarium Philosophorum*, et le lien entre ce cercle d'un côté, le *tai Ji tu* et la pensée chinoise ancienne de l'autre (voir le chapitre deux), je me souviens m'être demandé si cela n'allait pas à l'encontre de la pensée unitaire que Jung avait investie dans sa conception du mandala. Mais à mesure que progressa ma

---

[68] Je rappelle rapidement une preuve. Supposons que $\sqrt{2} = p/q$, un nombre rationnel. Il suffit de considérer le cas où q et p n'ont aucun facteur en commun. Alors $p^2 = 2q^2$ et p^2 est pair, donc p aussi et par conséquent q est impair. D'autre part $p = 2r$ donne $4r^2 = 2q^2$ et nous concluons cette fois que q est pair.

[69] Cette image d'une théorie mathématique assimilée à une montagne (ou à un temple), dont il faut trouver le « gros théorème » à son sommet, persiste de nos jours. Voir [DH, 121] et [Sh].

[70] Voir [Pu, 100] pour une spirale à sept tours sur un talisman en pierre datant du Paléolithique et provenant de Sibérie. Pour l'image de la spirale dans les rêves, voir [Ju 1, 217] et [Bh, 3-4, 315]. Le taoïste au centre monte et descend, voir [Ro 1, 23] et [Ro 2, 325-6]. [He, 93-5]: la double spirale, la vie, la mort et le renversement.

recherche sur le carré alchimique, je réalisai qu'au bout du compte, je voguais sur des eaux voisines de celles sur lesquelles Jung avait navigué, leur différence ressemblant à celle qui existe entre la croix rayonnante de la forme paritaire du carré de la Lune (une sorte de mandala géométrique) et la double spirale de la forme paritaire de ses translations scindées, qui sort de la symbolique du mandala. Je suis convaincu que des recherches similaires à la mienne peuvent être menées sur d'autres objets ou domaines mathématiques (la combinatoire par exemple). J'ignore où elles conduiraient si elles étaient entreprises. Mais d'un point de vue jungien sur les rapports entre le conscient et l'inconscient, sur les rêves qui montrent, développent et vivifient ces rapports, et aussi sur le thème central de la conjonction, j'imagine mal comment une autre structure symbolique, provenant des mathématiques ou non, pourrait mieux les exprimer que celle que j'associe au carré alchimique.

Mon exploration du carré alchimique relève de ce qu'on peut appeler une mathématique symbolique moderne, c'est-à-dire une mathématique aussi rigoureuse que celles qui répondent à un problème provenant d'elles-mêmes ou de la réalité physique et qui, comme elles, ne s'appuie qu'après coup sur un discours sur ses objets. Qui sait si une telle admission de la réalité psychique ou du symbole comme source d'inspiration mathématique ne conduira pas un jour à des résultats bien plus éloignés des mathématiques actuelles que ceux auxquels je suis parvenu? En attendant, que la double spirale du carré alchimique serve d'emblème à une union rêvée de l'esprit des mathématiques modernes et de la vie symbolique de tous les temps.

Chapitre cinq

À l'envers de toi

J'ai fait en 2008 un voyage mémorable en Chine. Par l'intermédiaire d'un guide local, j'y ai découvert une beauté nouvelle pour moi: la poésie chinoise. Il chanta devant notre groupe, dans un autobus roulant sur une route du Yunnan, un poème fameux de Su Shi (1036–1101), de la dynastie des Song (960–1276). Mais à mon retour au pays, ce fut plutôt dans la poésie régulière de la dynastie antérieure des Tang (618–907) que je trouvai une suite à mon histoire. Voici un quatrain de Wang Zhihuan (688–742)[1]:

白 日 依 山 尽
黄 河 入 海 流
欲 穷 千 里 目
更 上 一 层 楼

bai ri yi shan jin
huang he ru hai liu
yu qiong qian li mu
geng shang yi ceng lou

[1] [Ci 2, 206]. Je me suis inspiré de la traduction anglaise du poème qu'on trouve dans la référence. J'utilise la forme simplifiée des caractères. Au sujet de ce poème, voir aussi [Ce 1, 70-1].

Le soleil blanc
s'étend sur la montagne
puis disparaît
Le Fleuve Jaune
entre dans la mer
et coule
Mais si tu veux
embrasser du regard
encore mille lieux
Alors monte
un autre étage
de la tour

Comme le dit Joseph Needham, « [...] la civilisation chinoise présente l'irrésistible charme de ce qui est totalement *autre*, et seul ce qui est totalement autre inspire l'amour le plus profond, avec le désir le plus puissant de le connaître. »[2] Mais il arrive qu'on se reconnaisse aussi dans l'autre, ce qui revient à dire que l'attrait en question possède un élément irrationnel irréductible. Les poèmes du type de celui de Wang peuvent servir à se rapprocher de cet autre, d'autant plus qu'ils entrent dans le cadre de cet ouvrage parce que par leur esprit et leur structure ils rejoignent mes déambulations mathématiques et symboliques autour des carrés de nombres[3]:

> Les poètes chinois des périodes Qi-Liang et du début des Tang, en développant collectivement le poème en forme de *lüshi*, ont pris modèle, consciemment ou inconsciemment, sur la cosmologie du *yin* et du *yang*, à tel point qu'un *lüshi* est devenu pratiquement un microcosme de cette cosmologie. En effet, toutes ses règles syntactiques, structurelles et métriques portent la marque de l'opération du *yin* et du *yang* telle que représentée par le fameux [*tai ji tu*].

Le *lüshi* est un poème de huit vers avec soit cinq, soit sept caractères par vers. Je décrirai brièvement[4] certaines règles du premier *lüshi*, les mêmes que celles du quatrain régulier, mais encore un peu plus strictes.

---

[2] [Ne 1, 123]. L'italique est de Needham.

[3] [Ci 2, 173].

[4] J'omets, par exemple, la règle sur les rimes. Pour plus de détails, voir l'excellent chapitre sur le *lüshi* écrit par Zong-qi Cai, [Ci 2, ch. 8]. Le livre qu'il a édité est un captivant survol de toute l'histoire de la poésie chinoise. Voir aussi [Ce 1, ch. II].

Premièrement, les tons, divisés en deux types à l'époque des Tang, se répartissent suivant des schémas précis dans chaque vers et entre les vers. Je n'entrerai pas dans les détails de cette règle, il me suffit de remarquer la présence de deux types de tons et le jeu des contrastes et des similarités entre ceux-ci.

Deuxièmement, chaque vers possède une césure après le deuxième caractère, ce qui donne une division du vers en 2 + 3, en pair et en impair. De plus, la deuxième partie du vers se divise elle-même en 2 + 1 ou en 1 + 2. La césure porte parfois un fort contraste entre les deux parties du vers, comme dans le célèbre vers de Du Fu (712–770)[5]:

国 破 山 河 在

guo po shan he zai

Le pays est brisé, les montagnes et les rivières demeurent.

Du Fu fait référence dans ce vers à la rébellion de An Lushan, qui dévasta la Chine à son époque et conduisit au déclin de la dynastie des Tang. La dialectique entre la réalité humaine et la réalité naturelle, établie dans ce premier vers du *lüshi* de Du Fu, parcourt le poème en son entier. Elle revient dans tous mes exemples.[6]

La troisième règle du *lüshi* concerne la division du poème en couplets de deux vers (distiques), dont certains sont formés de vers parallèles, c'est-à-dire tels que les caractères se faisant face appartiennent à la même catégorie grammaticale et au même domaine sémantique. La forme habituelle d'un *lüshi* consiste en deux couplets parallèles centraux (2e et 3e), flanqués de deux couplets non parallèles (1er et 4e). Il n'existe dans un quatrain aucune règle sur le parallélisme. Les deux couplets du poème de Wang Zhihuan sont parallèles, aucun ne l'est dans le quatrain de Wang Wei (701–761) dont je parle plus loin. Entre les vers d'un couplet parallèle doit aussi se trouver un contraste, une dualité. Je prends comme exemple un autre morceau d'anthologie, le troisième couplet d'un *lüshi* de Wang Wei:

---

[5] [Ci 2, 162]. La musique du vers ajoute au contraste.
[6] Voir [Ce 1, 91].

行 到 水 穷 处
坐 看 云 起 时

xing dao shui qiong chu
zuo kan yun qi shi
(marcher arriver eau finir lieu
s'asseoir regarder nuage se lever moment)

Je vais là où la source s'arrête
Et je regarde, assis, se lever les nuages.

J'ai ajouté une traduction littérale pour souligner le parallélisme du couplet. On ne peut pas rêver de vers plus mathématiquement rigoureux dans leur dualité,[7] en même temps qu'aussi beaux. Chaque césure coupe le vers en deux moitiés duales: à gauche, le narrateur qui marche ou qui s'asseoit et regarde; à droite, la rivière qui s'arrête ou les nuages qui se lèvent. Cette dualité, à laquelle s'ajoute le contraste entre le bas et le haut, se prolonge naturellement aux deux vers. Elle dessine un tableau qui rappelle la symétrie centrale d'anciennes formes de 神 (*shen*). Le poète flâne dans la montagne, remonte à sa source et *crée* les nuages, comme le 仙 (*xian*) des taoïstes.[8]

Quatrièmement, chaque couplet a sa fonction propre. Je donne ces fonctions dans l'ordre des couplets[9]: commencement, élaboration, tournant et fermeture. Cette règle est optionnelle, souligne Cai. Elle est aussi subjective – le point précisément où l'interprétation du lecteur entre en scène, où l'on sort de la mécanique du poème[10]. Dans un quatrain, chaque vers peut recevoir une fonction, ou chaque couplet peut en condenser deux. Les deux premières fonctions ne posent pas de problème. Le tournant renverse l'allure de la première moitié du poème, il opère un changement de couleurs en quelque

[7] À noter que les tons se renversent d'un vers à l'autre. Pour un autre bel exemple de parallélisme, voir [Ce 1, 51-2]; [Ce 1, 69-70] pour le couplet de Wang Wei et le commentaire de Cheng; [Ce 1, 197] pour le *lüshi* de Wang Wei et la traduction de Cheng.
[8] Voir [Ct 2, 236] et le chapitre deux concernant *xian* et *shen*.
[9] [Ci 2, 164] et [Hs, 43-5].
[10] Les poètes ne suivaient évidemment pas toujours aveuglément toutes les règles.

sorte, comme une césure à l'échelle du poème. Il prend la forme, par exemple, d'un passage de la nature à l'individu ou à la société, ou alors d'une description de scène à celle des sentiments. La fermeture, quant à elle, doit retourner d'une manière ou d'une autre au début du poème. Ces fonctions divisent le poème en deux moitiés et lient celles-ci, pourrait-t-on dire, par une symétrie centrale. La structure d'un tel poème rejoint celle du carré alchimique, du *tai ji tu*, du groupe de renversement ou de la gravure *Jour et Nuit* d'Escher.[11]

Le *lüshi* de Du Fu dont il a déjà été question illustre éloquemment le rôle de la fermeture et du renversement (établi au couplet précédent). En voici le premier et le dernier couplet[12]:

国 破 山 河 在
城 春 草 木 深
[…]
白 头 搔 更 短
浑 欲 不 胜 簪

guo po shan he zai
cheng chun cao mu shen
[…]
bai tou sao geng duan
hun yu bu sheng zan

Le pays est brisé, les montagnes et les rivières demeurent.
Dans la ville au printemps l'herbe et les arbres foisonnent.
[…]
Plus je gratte ma tête blanche plus mes cheveux s'éclaircissent,

[11] Voir [Ce 1, 76]. François Cheng parle de la structure en spirale du *lüshi* fondée sur le parallélisme, mais les fonctions y contribuent aussi.

[12] Voir [Ci 2, 162-9] pour le poème complet et l'éclairante analyse de Cai Zong Qi, et [ML, 772-4] pour celle de David Hawkes. La dualité graphique entre *shan* et *bu*, au milieu du premier et du dernier vers respectivement, contribue selon moi à l'effet du poème.

Bientôt ils ne pourront plus soutenir l'épingle de mon chapeau.

Daniel Hsieh a étudié l'évolution du quatrain en Chine avant la dynastie des Tang. Il souligne l'importance de la règle des fonctions, qui a pu émerger la première après le quatrain lui-même. Les quatrains qui suivent cette règle « [...] ont presque une qualité organique, naturelle [...] »,[13] qu'ils partagent avec des formes populaires allant des rimes enfantines aux chansons d'amour, une qualité qui dépasse justement l'arbitraire de toute règle, qui les amène même au delà de la tradition chinoise puisque des quatrains anglais ou américains possèdent aussi cette structure. Mais nulle part dans le monde le quatrain ne s'est développé comme il l'a fait en Chine et surtout à l'époque des Tang, l'apogée peut-être de la civilisation chinoise.

Que donnent les règles du poème régulier sur le quatrain de Wang Zhihuan? Le premier couplet nous présente la vue du haut de la tour. Le soleil qui se couche à l'ouest au delà des montagnes et le grand fleuve qui coule vers l'est et se jette éventuellement dans la mer atteignent les limites du monde connu. La montagne peut représenter le ciel et la rivière, la terre,[14] si bien que la personne au milieu vit la conjonction qui soutient les dix mille choses. Le soleil couchant indique aussi la conjonction du jour et de la nuit, comme la rivière, à l'autre bout, se joint à la mer en s'y perdant. Le tournant triste et ironique du deuxième couplet bascule de l'horizontale immense (mille lieux) de la nature à la verticale minuscule (un étage) de l'individu. Il indique la présence d'un autre monde à la fois proche et inaccessible, tout en rejoignant le thème classique en poésie chinoise de l'attente, celle de la femme dont l'amoureux, parti guerroyer aux frontières, ne reviendra peut-être jamais, mais dont elle guette toujours le retour du sommet de sa tour. Que les grandes conjonctions cosmiques ramènent la conjonction humaine si fragile, ou alors qu'il reste au moins la réunion au delà de la mort – dans la nuit, sous la mer.

Yan Yu, un critique littéraire de la dynastie des Song, dit ceci de la poésie des Tang[15]:

---

[13] [Hs, 47]. Voir aussi [Hs, 128-9].

[14] [Ba, 108-9]. Voir aussi le vers de Du Fu cité plus haut.

[15] [Ce 1, 90-1]. Traduction de François Cheng. Voir aussi [Ya, 194] pour une traduction anglaise de Stephen Owen.

> La poésie exprime ce que l'homme a en lui de plus intime. Les poètes, à l'apogée des Tang, étaient animés par un élan inspiré [...] Ce qui vient d'eux ressemble à la gazelle qui laisse pendre ses cornes parmi les branches d'arbres; elle est pleinement là mais ne laisse aucune trace tangible permettant de l'appréhender. Leur poésie est d'une merveilleurse transparence. L'effet scintillant qu'elle produit est aussi insaisissable qu'un son suspendu dans l'air, que les couleurs des objets, que la lune reflétée dans l'eau ou la figure derrière un miroir. Là où les mots s'arrêtent, la pensée se prolonge indéfiniment.

Le passage à propos de la gazelle est moins obscur dans la version de Stephen Owen: « [...] les poètes des Tang étaient ces gazelles qui pendent par leurs cornes, ne laissant aucune trace qu'on pourrait suivre. » J'y vois la même inversion qui caractérise la poésie des Tang selon Yan Yu – comme la lune dans l'eau ou la figure derrière le miroir – et qui lui donne sa réalité, celle de l'âme, ce double inversé du poète. Voici la « merveilleuse transparence » de la poésie des Tang dans un poème de Wang Wei[16]:

空 山 不 见 人
但 闻 人 语 响
返 影 入 深 林
复 照 青 苔 上

kong shan bu jian ren
dan wen ren yu xiang
fan ying ru shen lin
fu zhao qing tai shang

[16] Voir [Ci 2, 207] et [Ba, 72-5]. [Wb] est consacré à plusieurs traductions du poème de Wang Wei. Celle de Burton Watson se détache du lot: "*Hills empty, no one in sight, / only the sound of someone talking; / late sunlight enters the deep wood, / shining over the green moss again.*" Elle m'a inspiré dans ma traduction, tout comme les autres. À noter que le poème de Wang Wei ne suit pas toutes les règles mentionnées plus haut, il brise par exemple la règle des tons. Une répétition telle que celle de *ren* était aussi évitée dans un poème régulier.

Personne en vue
dans la montagne vide
On entend seulement
des paroles en écho
Dans la forêt profonde
reviennent les rayons
Ils brillent de nouveau
sur la mousse verte

返 (retourner, revenir) incarne littéralement le tournant du poème. Son élément phonétique 反 (*fan*) signifie « renverser, opposer ». L'image primitive du caractère représente une main accrochée à une falaise ou une main renversée.[17] Quant à la fermeture du quatrain, elle passe par 复 (*fu*, de nouveau). Sous l'épais couvert des branches, les rayons du soleil atteignent la mousse au couchant comme ils le font au levant. Le deuxième couplet du quatrain contient trois images de la conjonction, celle du jour et de la nuit à l'aurore et au crépuscule, et celle du soleil et de la mousse – le plus lointain et le plus proche, le plus grand et le plus petit. Le premier couplet peut se reconstruire à l'envers en partant du deuxième. Un doute s'installe d'abord sur l'identité du narrateur, qui ne reçoit ni un nom ni même un pronom. Qui parle? Est-ce le poète, passant la journée dans la montagne de l'aurore au crépuscule, ou alors un ermite y vivant jour et nuit, ou même l'esprit de la montagne, le transcendant?[18] Et qui entend-on? Est-ce un groupe de pèlerins quittant la montagne comme les rayons y reviennent, déçus dans leur espoir d'une rencontre impossible dans une montagne apparemment vide? Entre le jour et la nuit, entre la nuit et le jour, l'aurore nous sort du vide[19] et le couchant nous y retourne. Avant la naissance ou après la mort, qui sait si ce vide ne contient pas une conjonction, quand cesse le flot des paroles?

Les règles imposées à la composition du *lüshi* et du quatrain, qui favorisent l'apparition des thèmes symboliques associés au carré alchimique, confèrent indiscuta-

[17] Voir [CI, 117-8, 199] au sujet de 反 dans le chapitre 40 du *Laozi*. Voir aussi [Lu, 50]. On peut comparer aussi la place de ce caractère dans le poème de Wang Wei à celle de l'arcane du Pendu dans le tarot, voir le début du chapitre deux.

[18] *Xian* ou *shen xian*, voir le chapitre deux. Anne Farrer dans [Ra, 111]: « Les premières représenttions de paysages montraient des montagnes rocheuses, considérées comme le lieu où habitaient les immortels. » Wang Wei était aussi peintre.

[19] L'interprétation bouddhiste du poème repose sur 空 (*kong*, vide), voir [Ci 2, 207-9], l'introduction de [Hn] et, pour une critique de cette interprétation, [Ya, 130-43].

blement à ce type de poème un côté systématique soulevant les mêmes questions sur les rapports entre l'art, les symboles et les mathématiques (ou la pensée formelle) que la gravure *Jour et Nuit* d'Escher.[20] À chacun de juger quelles œuvres particulières intègrent le mieux tous ces aspects. Le travail du créateur – et de l'inconscient – s'insère entre la volonté de départ de structurer une œuvre selon un schéma donné et le résultat final plus ou moins réussi. On ne peut jamais décider d'avance quels chemins ce travail empruntera. En poésie, en art, en calligraphie et parfois même dans les rêves, entrent en scène les brisures de symétrie.

Je reviens au caractère 不 (*bu*, prononcé « pou »), qui selon moi joue un rôle dans le contraste dépeint par le *lüshi* de Du Fu entre la pérennité de la montagne et la fragilité du poète qui vieillit. 不 sert à la négation, ce qui n'apparaît pas d'emblée dans son étymologie obscure. Certains pensent que le trait supérieur désigne le ciel et les trois autres un oiseau en vol.[21] Leur lecture du caractère devient alors: « Jusqu'à ce point, mais pas plus loin ». Le ciel se ferme à l'oiseau, ce qui peut surprendre puisque plusieurs traditions l'identifient à l'âme. En Égypte ancienne, l'âme du défunt se transforme en oiseau pour accéder au ciel.[22] En Chine même le 仙 (*xian*, transcendant) porte parfois des ailes et « monte au ciel en plein jour »,[23] sans oublier le vol extatique du chamane. Mais du point de vue de ce monde-ci, le seul où nous soyons à demeure, l'autre monde persiste en sa séparation. La part d'inconnu ne se réduit jamais à zéro, les mots et les symboles n'atteignent jamais parfaitement la réalité qu'ils visent, le voyage de l'autre côté n'est jamais relaté qu'au retour.

La deuxième étymologie de 不 s'accorde mieux que la première aux formes anciennes du caractère. Elle permet de contourner le problème épistémologique et ontologique lié au thème des deux mondes, tel qu'illustré par l'étymologie précédente de 不 à travers l'image de l'oiseau. L'image qui la remplace dans la deuxième étymologie

---

[20] Voir le chapitre précédent. Voir aussi [Mu, 209-21] pour la description d'une série de huit paysages peints par Wang Hong (12e siècle). Inspirée, selon Alfreda Murck, par la structure d'un *lüshi*, en particulier par le parallélisme entre le deuxième et le troisième couplet, la série présente en son centre deux paires de peintures duales, en plus d'un « renversement en miroir » entre ces paires, qui suivrait la règle des tons entre les couplets parallèles d'un *lüshi*.

[21] Voir [Go, xiii] et [Ja 4, 58].

[22] [Cu, 65, 67]. Voir aussi [As 1, 62], [Ny 1, 201] et [Ny 2, 52, 203-4].

[23] [Cu, 71-2], [Ro 2, 71] et mon chapitre deux.

apparaît tout de suite – quand on regarde le caractère à l'envers. Je suggère au lecteur de le faire maintenant. L'image parle d'elle-même. Elle correspond aux formes anciennes de 生 (*sheng*, produire, vivre, naître)[24]:

Une jeune plante émerge du sol. Les formes anciennes de 不 représenteraient alors des racines[25]:

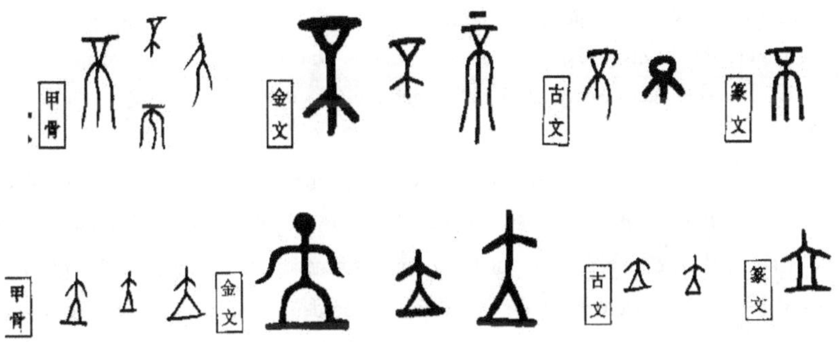

Certaines des formes anciennes de 不 ressemblent étrangement à l'image inversée d'un homme debout sur le sol, ce qui correspond assez bien aux calligraphies anciennes de 立 (*li*, se tenir debout, exister).[26] 不 c'est ne pas exister, ou exister de l'autre côté, du côté de la vie inversée des racines. Peut-on rêver d'une meilleure illustration du génie de l'écriture et de la langue chinoises qu'à travers ce petit caractère d'usage courant,

[24] [Wa, 40].
[25] [Wa, 41].
[26] [Wa, 4]. Voir ces formes sous celles de 不.

mais qui nous mène à une telle forêt de symboles alors qu'il devrait simplement servir d'outil logique?

不 s'unit à 生 et produit 木, comme le fait chacun des caractères avec son inverse.[27] Cet entremêlement de caractères reconduit à la structure symbolique du carré alchimique, qui elle-même renvoie, comme je l'ai mentionné au chapitre deux, à des conceptions universelles sur l'autre monde, par exemple cette version africaine dont parle Marie-Louise von Franz[28]:

> Plusieurs peuples d'Afrique noire mettent l'accent sur l'unité constituée par *ici* et *là-bas, ici* étant la vie et *là-bas* le royaume des morts. Une vieille femme zoulou exposait cette idée à sa façon. Regardant la paume de sa main, à plat et tournée vers le haut, elle dit: « Ainsi vivons-nous. » Retournant la main, paume en bas, elle dit: « Ainsi vivent les aïeux. » Comment faire comprendre plus simplement que le monde des vivants et le monde des morts, tournés l'un vers l'autre comme le spectateur et son image dans le miroir qu'il regarde, constituent un tout unique?

Du côté de la Chine, von Franz mentionne[29] aussi une interprétation remarquable de Carl Hentze d'une forme ancienne du caractère chinois signifiant « sacrifice aux esprits ancestraux ».[30] Le caractère contient un losange formé de deux triangles liés par leur base, l'image, selon Hentze, de deux maisons ou de deux urnes en miroir et se faisant face, représentant « le monde total, [...] en ce sens qu'un monde à l'endroit et un monde inversé tous les deux ensemble constituent le monde complet: le monde des morts avec le monde des vivants. » Le losange représenterait alors une pierre précieuse (jade), parce que l'union des deux mondes constitue la « valeur suprême » (pour citer cette fois von Franz).

化 (*hua*), qui signifie « changer, changement », est un autre caractère riche en

---

[27] Concernant 木 (*mu*, arbre), voir le chapitre deux. J'y parle aussi du dragon (page 54), qui rejoint les deux étymologies de 不. Au sujet d'un objet et de son inverse, voir la fin du chapitre trois.

[28] [Fr 7, 270].

[29] [Fr 2, 275-7].

[30] Un caractère qui signifierait aussi jouer, comme dans l'expression « jouer avec des dés ». Voir aussi [Fr 2, 225-8], et [Pu, fig. 54] à propos des urnes funéraires chinoises.

images. Il est construit sur le radical 人 (*ren*, personne), une fois à l'endroit et une fois à l'envers. Une symétrie centrale lie les deux 人 dans les formes les plus anciennes du caractère (voir ci-dessous).[31] Le vide médian prend corps, il serpente comme une rivière. Il contribue à l'unité créée par les 人 en rapport d'inversion.

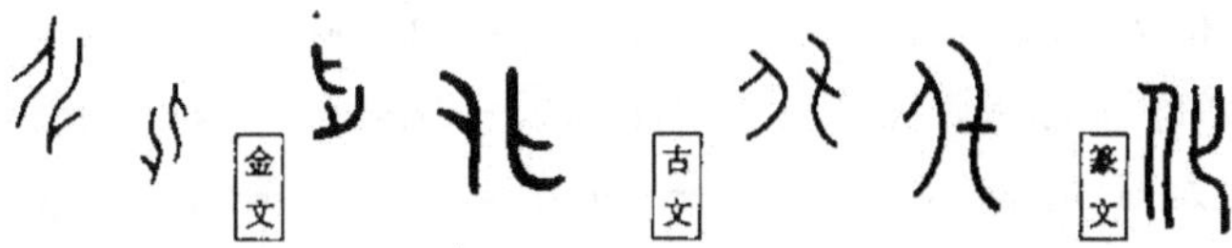

Bien après la dynastie des Shang où ces premières formes apparurent, la philosophie chinoise du changement stipulera que « [le] Yang à son terme se renverse en Yin; le Yin à son terme se renverse en Yang [...] [Si] la racine s'épanouit, la ramure s'affaiblit; lorsque la ramure est prospère, la racine dépérit. C'est le Tao du Ciel et de la Terre, le ressort des transformations. »[32] Laozi lui-même fut introduit dans la danse des métamorphoses des opposés, inscrite dans le caractère 化: « [il] peut se rendre brillant ou sombre, tantôt disparaître, tantôt être présent, peut s'agrandir ou se diminuer, s'enrouler ou se détendre, se placer en haut ou en bas, être vertical ou horizontal, peut aller en arrière ou en avant. »[33]

Le *Zhuangzi*, quant à lui, débute par l'histoire du poisson géant Kun (*yin*) qui se transforme (化) en l'oiseau géant Peng (*yang*) et s'envole du nord vers le sud porté par les grands vents.[34] Et sous forme humaine[35]:

---

[31] [Wa, 140]. Voir aussi [Mi, 12] et 逆 (*ni*) au chapitre deux (page 52). Curieusement, l'une des formes les plus anciennes de 不 ci-dessus (celle qui n'a pas de trait supérieur) semble composée de deux 人 se tournant le dos (celui de droite plus bas que l'autre), ce qui rapproche cette forme de 化.

[32] [Ro 2, 234], citant Yan Zun, un commentateur du *Laozi*. Le commentaire permet de relier directement 化 d'un côté à 不, 生 et 木 de l'autre. Voir aussi [Ro 2, 136] et [CI, 118]. L'expression 返 本 (*fan ben*, retourner aux racines, à l'origine) revient souvent dans le *Huainanzi*, voir [Lu, lvii].

[33] [Ro 2, 238]. 老 子 (Laozi) signifie littéralement « vieil enfant », voir [Sr, 17, 162-8].

[34] [Wu, 57].

[35] [Ne 2, 72]. Voir aussi [Ro 2, 242], [Lz, 99-103], [ML, 375], [Sk 2, 126], [Of, 305-8] et [Ct 2, 21].

> À l'époque du roi Mu [des Zhou], un certain Hua Ren vint de l'Ouest. Il pouvait retourner les montagnes et inverser le flot des rivières, [...] déplacer les villes, passer à travers le feu et l'eau, percer le métal et la pierre. Il n'y avait pas de fin aux multitudes de changements et de transformations qu'il pouvait effectuer.

Alchimiste, chamane ou magicien, Hua Ren confond la réalité du rêve à celle du monde. *Hua ren*, 化 人, c'est la « personne qui change » ou « la personne transformée », et en effet les deux caractères de son nom montrent en six simples traits trois formes différentes de 人, tandis que 化 recèle en son sein le pouvoir de renversement qui s'exerce dans son histoire sur les montagnes et les rivières. En fait, 化 人 contient à peu près tous les thèmes symboliques que j'associe au carré alchimique: le un et le deux, le même et l'autre, l'inversion, la conjonction, le double et la symétrie (bilatérale ou centrale). L'écriture chinoise a de ces bonheurs d'expression.

Un homophone de 化 est 花 (fleur). Le radical sémantique du haut dénote la catégorie des plantes, celui du bas donnant la phonétique du caractère. Mais, comme souvent pour ce type de caractère double, le radical phonétique peut aussi renvoyer au sens. La fleur est ici « cette partie de la plante qui change considérablement ».[36] Elle traverse une montée puis une descente, à l'image du cycle du jour ou de celui des saisons. Dans ce dernier cas, la fleur accélère le cycle que l'arbre suit exactement. Wang Wei, dans le premier vers de l'un de ses quatrains, semble bien broder sur ces images:

木 末 芙 蓉 花

mu mo fu rong hua

Au bout des branches, fleurs de magnolia.

La césure remarquable du vers a été brillamment commentée par François Cheng et Cyrille Javary.[37] Les deux premiers caractères partagent le radical de l'arbre et les trois autres celui de la plante, établissant d'emblée un contraste entre les deux. Selon Javary,

---

[36] [Go, W14]. Voir aussi [Fr 7, 82-4].

[37] [Ce 1, 17-8] pour Cheng et [Ja 3, 329-35] pour Javary. La traduction du vers est celle de Cheng. Il donne un autre bel exemple de césure par radicaux en [Ce 1, 19].

Wang Wei a utilisé d'une autre façon le génie de l'écriture chinoise dans ce vers: le nombre de traits composant chacun des caractères augmente jusqu'à *rong*, puis diminue avec *hua* – une image calligraphique de l'éclosion et de la contraction de la fleur se nourrissant de la vitalité de l'arbre. La symétrie cachée de 木 renvoie aux deux forces cosmiques structurant le cycle naturel des saisons, la vie brève de la fleur évoque la fragilité humaine et la contraction finale de la mort. Mais le vers ne fait pas qu'opposer l'arbre permanent (nature) à la fleur éphémère (humanité): tout comme 木, 花 contient sous forme humaine[38] une image de la conjonction (par inversion) de la vie et de la mort. Le dernier vers du quatrain[39] parle de fleurs qui s'ouvrent et d'autres qui tombent – le poème évoque la vie, sa négation et leur union.

La fleur peint la vie en un tableau condensé, comme l'a chanté Pierre de Ronsard en deux beaux poèmes[40]:

Je vous envoie un bouquet de ma main
Que j'ai ourdi de ces fleurs épanies:
Qui ne les eût à ce vêpres cueillies,
Flaques à terre elles cherraient demain.

Cela vous soit un exemple certain
Que vos beautés, bien qu'elles soient fleuries,
En peu de temps cherront toutes flétries
Et périront, comme ces fleurs, soudain.

Le temps s'en va, le temps s'en va, Madame:
Las! le temps non, mais nous nous en allons
Et tôt serons étendus sous la lame,
Et des amours desquelles nous parlons
Quand serons morts, n'en sera plus nouvelle:
Pour ce aimez-moi, cependant qu'êtes belle.

Mignonne, allons voir si la rose
Qui ce matin avait déclose
Sa robe de pourpre au soleil,

[38] Javary mentionne l'aspect masculin de l'élément phonétique de *fu* (sous le radical de la plante) et du caractère féminin de l'élément phonétique de *rong*.

[39] Voir [Ce 1, 135] et [Hn, 50].

[40] [Rn, 103, 94]. À propos de la fleur, de la transformation et de la mort, voir aussi [Fr 6, 84-7].

A point perdu, cette vêprée,
Les plis de sa robe pourprée,
Et son teint au vôtre pareil.
Las, voyez comme en peu d'espace,
Mignonne, elle a dessus la place
Las, las, ses beautés laissé choir!
O vraiment marâtre Nature,
Puisqu'une telle fleur ne dure
Que du matin jusques au soir.

Donc, si vous me croyez, Mignonne,
Tandis que votre âge fleuronne
En sa plus verte nouveauté,
Cueillez, cueillez votre jeunesse:
Comme à cette fleur, la vieillesse
Fera ternir votre beauté.

Ronsard utilise la fuite inexorable du temps comme outil de séduction, pourtant le temps s'arrête presque en amour, s'il ne se renverse pas.[41] Il s'arrête, il freine ou il accélère, il dérange l'avancée vers le dernier grand renversement qu'atteint trop vite la fleur qui meurt le soir. Dans 死 (*si*, mort, mourir) se retrouve à gauche le radical *dai* (mauvais), représentant des os brisés en deux (le trait supérieur, prolongé dans *si*, appartient à ce radical), accompagné à droite par notre même personnage inversé – sous la lame. La mort est la grande transformation (化).[42]

L'inversion du temps. Faut-il se surprendre de la voir réapparaître dans la théorie des particules élémentaires, domaine privilégié de nos sorciers modernes? Écoutons ce qu'en dit Roger Penrose[43]:

Pour chaque sorte de particule, il existe une *antiparticule* correspondante, pour laquelle le signe de tout nombre quantique additif est renversé.

L'opération qui consiste à remplacer chaque particule par son antiparticule est notée C […] L'opération de réflexion spatiale (dans un miroir) est notée P […] les interactions faibles ordinaires ne sont pas invariantes sous C ou P séparément, mais

[41] À propos du temps réversible des taoïstes, voir [Ro 1, 21].
[42] Voir [Cs, 148], et aussi [Ci 1, 184] concernant le « retour à la maison » du poète Tao Qian.
[43] [Pn 2, 611] et [Pn 2, 638-9]. Penrose remarque aussi que certaines particules sont leur propre antiparticule, par exemple le photon.

elles le sont sous l'opération combinée CP (= PC). On peut considérer CP comme une opération appliquée par un miroir particulier pour lequel chaque particule est réfléchie en son antiparticule. Il y a une autre opération reliée aux deux précédentes, celle de renversement du temps, notée T. [...] Présupposant CPT, on peut considérer C [...] comme équivalent à PT, de sorte que l'antiparticule d'une particule donnée devient la réflexion de cette particule selon l'espace-temps. En oubliant la partie de cette opération concernant la réflexion spatiale, on obtient l'interprétation d'une antiparticule comme étant la particule de départ voyageant à l'envers du temps.

L'expérience qui prouva la brisure de la symétrie P lors d'interactions faibles, menée par une équipe chinoise, causa une petite onde de choc dans le monde des physiciens. Wolfgang Pauli pu difficilement l'accepter[44]:

Il rappelle [à ce propos] deux notions gnostiques. La première dit que quand une personne naît, une lumière s'éteint « de l'autre côté », et quand elle meurt la lumière s'allume de nouveau. La deuxième raconte que chaque personne possède une image inversée dans l'autre monde, qui dort pendant la vie de cette personne et s'éveille à sa mort. Pauli se demanda si dans son cas la forte réaction à la perte de la symétrie ne concernait pas, d'une manière ou d'une autre, la question de la vie, de la mort et de l'immortalité. La brisure de symétrie signifierait alors qu'on n'est ni mort ni vivant. La constellation de l'archétype du miroir produisit en lui la peur primordiale de la mort et du numineux.

La réalité selon la physique moderne devient de plus en plus inextricablement mêlée aux théories mathématiques construites autour pour l'expliquer. D'après ce qu'en disent Penrose et Pauli, ces théories rejoignent aussi les thèmes symboliques du carré alchimique. Pourquoi ces symboles, aussi vieux que le monde, refont-ils surface quand la science s'occupe de la réalité la plus inaccessible? Comme l'affirme Claude Lévi-

[44] [Gi, 324-5, 327]. Suzanne Gieser étudie dans son livre les rapports complexes entre Pauli et Jung. Plusieurs des idées de Pauli tournent autour des thèmes abordés ici: la complémentarité entre la physique et la psychologie, la matière et la psyché, le conscient et l'inconscient; la symétrie sous toutes ses formes. Voir aussi [Me 2].

Strauss: « Il existe donc à nouveau pour l'homme un monde surnaturel [le monde quantique]. Sans doute les calculs, les expériences des physiciens démontrent sa réalité. Mais ces expériences ne prennent un sens que transcrites en langage mathématique. Aux yeux du profane (c'est-à-dire l'humanité presque entière) ce monde surnaturel offre les mêmes propriétés que celui des mythes: tout s'y passe autrement que dans le monde ordinaire, et le plus souvent à l'envers. »[45]

Aux yeux de Penrose, le monde des mathématiques est un monde d'en haut: « Je ne peux m'empêcher de penser qu'avec les mathématiques, la croyance en une sorte d'existence éternelle, éthérée, au moins pour les concepts mathématiques les plus profonds, devient très forte. »[46] Penrose qualifie la forme de compréhension du mathématicien comme s'il s'agissait d'une entrée dans le monde des Idées ou d'un envol chamanique dans l'autre monde: « Quand on "voit" une vérité mathématique, notre conscience pénètre dans ce monde d'idées et entre directement en contact avec celui-ci. [...] Quand les mathématiciens communiquent entre eux, cela est rendu possible parce que chacun a un *chemin direct vers la vérité* [...] ».[47] Pourtant, quand il décrit l'une de ses inspirations, pour laquelle la traversée d'un carrefour fut le moment déterminant, on pense au thème universel du passage à gué qui signale un danger suprême, parce que le gué relie métaphoriquement le monde des vivants au monde des morts. « Aux yeux du profane », le monde abstrait des mathématiques, sans émotion et sans vie (ou perçu comme tel), ne ressemble en rien au ciel envisagé par Penrose.[48] Il se rapproche plutôt du domaine souterrain des morts. Est-ce la raison pour laquelle si peu de gens veulent y pénétrer?

Claude Lévi-Strauss parle de la vision du monde quantique en s'inspirant de conceptions sur l'autre monde qu'il a rencontrées dans son exploration des mythes. Inversement, il approche les mythes en faisant une part de choix à leur aspect systématique, il reconstruit autour d'eux une combinatoire inspirée de concepts mathématiques, en identifiant par exemple un ensemble de mythes à un « groupe de transformations », ou

[45] [Lé 5, 13].
[46] [Pn 1, 127].
[47] [Pn 1, 554]. Italiques de Penrose. C'est sa contribution au fameux débat sur le problème de l'invention (du côté de l'un) ou de la découverte (du côté du deux) en mathématiques, voir [DR, 318] et [Ha, xi].
[48] Voir [Pn 1, 542-3].

en parlant de deux mythes en rapport de « symétrie inversée ».[49] Le groupe de renversement permet de préciser les contours de cette métaphore mathématique et ouvre alors le domaine des mythes, tel qu'éclairé par l'anthropologie structurale de Lévi-Strauss, au système d'amplifications du carré alchimique.

L'idée consiste à répertorier, dans un ensemble de mythes ou d'objets de même nature, tous les couples d'opposés ou de complémentaires apparaissant dans ces objets. On énumère alors ces traits complémentaires de telle sorte qu'un couple de ceux-ci corresponde à une paire de compléments dans **n**. On considère ensuite l'action du sous-groupe N de $\mathbf{R}_n$ sur l'ensemble des objets en question,[50] définie comme suit: pour $\alpha \in N$ et x et y deux objets de l'ensemble, $\alpha \cdot x = y$ si tout couple d'opposés ou de complémentaires apparaissant dans x et y, et correspondant à une transposition de α, se renverse d'un objet à l'autre. Ce que Lévi-Strauss appelle un « groupe de transformations » devient alors une orbite sous cette action,[51] et deux mythes sont en rapport de « symétrie inversée » quand on peut passer de l'un à l'autre par la permutation de renversement ρ. Je parlerai de mythes ou d'objets *duaux* dans ce dernier cas et d'objet *auto-dual* quand ρ est dans le groupe d'isotropie de l'objet en question.[52] Le groupe d'isotropie nous donne les symétries d'un objet par rapport aux couples d'opposés y apparaissant. Ce tableau doit rester un jeu pour trois raisons concomitantes: l'arbitraire dans le choix des couples d'opposés; la difficulté de définir précisément le renversement d'un tel couple; le fait que ces couples n'épuisent pas nécessairement tout le sens d'un objet donné, surtout pour des objets aussi complexes que des mythes. Plutôt qu'une application mathématique, j'ai en vue un reflet de la structure symbolique du carré alchimique et du groupe de renversement sur les objets considérés. Voyons cela de plus près sur quelques exemples.

---

[49] Pour les références et une critique, voir [RJ, 277-8].

[50] Je rappelle qu'une permutation de N est un produit de transpositions d'une paire de compléments.

[51] On pourrait aussi bien élargir l'action à tout le groupe de renversement. Les graphes définis au chapitre un s'inscrivent dans ce contexte.

[52] Ces définitions sont compatibles avec celles que j'ai données au chapitre précédent à propos des coloriages, il suffit de considérer l'unique couple (0, 1). En ce qui concerne la suite duale en n telle que définie au chapitre deux, je devrais parler dans le présent contexte de suite auto-duale ou de deux suites duales (en utilisant les couples de compléments en n+1), selon qu'on identifie ou non la suite et son inverse.

Le flou de la procédure suggérée ci-dessus doit être minimal en mathématiques. Il en va ainsi pour les couples de compléments en 11 et l'action du groupe correspondant sur les carrés de nombres d'ordre 3. Le couple de carrés magiques de Granet, dont j'ai parlé au chapitre deux, forme dans ce contexte un couple d'objets duaux. Notez que le *Luo shu* et sa conjointe ne possèdent aucune symétrie interne puisque seule l'identité les fixe. Par contre, l'union du couple, c'est-à-dire la translation scindée du *Luo shu*, possède une telle symétrie car elle est auto-duale.

Un autre exemple mathématique est donné par les catégories. Une flèche dans une catégorie est associée à deux objets de celle-ci: son domaine (le point de départ de la flèche) et son codomaine (le point d'arrivée). Le groupe se définit à partir de ce seul couple de notions: domaine et codomaine. Deux catégories duales deviennent deux objets duaux sous l'action de ce groupe sur la classe (ou la catégorie) des catégories. D'un autre côté, si l'action s'applique à l'ensemble des théories axiomatiques, le principe de dualité nous dit que la théorie des catégories est auto-duale sous cette action.

Un objet auto-dual contient en équilibre les deux constituants de chaque couple considéré. Le vers de Du Fu, le couplet de Wang Wei, son vers sur l'éclosion d'une fleur (selon l'interprétation de Cheng) et le quatrain de Wang Zhihuan discutés en début de chapitre, sont auto-duaux pour le couple formé de la nature et de l'humanité, et pour quelques autres selon les cas. Dans le tradition chinoise du quatrain associé à ce couple, le premier couplet concerne habituellement la nature, tandis que le deuxième couplet repose sur un sentiment humain, comme dans le quatrain de Wang Zhihuan. Le poème suit l'ordre des choses en allant du plus grand au plus petit, du tout à la partie. Mais les poètes se sont vite rendu compte qu'inverser cet ordre produit parfois un meilleur effet. Voici un quatrain de He Xun (dates approximatives 466–519)[53]:

Le cœur du voyageur déborde de cent soucis,
Sur ce trajet isolé encore mille lieux à parcourir;
La rivière noircit, la pluie viendra bientôt,
Les vagues blanchissent sous le vent qui se lève.

---

[53] [Hs, 201]. Je traduis d'après la version anglaise de Hsieh, qui ne donne pas le texte original. Pour son commentaire sur l'inversion du couple, voir [Hs, 205].

Le premier couplet parle d'une séparation, qui se reflète dans le deuxième couplet à travers le fort contraste entre la rivière noire et les vagues blanches, entre la pluie qui tombe et le vent qui se lève. Le sentiment du poète après une séparation contre nature déteint sur le paysage, et son quatrain devient dual de celui de Wang Zhihuan illustrant une conjonction rêvée prenant modèle sur la nature. Il existe aussi, selon mon interprétation, une dualité entre le quatrain de Wang Zhihuan et celui de Wang Wei.

Xu Shen, de la dynastie des Han (206 av. J.-C.–220 ap. J.-C.), composa l'un des premiers dictionnaires de la langue chinoise. Il classifia les caractères en catégories naturelles – sauf une.[54] Celle-ci comprend des paires de caractères liés par le sens, la prononciation, la graphie et l'étymologie, mais plus personne semble-t-il ne comprend de quoi il retourne. Je n'ai jamais vu qu'un seul exemple: 老 (*lao*) et 考 (*kao*). Les deux caractères signifient « vieux ». Wang Hongyuan attribue leur différence graphique à deux variantes de l'image d'une canne. Une vague symétrie bilatérale produit cette différence, alors existe-t-il une dualité cachée entre les deux caractères? 考 signifie aussi « père décédé »: plus qu'un changement de canne, il y a passage de l'autre côté.

不 (*bu*) et 生 (*sheng*) sont duaux l'un de l'autre, et 木 (*mu*) est auto-dual, du moins selon ce que je dis de ces caractères au début de ce chapitre et au chapitre deux. L'auto-dualité de 木 repose sur un changement de couleurs entre le haut et le bas, renforcé par la présence d'un symétrie correspondante. La symétrie bilatérale préserve les couleurs et demeure seule dans la forme actuelle du caractère. Celle-ci n'a conservé aussi que la partie inférieure (les racines) de ses formes anciennes, j'ignore pourquoi. Des considérations calligraphiques ont peut-être conduit à ce développement. En un sens cette forme inverse la réalité de l'arbre telle que nous la percevons. Le langage ne reflète pas toujours la réalité apparente. Une réalité que les mythes inversent aussi parfois, de même que les rêves.

La célèbre fresque de Leonardo da Vinci, *La Cène* (voir la figure 20),[55] peut servir d'exemple de symétrie interne d'un objet. Les personnages centraux de Jésus et de Jean sont symétriques par rapport à une action qui comprend les couples suivants: regard

[54] Voir [Sn, 104-7], [Wa, 28] et [Le 3, 273-4].

[55] [Br, 250-4]. Voir aussi [Br, 126] au sujet de la *Mona Lisa*, un portrait auto-dual pour le couple féminin et masculin, si Leonardo y a mis ses propres traits.

tourné vers la droite ou vers la gauche, le rouge et le bleu qui échange leur rôle dans les habits des deux personnages, mains et bras ouverts ou fermés. L'intrigue du roman de Dan Brown, *The Da Vinci Code*, repose sur l'adjonction à cette liste du couple (féminin, masculin): Jean serait en fait Marie Madeleine sur cette fresque. Le thème de la conjonction deviendrait alors explicite.[56] Sans aller aussi loin, on peut noter que la symétrie interne de la fresque, qui n'a rien à voir avec la symétrie naturelle du tableau (bilatéralité et perspective), sépare nettement Jean et Jésus des autres personnages, tous préoccupés par l'annonce de la trahison prochaine que vient de leur faire Jésus. Dans leur intériorité, Jean et Jésus semblent transportés, au delà de cette trahison, vers le drame qui suivra. Jean et Jésus, le même et l'autre, celui qu'on rejoindra sous peu dans la mort. Une fleur qui s'ouvre et se refermera bientôt.

Figure 20: La Cène, *église Santa Maria delle Grazie à Milan.*

Quant à Lévi-Strauss, le cœur de son approche est fait de « mythes duaux et auto-duaux » et ils abondent dans ses ouvrages.[57] Plutôt que d'entrer dans le labyrinthe

[56] Les thèmes symboliques du carré alchimique apparaissent souvent dans le roman de Brown, ce qui ne peut surprendre quand il est question de la quête du féminin et de l'hermétisme.

[57] Des exemples particulièrement frappants se trouvent dans [Lé 4]. Le chapitre IX, parties I à V, décrit un mythe (La Geste d'Asdiwal) qu'on peut qualifier d'auto-dual, et dans le chapitre XIII Lévi-Strauss construit, au second degré, un système « auto-dual » de mythes duaux et auto-duaux de deux peuples voisins, en se basant non seulement sur leurs mythes, mais aussi sur leurs rites et leurs façons de vivre.

époustouflant de ses études, je me contenterai de donner un exemple plus rapidement accessible: deux masques duaux provenant de la côte ouest canadienne (voir la figure 21).[58] Selon moi, ils montrent sans l'ombre d'un doute que Lévi-Strauss a raison quand il affirme qu'on ne peut aborder de tels objets (masques, mythes, rites) séparément des autres du même type avec lesquels ils forment un système de transformations.[59] Voici quelques couples d'opposés dont parle Lévi-Strauss à propos de ces deux masques: le blanc et le noir (ou le clair et l'obscur), les yeux protubérants ou enfoncés, la plume et le poil, la langue pendante ou cachée. Un masque du côté du jour, de l'été et de la vie; l'autre du côté de la nuit, de l'hiver et de la mort. Le premier masque possède en plus une symétrie interne puisqu'il est céleste dans sa moitié du haut (oiseau) et aquatique dans sa moitié du bas (poisson). Cette auto-dualité est moins évidente à l'œil quant à sa partie aquatique, mais elle ressort des mythes d'origine du masque appartenant à des peuples voisins,[60] dont les uns (mythes d'origine céleste) inversent les autres (mythes d'origine aquatique).

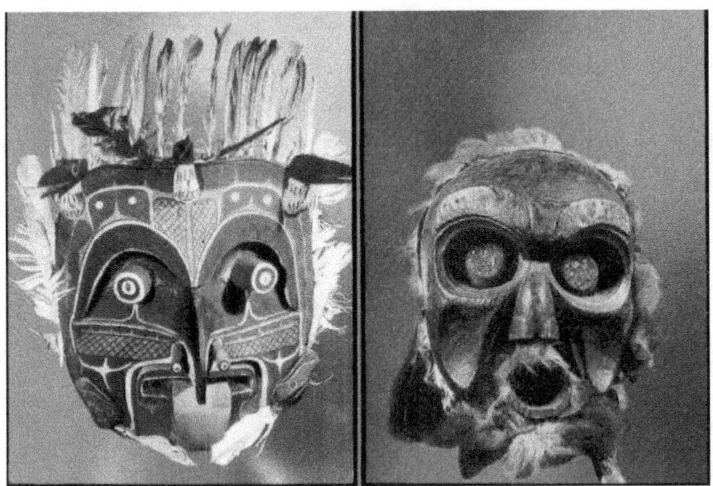

Figure 21: *Masques duaux.*

[58] [Lé 5, page couverture]. Voir aussi le chapitre IV pour l'analyse des couples d'opposés.
[59] Pour les masques, voir [Lé 5, 58, 89], la première référence pour l'approche linguistique, la deuxième pour son penchant naturel à vouloir attribuer au système combinatoire tout le sens de ces objets.
[60] [Lé 5, 32-5].

Ce type de masque incarne un mariage des contraires ou des complémentaires et comme le dit Lévi-Strauss: « On peut donc les inclure dans cette vaste famille de médiateurs dont, tel le serpent à plumes des anciens Aztèques [voir la figure 22], la fonction s'exprime par l'assemblage de termes normalement incompatibles: le ciel et le monde chthonien, on encore le ciel et l'eau. »[61] Le choix que fait Claude Lévi-Strauss du terme « médiateur » atténue la force du thème de la conjonction présent dans des objets auto-duaux ou des couples d'objets duaux. En fait, ce thème est à peu près absent de l'œuvre de Lévi-Strauss. Pour lui, de tels objets duaux permettent à des peuples voisins de se distinguer sans se séparer complètement.[62] Mais cette explication ne tient pas la route pour des objets duaux provenant de la même population, par exemple les Kwakiutl chez qui l'on trouve les deux types de masques associés à une division stricte de l'année en deux moitiés,[63] ni d'ailleurs pour des objets auto-duaux.

Quand Lévi-Strauss parle du monde quantique inversé, il applique à la pensée moderne unitaire une conception qu'il a dû rencontrer souvent dans son voyage à travers les mythes des deux Amériques, comme en fait foi le passage suivant: « [...] La saison prescrite s'explique par la croyance qu'au pays des morts, le jour et la nuit, la marée montante et descendante, l'été et l'hiver s'inversent relativement au monde des vivants. C'est donc en hiver que l'été règne dans l'au-delà et que les âmes ou les esprits-gardiens, cédant à l'attrait d'un plaisant séjour, se laissent plus facilement capter. »[64] En insistant sur la combinatoire des oppositions dans les mythes, Lévi-Strauss vide de telles conceptions de leur contenu. Ne s'agit-il pour ces peuples qu'il a étudiés que de se distinguer de ses voisins, familiers et étrangers à la fois comme la mort l'est à la vie, ou ont-ils projeté sur ceux-ci certaines croyances sur l'autre monde liées au thème du renversement? Cette projection semble présente dans la mythologie chinoise, telle que comprise par Sarah Allan[65]:

---

[61] [Lé 5, 119].

[62] Pour les mythes, voir [Lé 4, 298-300], où le thème du même et de l'autre apparaît pleinement.

[63] Voir [Lé 5, 63, 122-3]. Le diagramme que Lévi-Strauss y donne, si on effectue la composition qu'il omet, produit une paire de masques Kwakiutl qui s'inversent à la fois pour la plastique et pour le message, même si l'étape intermédiaire passe par le masque d'une autre population.

[64] [Lé 3, 405]. Pour d'autres exemples, voir [Lé 2, 221-4] et [Lé 6, 138]. Voir aussi le chapitre 5 de [Bb 1], dans lequel je remplacerais partout « pensée dualiste » par « pensée scientifique unitaire ».

[65] [Al 1, 64].

Dans la mythologie des Shang, les thèmes mythiques associés aux Xia inversent ceux associés aux Shang. La relation est similaire à celle du dualisme entre le *yin* et le *yang*, qu'elle annonce. Les Shang furent identifiés aux dix soleils, aux oiseaux, à [l'arbre *fu sang*], à l'est, au ciel et à la vie. Les Xia, de l'autre côté, furent identifiés aux créatures aquatiques comme les dragons et les tortues, l'arbre *ruo*, l'ouest, les Sources jaunes et la mort.

Figure 22: *Quetzalcoatl, le Serpent à plumes.*[66]

Les Shang (dates approximatives 1600–1056 av. J.-C.) ont fait de leurs voisins et prédécesseurs un peuple de l'autre monde, en les inversant. D'ailleurs, le thème du même et de l'autre refait curieusement surface dans ce contexte. Contrairement aux Shang, dont l'existence historique est attestée par leurs inscriptions sur des os divinatoires, il n'y a encore aucune certitude archéologique sur l'existence des Xia (dates traditionnellles 2070–1600 av. J.-C.), si bien que la possibilité demeure qu'ils furent Shang. Il fallut du moins que les Xia soient assez proches des Shang pour recevoir cette projection.

Lévi-Strauss mentionne dans *La Potière Jalouse* que Sigmund Freud parle du rapport d'inversion entre certains rêves et la réalité comme lui en parle à propos des

[66] [Cm 1, 178]. La sculpture appartient au Museo Nacional de Antropologia de Mexico.

mythes.[67] L'idée n'est pas neuve, comme en fait foi ce passage du mystique persan Sohrawardi[68]:

> Si quelqu'un voit en songe que quelque chose s'accroît pour lui, l'interprète dira que quelque chose diminue. Et si quelqu'un voit en songe que quelque chose diminue, l'interprète conclura que quelque chose augmente. De nombreuses choses sont conformes à cette analogie. C'est là en effet un principe fermement établi, parce que ce qui voit en songe c'est l'âme, et ce que l'âme voit, elle le *voit* dans le monde d'en-haut. Or, tout ce qui diminue dans le monde d'en-haut est en croissance dans ce monde-ci, et inversement.

On peut rapprocher cette idée de la description de la droite réelle donnée à la fin du chapitre trois. Freud est aux antipodes d'une telle conception du rêve et des deux mondes. Il voyait plutôt dans le phénomène du renversement l'un des outils employés dans le travail opéré sur le rêve pour en masquer le sens, mais la description qu'il en donne apparaît tout aussi systématique[69]:

> De tels renversements [...] se retrouvent de différentes façons dans le travail du rêve. Nous connaissons déjà le renversement du sens et le remplacement de quelque chose par son contraire. Nous trouvons aussi dans les rêves des renversements de situation, de la relation entre deux personnes – un monde sens dessus dessous. [...] Ou nous trouvons un renversement dans l'ordre des péripéties, [...] ou dans l'ordre total des éléments, si bien que pour interpréter le rêve nous devons prendre le dernier élément en premier et le premier en dernier. [...] Entrer ou tomber dans l'eau a le même sens qu'en sortir – c'est-à-dire donner naissance ou naître, et monter un escalier ou une échelle est la même chose qu'en descendre. Il est facile de voir l'avantage que peut tirer la distorsion du rêve de cette liberté de

---

[67] [Lé 6, 249-50]: « Dans le rêve, écrit-il ailleurs [Freud], nous rencontrons fréquemment "le processus du renversement, changement dans le contraire, inversion des relations". » Pour un mythe inversant la réalité, voir [Lé 4, 240-2].

[68] [Co 3, 402]. L'italique est dans le texte. Voir aussi [Fu 1, 171, note 2] et [Ju 6, 30]: « [...] ce qui est petit le jour est gros la nuit, et l'inverse aussi. »

[69] [Fu 2, 214-5]. L'italique est de Freud.

représentation. Ces propriétés du travail du rêve peuvent être décrites comme *archaïques*.

Admettre la présence de traits archaïques dans les rêves ou l'inconscient fut la concession de Freud à l'idée d'archétype de Jung. Pourtant, dans une lettre envoyée à ce dernier à propos du mythe d'Adam et Ève, qui pour Freud pourrait bien être un mythe inversé, celui-ci met Jung en garde contre l'utilisation en psychologie des symboles de la mythologie, puisqu'un symbole peut toujours se transformer en son contraire[70] – une critique de l'approche de Jung que reprendra mot pour mot Lévi-Strauss. Je préfère voir dans l'inversion ou le renversement un symbole au second degré, un symbole structurel comme dirait Lévi-Strauss, qui concerne les rapports entre les objets réels ou imaginaires plutôt que ces objets eux-mêmes. La complémentation est du même type. Sans surprise, ces symboles structuraux fleurissent aussi abondamment à l'intérieur qu'à l'extérieur des mathématiques. La preuve de Gauss (voir le début du chapitre deux) montre d'ailleurs qu'ils sont opératoires en même temps que structuraux. Mais comme je l'ai noté à la fin du chapitre précédent à propos de la quaternité, ce qui compte c'est la structure symbolique, en l'occurrence celle du carré alchimique, plutôt que chaque symbole particulier qu'elle contient.

L'idée de renversement n'est pas étrangère à la psychologie de Carl Gustav Jung. Il reprend d'Héraclite, par exemple, la notion d'énantiodromie,[71] qui signifie le jeu des opposés, le renversement d'un opposé en son contraire, le changement du *yin* et du *yang* l'un en l'autre quand l'un ou l'autre atteint sa pleine nature. Les autres thèmes de la structure symbolique du carré alchimique reviennent aussi dans l'œuvre de Jung, par exemple la complémentation[72]:

> Le drame alchimique va du bas vers le haut [...] ; le drame chrétien, de l'autre côté, représente la descente du Royaume des Cieux sur terre. On a l'impression d'un

[70] [FJ, 473].
[71] Voir [Ju 12, 425] pour la définition.
[72] [Ju 3, 103]. L'italique est de Jung. Voir aussi [WP, 61-2] et surtout [Hi, 75-80]. Concernant l'analyse en laboratoire de la compensation dans les rêves, voir [Va 250-3, 256-7]. Il semble que les auteurs de ces études cherchent à démontrer que tous les rêves sont compensatoires ou qu'aucun ne l'est, ce qui ne laisse aucune place pour une solution intermédiaire.

monde en miroir, comme si l'Homme-Dieu, dans sa descente [...], était réfléchi dans les eaux sombres de la *Physis*. La relation de l'inconscient au conscient est dans une certaine mesure complémentaire, comme le prouvent les symptômes psychogènes élémentaires et les rêves causés par de simples stimuli somatiques. (De là l'idée étrange, enseignée par Rudolf Steiner, que l'Autre Monde possède des qualités complémentaires de celles de ce monde-ci.) Une observation et une analyse soigneuses montrent cependant que tous les rêves ne peuvent être considérés mécaniquement comme de simples objets complémentaires, mais doivent être interprétés plutôt comme des tentatives de *compensations*, quoique cela n'empêche pas plusieurs rêves d'avoir, d'un point de vue superficiel, un caractère complémentaire distinct. De la même manière, on peut regarder le mouvement alchimique comme une réflexion du mouvement chrétien.

Dans ce passage, Jung s'efforce de distinguer l'aspect complémentaire de certains rêves de l'aspect compensatoire de d'autres, mais du même souffle il utilise le langage de la thématique de la suite duale (montée et descente, réflexion, mondes en miroir) pour décrire les mythes duaux de l'alchimie et du christianisme, dont il compare les rapports avec ceux qu'il voit entre le conscient et l'inconscient. La distinction qu'il fait entre complémentation et compensation est donc loin d'être convaincante, d'autant plus qu'ailleurs dans le même ouvrage il confond à nouveau les deux termes qu'il tient tant à séparer[73]: « L'alchimiste était très conscient de la grande ombre [la matière] que le Christianisme n'avait manifestement pas assimilée. Par conséquent, il se sentit forcé de créer un sauveur issu de la matrice de la terre, comme une analogie et un complément du fils de Dieu descendu du ciel. » Un passage de l'autre grand texte de Jung sur l'alchimie jette un peu plus de lumière sur son insistance sur l'idée de compensation[74]:

[73] [Ju 3, 494]. Dans le paragraphe suivant il parle de « rêves amenant les images compensatoires ou complémentaires de l'inconscient ». Voir aussi [Fr 5, 236], où Marie-Louise von Franz parle de la complémentarité entre les contenus du conscient et de l'inconscient, faisant le parallèle avec l'idée de complémentation en physique moderne. « Mais ce parallélisme entre modèles de pensée n'est pas tout. Il y a des indications que l'énergie physique et l'énergie psychique pourraient être deux aspects de la même réalité sous-jacente. Si tel est le cas, alors le monde de la matière apparaîtra comme une image en miroir du monde de l'esprit ou de la psyché, et vice versa. » Voir, concernant le même thème, le commentaire de Wolgang Pauli dans [Ju 7, 139, n.130]. Pour un autre exemple des nombreuses hésitations de Jung entre la complémentation et la compensation, voir [Ju 6, 259, 260]. Au sujet d'une distinction intéressante entre la compensation et la complémentation, voir [Ad, 41, n. 9].

[74] [Ju 3, 24-5]. Italiques de Jung.

> Dans certaines religions pré-chrétiennes, la différentiation du principe masculin prit la forme d'une spécification père-fils, un changement qui deviendra très important pour le Christianisme. Si l'inconscient n'était simplement que complémentaire, cette mutation dans le conscient aurait été accompagnée par la production d'une paire mère-fille, pour laquelle le matériel nécessaire était déjà présent dans le mythe de Déméter et de Perséphone. Mais comme l'alchimie le montre, l'inconscient choisit plutôt le type Cybèle-Attis sous la forme de la *prima materia* et du *filius macrocosmi*, prouvant ainsi qu'il n'est pas complémentaire mais compensatoire. Cela montre que l'inconscient n'agit pas simplement *au contraire* du conscient mais le *modifie* plutôt à la manière d'un opposant ou d'un partenaire.
>
> [...] Nous savons que le masque de l'inconscient n'est pas rigide – il réfléchit la face que nous tournons vers lui. L'hostilité lui prête un aspect menaçant, la bienveillance adoucit ses traits. Il n'est pas question d'une simple réflexion optique mais d'une réponse autonome qui révèle la nature autosuffisante de ce par quoi la réponse arrive.

Jung a toujours affirmé l'autonomie de l'inconscient par rapport au conscient et il semble qu'il faille y voir la source de ses difficultés face à l'idée de complémentation. Mais un complément ou un dual n'est pas nécessairement un contraire, et rien dans la thématique de la suite duale ne contredit cette autonomie, elle fait plutôt partie intégrante de sa dynamique (le double, le même et l'autre). Jung associe la complémentation à une mécanique[75] incompatible avec l'autonomie vécue de l'inconscient. Il ne sort pourtant pas du paradoxe révélé par le choix de ses termes dans l'extrait précédent: il affirme que « l'inconscient réfléchit la face que nous tournons vers lui », pour nier ensuite qu'il s'agisse d'une vraie réflexion. Il semble exister une tension dynamique entre le thème du renversement et celui de la conjonction. Jung a fait de la conjonction entre le conscient et l'inconscient le thème central de sa psychologie. Cette conjonction repose sur l'existence autonome de l'inconscient, et pourtant, quand Jung cherche à expliquer les rapports entre le conscient et l'inconscient, il les systématise, il les mathématise à la manière des mythes qui parlent des rapports entre le monde des vivants et le

---

[75] Et quand elle se détraque les « symptômes psychogènes élémentaires » apparaissent, voir le premier extrait de Jung ci-dessus.

monde des morts. Lévi-Strauss insiste sur la combinatoire des opposés, sur « [...] l'inconscient structural comme ensemble des structures mentales communes à tous les hommes ».[76] L'approche complémentaire de Jung met l'accent sur la conjonction de ces opposés. Les deux se rejoignent dans leur formalisme, qui apparaît aussi quand Freud parle du travail de l'inconscient. Jung se distingue peut-être de Freud et de Lévi-Strauss surtout par sa vision du but de ce travail.

La systématisation dans la psychologie de Jung se retrouve aussi, en premier lieu, dans sa conception de l'énergie psychique. Celle-ci, supposée constante chez un individu, doit alors se répartir entre le conscient et l'inconscient, ce qui fait selon Jung qu'une partie de cette énergie, disparue du conscient, se retrouve dans l'inconscient sous une forme ou sous une autre.[77] En second lieu, dans sa conception des deux moitiés de la vie: à mesure que l'énergie physique diminue, l'énergie spirituelle ou culturelle augmente, créant un renversement du milieu de la vie entre les préoccupations matérielles et les préoccupations spirituelles. Le regard tourné d'abord vers la vie se dirige ensuite vers la mort.[78] Et finalement, en troisième lieu, dans sa conception de l'anima, ce complément féminin dans l'inconscient d'un homme (l'animus étant le complément masculin dans l'inconscient d'une femme): « Un homme infantile possède généralement une anima maternelle; un homme adulte, la figure d'une jeune femme. L'homme sénile trouve compensation dans une très jeune fille, voire même une enfant. »[79] Une mécanique ou une mathématique trouvant quelqu'un de l'autre côté qui, par une étrange symétrie inversée, vieillit à l'envers de nous, à l'envers du temps.

Cette mathématisation atteint parfois le ridicule, comme en fait foi cette citation de Jorge Luis Borges dans laquelle il parle de la secte chrétienne des histrions ou des spéculaires – un nom privilégié en l'occurrence[80]:

---

[76] [Kc, 25].
[77] Voir [Ju 7, 10, 18-20, 84-5] et [Ju 2, 16-7].
[78] Voir [Ju 7, 60].
[79] [Ju 4, 200]. Voir la note de Jung au premier extrait ci-dessus: « Un autre facteur complémentaire est la nature féminine de l'inconscient d'un homme », et aussi [Ju 6, 20].
[80] [Bo 1, 56]. Borges évoque aussi, dans *Enquêtes*, une nouvelle de H. G. Wells à propos d'un « homme revenant de l'autre vie avec son cœur placé à droite parce qu'il a été tout entier inversé, comme dans un miroir. » Il suffit parfois d'être gaucher ou d'être un jumeau pour attirer le soupçon d'une accointance avec l'autre monde. Au sujet du thème du double, voir aussi [Mo, 150]; de celui de l'autre, voir [Mh, 460]: « [...] le trait caractéristique [de la voie mystique] en est que [...] le sujet, à tort ou à raison, sent en

Dans les livres hermétiques il est écrit que ce qu'il y a en bas est identique à ce qu'il y a en haut, et ce qu'il y a en haut, identique à ce qu'il y a en bas[81]; dans le Zohar, que le monde inférieur est un reflet du supérieur. Les histrions fondèrent leur doctrine sur une perversion de cette idée. [...] Ils imaginèrent que tout homme est deux hommes et que le véritable est l'autre, celui qui est au ciel. Ils imaginèrent aussi que nos actes projettent un reflet inversé, de sorte que si nous veillons, l'autre dort, si nous forniquons, l'autre est chaste, si nous accaparons, l'autre est prodigue. Après notre mort, nous nous unirons à lui et seront lui [...]

Pour aller aussi manifestement à l'envers du bon sens, il faut succomber à la force d'une image archétypique.

Le récit suivant du grand mathématicien français Henri Poincaré prouve en quelque sorte mathématiquement la nature autonome de l'inconscient[82]: « [...] les idées surgissaient en foule; je les sentais comme se heurter, jusqu'à ce que deux d'entre elles s'accrochassent, pour ainsi dire, pour former une combinaison stable. [...] Il semble que, dans ces cas, on assiste soi-même à son propre travail inconscient, qui est devenu partiellement perceptible à la conscience surexcitée et qui n'a pas pour cela changé de nature. On se rend alors vaguement compte de ce qui distingue les deux mécanismes ou, si l'on veut, les méthodes de travail des deux moi. »

Ces deux moi travaillant dans leurs mondes parallèles, face à face ou dos à dos, Jacques Hadamard les retrouvent[83] chez quelques autres grands mathématiciens, et l'interprétation qu'il donne de cas particuliers plus ou moins connus – Fermat à propos de son célèbre dernier théorème, Riemann, Galois et encore Poincaré – est simplement renversante car elle conduit à penser que l'autre dans l'inconscient en sait parfois plus long que le mathématicien, qu'il peut trouver seul des résultats qui ne viendront au jour

---

lui, avec une acuité plus ou moins forte selon les moments, la présence réelle d'une entité qui lui apparaît différente de lui-même tel qu'il se connaît. »

[81] C'est le début de la fameuse *Table d'émeraude*.

[82] [Pé, 48, 56-7]. Voir aussi [Ha, 11-15]. [Pé, 52]: « [...] le moi subliminal n'est nullement inférieur au moi conscient; il n'est pas purement automatique, il est capable de discernement, il a du tact, de la délicatesse; il sait choisir, il sait deviner. Que dis-je, il sait mieux deviner que le moi conscient, puisqu'il réussit là où celui-ci avait échoué. » Poincaré avance cette hypothèse et la rejette aussitôt.

[83] [Ha, ch. VIII]. Hadamard parle de « personnalité duale » plutôt que des deux moi dont parle Poincaré. Voir aussi [Ju 7, 88].

que beaucoup plus tard, qu'il peut pour ainsi dire consulter ces résultats à l'avance, parfois dans les termes précis employés plus tard pour les présenter.

L'autre dont parle Poincaré fut aussi envisagé dans des milieux bien différents des mathématiques, comme par exemple dans la tradition ésotérique islamique[84]:

> Son existence [l'autre] est si bien objective qu'elle est éprouvée comme celle de l' «ange personnel», de l' «homme de lumière», du «Guide personnel», ou bien typifiée à la façon d'un vêtement céleste, ou d'une image, une icône, Double ou «Jumeau céleste». [...] La connaissance de soi aboutit à l'union, ou plutôt à la réunion de ce moi apparent (le «je» qui connaît) et de ce moi transcendant [...] Le miroir étant ce qui me fait connaître ma «face» réelle, briser ce miroir détruirait cette union même; il n'y aurait plus de «visage», plus de connaissance «visage contre visage».

Cela rappelle le fameux passage de saint Paul dans lequel le miroir revêt une connotation négative: « Maintenant nous voyons dans un miroir obscurément; mais alors nous verrons face à face. Maintenant je connais partiellement, mais alors je connaîtrai comme je suis connu. »[85] Jung vogue sur les mêmes eaux dans un autre contexte[86]: « L'égo, ostensiblement la chose que nous connaissons le plus, est en fait une affaire hautement complexe et pleine d'obscurités mystérieuses. En effet, nous pouvons même définir l'égo comme une *personnification relativement constante de l'inconscient lui-même*, ou comme le miroir schopenhauerien dans lequel l'inconscient perçoit sa propre face. » L'autonomie de l'inconscient peut en venir à miner la réalité du moi, comme l'existence objective du guide fait du moi une chose apparente, réfléchie, illusoire. Le paradoxe tient au fait que le miroir, en tant qu'objet, lie une réalité à une illusion, mais illustre parfaitement, en tant qu'image, la conjonction de deux réalités autonomes.

---

[84] [Co 2, 260-1]. Voir aussi la page 309 du même ouvrage, [Fr 7, 111], et [Fr 6, 194-5; 208-9] concernant le thème égyptien de l'union avec le *ba*. À propos des Dioscures, jumeau mortel et jumeau immortel, voir [Ad, 319, n. 67]: « La nature duale des Dioscures ou de Mercurius est toujours reliée au mystère de l'individuation, symbolisant le problème des opposés qu'il faut unir. »

[85] I Corinthiens, XIII, 12. Je cite d'après le texte de Borges, [Bo 2, 160]. Voir aussi [Gu 2, 140, 143] et [As 2, 198-9] au sujet du face à face.

[86] [Ju 3, 107]. Italiques de Jung.

Ce paradoxe refait surface dans une merveilleuse légende française[87]:

> Dans la forêt de Tronçais, *la fontaine Villejot* rappellerait, d'après une légende, l'emplacement d'une ville engloutie. La source coulerait à l'endroit même où s'enfonça la chapelle. Chaque année, dans la nuit de Noël, en se penchant sur l'onde, on entend le son très lointain des cloches enfouies qui répondent à celles des clochers environnants sonnant la messe de minuit. Les amoureux consultent l'eau de la fontaine qui reflète les traits de l'être aimé quand le sentiment est partagé; elle reste terne en cas d'abandon ou de tromperie. Pour savoir si leur mariage est prochain, les jeunes filles lancent une épingle dans l'eau. Elles sont assurées de se marier dans l'année lorsque l'épingle se fixe droite dans le fond et s'y maintient. Elles disent alors qu'elles ont « piqué un cœur ». Aujourd'hui, elles se contentent de lancer une pièce de monnaie dans l'eau.

Le texte ne dit pas clairement si l'amoureux se regarde lui-même dans l'eau de la fontaine, mais cette interprétation condense trop bien tous les thèmes de la suite duale pour se la refuser. L'union humaine, horizontale, appelle une union verticale, supra-humaine, entre le monde visible et le monde invisible, comme le suggère le mouvement de l'épingle ou de la pièce de monnaie. La fontaine elle-même unit les deux mondes par son pouvoir et par sa correspondance avec la chapelle de la ville engloutie. À Noël, quand Dieu descend sur terre dans la tradition chrétienne, quand se renouvelle son incarnation en une double nature, la ville engloutie devient une réplique sonore du monde réel. L'amoureux voit son double dans les eaux de la fontaine. Si cette union est la bonne, il y trouve son âme. Une belle image qui éclaire d'un jour nouveau une autre légende bien lointaine, celle de la mort du grand poète Li Bo (701–762) des Tang. Selon la légende, le poète se serait noyé dans une rivière en essayant d'attraper le reflet de la lune. Au delà de l'irréalité du reflet, la lune féminine et l'âme cachée dans les eaux métamorphosent une fin ridicule en l'évocation poignante d'une conjonction dans la

[87] [Do, 33-4]. Voir aussi [Gn 3, 211]à propos d'un sacrifice à la divinité du fleuve comme un mariage sacré.

mort. Voici l'un des poèmes les plus connus de Li Bo dans une traduction de François Cheng[88]:

> Parmi les fleurs un pichet de vin
> Seul à boire sans un compagnon
> Levant ma coupe, je salue la lune:
> Avec mon ombre, nous sommes trois
> La lune pourtant ne sait point boire
> C'est en vain que l'ombre me suit
> Honorons cependant ombre et lune
> La joie ne dure qu'un printemps!
> Je chante et la lune musarde
> Je danse et mon ombre s'ébat
> Éveillés, nous jouissons l'un de l'autre
> Et ivre, chacun va son chemin...
> Retrouvailles sur la Voie lactée:
> À jamais, randonnées sans attaches!

Le vin, ou le poète, fait descendre la lune sur terre et matérialise l'ombre, le double, mais la vraie réunion aura lieu là-haut – ou dans l'eau.

La légende française de la fontaine magique révèle un lien ambivalent entre l'amoureux et son reflet. Cette ambivalence se transforme dans la tradition chamanique en un mariage avec l'esprit familier, ou alors en un travestissement du chamane ou de l'apprenti chamane, en un changement de sexe[89]. Le chamane voyage supposément entre les deux mondes et les thèmes symboliques de la suite duale doivent apparaître dans ce contexte: « [...] [les chamanes] réunissent en leur personne l'élément féminin (Terre) et l'élément masculin (Ciel) ; il s'agit d'une androgynie rituelle, formule

---

[88] [Ce 1, 43]. Su Shi reprendra les mêmes thèmes dans un de ses poèmes, voir [Eg, 345-7] – celui-là même qu'un guide nous chanta au Yunnan. Concernant la lune, le vin et l'extase, voir [Ju 13, 371]. Et [Ju 3, 360]: « La lumière réfléchie de *Sol* est la féminine *Luna*, qui dissout le roi dans ses eaux. »

[89] [El 1, 73s, 210, 278-9, 329s]. Ce changement de sexe est un des traits caractéristiques du 仙 (*xian*), voir [Ct 3, 49]. Voir aussi [Gn 3, 143], décrivant des fêtes populaires chinoises pendant lesquelles « les hommes s'habillent en femmes ». De plus, il semble indiquer plus loin (p. 210 – mais son expression est ambiguë) que Fu Xi s'habillait en femme et Nü Wa en homme. Eliade, quant à lui, ne parle pas de travestissement de femmes chamanes en homme, et le mariage avec un esprit masculin semble plus fréquent que celui d'un chamane avec un esprit féminin. En Chine, à tout le moins, les *wu* (chamanes) étaient en majorité des femmes dans les temps les plus reculés (voir [El 1, 352-4] et [Ro 2, 42-3]) et *shen* (esprit) a une connotation *yang*, masculine, voir [Lp, 35]. À propos de l'union avec la déesse en Égypte ancienne, voi [Ny 2, 229-30].

archaïque bien connue de la bi-unité divine et de la *coincidentia oppositorum* ».[90] L'inversion systématique se retrouve aussi dans la tradition chamanique, comme en témoigne cette citation de Mircea Eliade[91]:

> Les peuples de l'Asie septentrionale conçoivent l'autre monde comme une image renversée de celui-ci. Tout s'y passe comme ici-bas, mais à rebours: quand il fait jour sur la terre, il fait nuit dans l'au-delà (c'est pourquoi les fêtes des morts ont lieu après le coucher du soleil: c'est alors qu'ils se réveillent et commencent leur journée), à l'été des vivants correspond l'hiver dans le pays des morts, le gibier ou le poisson est-il rare sur la terre, c'est signe qu'il abonde dans l'autre monde, etc. Les Beltires posent les rênes et la bouteille de vin dans la main gauche du mort; car celle-ci correspond à la main droite sur terre. En Enfer, les fleuves remontent vers leurs sources. Et tout ce qui est renversé sur la terre est en position normale chez les morts: c'est pour cette raison qu'on renverse les objets qu'on offre, sur la tombe, à l'usage du mort, à moins qu'on ne les casse, car ce qui est cassé ici-bas est intact dans l'autre monde et vice versa.

Cette conception universelle de l'autre monde, du rapport entre les deux mondes, peut servir d'explication partielle à d'autres conceptions à première vue étranges. Par exemple, Freud se demande dans *Totem et Tabou* pourquoi les proches, dans certaines sociétés, deviennent hostiles après leur mort.[92] La réponse qu'il donne repose sur ce qu'il appelle l'ambivalence affective des vivants envers leurs morts, qu'ils aiment et haïssent à la fois. L'hostilité des morts cachent une projection sur eux de celle que les vivants éprouvent face au défunt, du plaisir inconscient qu'ils éprouvent à le voir disparaître. À ces raisons morales, émotives et psychologiques, j'en ajouterais une autre qu'on peut qualifier de structurale: l'effet du renversement qui s'opère automatiquement du monde des vivants au monde des morts dans l'espace symbolique décrit ci-dessus par Eliade. Freud souligne le caractère archaïque du phénomène qu'il décrit[93], un trait

---

[90] [El 1, 279].
[91] [El 1, 171]. Voir aussi [El 1, 234] et [So, 177].
[92] [Fu 3, 71-7].
[93] [Fu 3, 80].

plus proche de telles conceptions sur l'autre monde, me semble-t-il, que de la raison morale.

La même remarque s'applique à ce que dit von Franz d'un conte breton dans lequel une femme reçoit de son époux, la Mort, des gifles qui sont des baisers. « Tout se passe donc comme s'il se produisait une étrange interversion des valeurs sentimentales dans l'au-delà; ainsi s'expliquerait que plusieurs peuples aient décrit le royaume des morts comme un "monde à l'envers" où les gens marchent sur la tête. »[94] Je ne vois pas d'explication dans cette « interversion des valeurs sentimentales » car elle fait plutôt partie du symbole à expliquer.

L'indétermination des aspects moral et structural de l'inversion se retrouve dans d'autres contextes. Certaines paroles typiques des Évangiles, qui semblent concernées seulement par l'aspect moral, renvoient pourtant à l'aspect structural, la plus familière étant « Les derniers seront les premiers et les premiers seront les derniers ».[95] Il en allait de même en Égypte ancienne: « [...] la personne décédée arrive d'abord dans un domaine de la mort qui n'a rien d'un paradis ni même d'un enfer, c'est-à-dire un lieu de punition où les pécheurs sont anéantis, mais simplement un lieu où le mort est mort. Cet état de mort était une inversion de la vie. Les morts marchaient à l'envers, ils mangeaient des excréments et buvaient de l'urine. »[96] Dans le texte ancien cité par Jan Assmann, les questions que les habitants de l'autre monde (les dieux primordiaux) posent à la personne nouvellement décédée montrent bien que la dimension morale de

---

[94] [Fr 6, 110]. Tess Castleman affirme du *heyoka* des Dakota qu'il incarne l'ombre de la tribu, ce qui tend à mettre l'accent, encore une fois, sur l'aspect moral du phénomène au détriment de son aspect structurel, même si elle relie aussi le *heyoka* au thème de la conjonction des opposés. Chamane et fripon divin, le *heyoka* bouille en hiver et gèle en été; il prédit le contraire de ce que l'avenir apporte – il vit en ce monde comme s'il habitait l'autre. Voir [Cas, 233-54].

[95] Mt, 20, 16. Voir aussi [Gu 5, 53, 60] et surtout [Gu 4, 417], où Guénon donne d'autres passages similaires des Évangiles. Il y explique aussi son « principe de l'analogie »: « [...] lorsqu'on passe analogiquement de l'inférieur au supérieur, de l'extérieur à l'intérieur, du matériel au spirituel, une telle analogie, pour être correctement appliquée, doit être prise en sens inverse: ainsi, de même que l'image d'un objet dans un miroir est inversée par rapport à l'objet, ce qui est le premier et le plus grand dans l'ordre principiel est, du moins en apparence, le dernier ou le plus petit dans l'ordre de la manifestation. » Ainsi tous ces passages des Évangiles ont, selon ce principe, un fondement structurel au delà de leur apparence morale.

[96] [As 2, 128]. Voir aussi le chapitre deux au sujet du 11e tableau de l'*Amdouat*, [Ny 1, 221-2], [As 2, 213, 337] et [As 2, 78]: « [...] le domaine par lequel un individu passait après sa mort, selon la croyance égyptienne, était un monde inversé où l'ordre divin était suspendu. La personne décédée était obligée de traverser cet état afin de pouvoir entrer dans la sphère de la présence divine qu'il espérait. »; [As 2, 138-9]: quand le chaos social s'installe, on le compare au monde inversé de la mort.

cette abomination, qui pour tous sauf eux saute aux yeux, n'existait pas dans leur esprit (si je puis dire). Elle signale seulement l'inversion qui structurait leur réalité, plus primaire que l'ordre imposé après coup par le rituel mortuaire égyptien.[97] L'autre monde est naturellement inversé, Osiris le redresse.

Le rituel doit permettre d'éviter la seconde mort, la mort figée qui empêche de revenir au jour. Le passage périlleux vers la vie d'un justifié dans l'au-delà fut représenté en Égypte par la traversée d'une étendue d'eau.[98] Assmann souligne le contraste entre cette image spatiale et le registre éthique de l'idée parallèle du jugement du mort (la pesée du cœur). Autrement dit, cette traversée provoque une deuxième inversion et annule la première, celle qui suit la mort, d'ailleurs elle aussi souvent représentée par la même image. En Égypte, la rive est du Nil appartenait au domaine des vivants et sa rive ouest à celui des morts, du côté du coucher du soleil.[99] Le thème de la barque solaire dans laquelle le dieu parcourt le ciel montre que le Nil terrestre fut transposé dans le monde céleste, de même qu'il le fut dans l'autre monde, du moins selon l'*Amdouat*, qui décrit le voyage nocturne du dieu solaire en reprenant l'image de la barque.[100] Onze des douze tableaux de l'*Amdouat* sont divisés en trois registes horizontaux superposés. La barque du dieu apparaissant toujours dans les registres médians, cette organisation des tableaux en registres reconduit à l'image d'une rivière et de ses rives.[101] Comme je l'ai noté au chapitre deux, la 11e heure de l'*Amdouat* contient la seule représentation d'une inversion de tout le livre. Mais le *Livre des cavernes*, postérieur à l'*Amdouat*, reprend systématiquement cette idée: l'inversion structure le registre du bas des cinq derniers de

---

[97] Cette conception de l'autre monde remonte au moins à l'Ancien empire, l'abomination et l'inversion dont parle Assmann apparaissant dans les textes de la pyramide d'Ounas, voir [Ae, 30, 47] et [Ny 2, 230-1, 254-5]. Dans cette dernière référence, Naydler voit un lien entre l'inversion attribuée à l'autre monde et les racines chamaniques (selon lui) de la religion de l'Égypte ancienne. Il parle ainsi d'une conception non pas fondée sur une croyance (contrairement à ce qu'en dit Assmann), mais sur une expérience, fut-elle onirique. Au sujet de l'inversion dans l'autre monde égyptien, voir aussi [MF, 65-6] et [Ph, 82, 154]; du même thème et de celui de l'urine et des excréments dans les textes des sarcophages (incantations 173, 184-195, 197-208, 211, 213-218, 220 et 224), voir [Fk, I, 147-9 et 154-176].

[98] [As 2, 130-2]. Une transformation préalable en oiseau offre le moyen d'opérer cette traversée, ou alors elle s'effectue en bateau. Concernant ce thème, voir aussi [Ny 1, 230-6].

[99] [Ny 1, 8].

[100] Voir le chapitre deux, pages 63-5.

[101] Le premier tableau est divisé en quatre registres et la barque apparaît dans les deux registres médians. À propos de l'*Amdouat* et des livres égyptiens sur l'autre monde qui lui ont succédé, voir [Hr 2], [Sç] et [Cc].

ses six tableaux.[102] Au registre du bas appartiennent les ennemis du dieu, mais l'inversion caractérisant ce registre suggère une dualité entre les deux rives, entre la partie colonisée de l'autre monde (le registre du haut) et sa partie sauvage, elle révèle un aspect structurel enfoui sous l'aspect moral mis en évidence par ces textes.

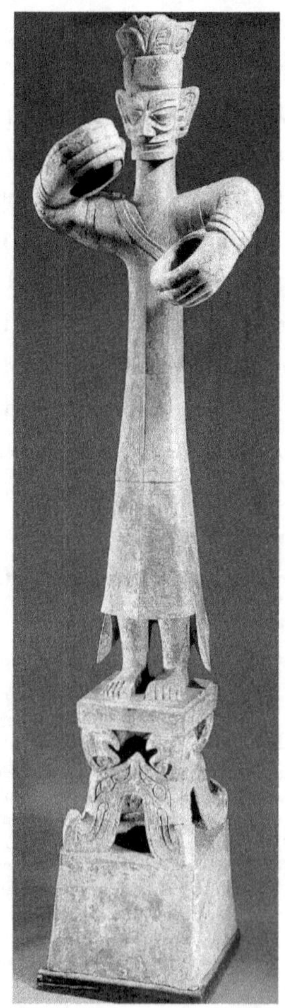

Figure 23a: *Statue sur piédestal.*

[102] Le *Livre du jour* exploite la même idée tout aussi systématiquement.

La Chine offre peut-être un autre exemple d'inversion structurelle[103]:

> Le rituel du salut diffère pour les garçons et pour les filles. Les garçons saluent en couvrant la main droite avec la main gauche: ils *cachent* la droite et présentent la gauche pour saluer. Les filles, au contraire, non moins obligatoirement, saluent en couvrant la main gauche avec la main droite.
>
> On aperçoit déjà que la Gauche et la Droite entrent dans ce grand système de classification bipartite, qu'est la classification par le Yang et le Yin: la gauche est *yang*, elle appartient au mâle; la droite est *yin*, elle appartient à la femelle. Le yang et la gauche sont mâles, le yin et la droite sont femelles.
>
> Mais le rituel du salut va nous mettre en présence d'une nouvelle complication. En temps de deuil, les hommes saluent à la manière des femmes [...] Il se produit une inversion [...]

La personne en deuil renverse-t-elle son salut par solidarité avec le mort, pour s'identifier à lui, dont l'état suit maintenant une loi inverse qui échange la gauche et la droite? Granet remarque par ailleurs que les caractères pour gauche et droite, 左 et 右, *zuo* et *you*, présentent une autre inversion.[104] Dans le premier apparaît le radical *gong* sous celui de la main, l'image d'une équerre qui conduit au carré et à la terre, et dans le deuxième, le radical *kou* (bouche), rond plutôt que carré dans sa forme primitive, conduisant au compas, au cercle et au ciel. Nous retrouvons l'image de Fu Xi et de sa compagne rencontrée au chapitre deux:

> L'alternance rythmée de la droite et de la gauche peut assez bien se comprendre en fonction de l'idée d'hiérogamie. En effet, l'équerre est l'insigne du sorcier. [...] Tous les arts, et la magie en premier lieu, sont évoqués par l'équerre. Si Fu Xi, chef de ce ménage primordial qui inventa le mariage (l'expression « compas-équerre »

---

[103] [Gn 2, 17-8]. Au sujet de ce thème, voir aussi [Lé 1, 175], [Ro 2, 282], [Gn 3, 14]: « Les valeurs de la gauche et de la droite sont interverties quand on passe du monde des vivants au monde des morts [...] », et [Ke 2, 93, n. 43].

[104] Sans compter la curieuse inversion qui a conduit à utiliser un radical pour la main gauche dans *you*. Voir [Wa, 20], et [Gn 2, 27] pour la citation. Concernant *ju* (équerre), contenant une forme du radical *gong*, voir [Hb]. Voir aussi [Bu 1, 58] au sujet de la matière et de l'esprit comme les deux mains de Dieu, l'une féminine et l'autre masculine.

évoque les bonnes mœurs sexuelles) a pour insigne l'équerre, c'est qu'on le considère comme l'inventeur de la divination et le premier des sorciers. [...] Le sorcier, en raison des hiérogamies qu'il sait pratiquer, est homme et femme à la fois, et femme à volonté (le thème des changements de sexe est fréquemment attesté).

Il existe aussi en Chine quelques exemples de la coutume de briser les objets destinés aux défunts, sans qu'on puisse établir à coup sûr un lien certain avec l'inversion systématique d'un monde à l'autre, telle que décrite par Eliade. Le cas le plus spectaculaire est celui de la découverte, en 1986 à Sanxingdui au Sichuan, de deux puits remplis d'objets précieux ayant appartenus à une culture contemporaine des Shang, la plupart brisés ou brûlés avant d'être enterrés[105]. La magnifique sculpture de bronze de la figure 23a (après restauration) fut retrouvée brisée en deux.[106]

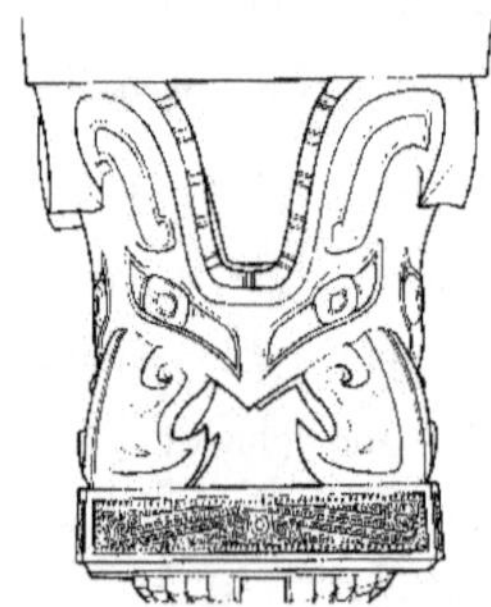

Figure 23b: *Motif inversé du piédestal.*

Jay Xu s'interroge sur le « curieux motif » du piédestal de la statue, « [...] apparemment destiné à être regardé non pas de face, mais en diagonale [...] , et alors les yeux proéminents à gauche et à droite de chaque coin se combinent pour suggérer une face animale avec une sorte de trompe d'éléphant. »[107] Le motif joue sur une ambiguïté

[105] [Bg, 30] et [Th, 249]. Robert Thorp souligne que ces objets ne furent probablement pas destinés à un défunt. Mais le rapport avec l'autre monde semble clair, ce qui suffit à mon propos. Pour un autre cas possible en Chine, beaucoup plus ancien, voir [Th, 105]. Voir aussi [Mh, 275].

[106] [Bg, 73]. Musée de Sanxingdui.

[107] [Bg, 75, n. 3]. Voir [Yn, 177, fig. 345] pour un procédé similaire.

entre la droite et la gauche: l'œil de gauche du motif vu de face devient l'œil de droite du motif adjacent vu en coin.

Il me semble par ailleurs impensable que le motif ne puisse pas se lire de face. Xu se le refuse parce que les yeux doivent indéniablement monter vers les côtés du visage plutôt que vers le milieu. Mais il suffit, pour rectifier cette anomalie, de lire le motif à l'envers (voir la figure 23b)[108], une lecture qui n'exclut pas l'autre si les thèmes symboliques du carré alchimique entrent encore en jeu ici. La partie du piédestal immédiatement sous les pieds du personnage pourrait représenter la terre, ou le sol sur lequel il se tient, tandis que le motif représenterait l'autre monde (voir ci-dessus 死, ou 不 avec son inverse) – une tête à l'envers qui sous cette interprétation peut aussi bien regarder le personnage au-dessus d'elle, pour ainsi dire de l'autre côté. Les deux lectures du piédestal de la statue rappellent aussi l'interaction entre des figures en deux dimensions (une face du cube) et d'autres en trois dimensions (la jonction de deux faces du cube) , symbolisant l'interaction entre deux mondes – le monde des vivants et le monde des morts, le rêve et la réalité. Si le piédestal incarne bien un tel symbole, il conduit l'interaction, de si belle façon, jusqu'à la conjonction des deux mondes.

Robert L. Thorp compare le motif sur le piédestal de la statue de la figure 23 à trois motifs (les 4e, 5e et 6e motifs de la figure 24) décorant des poteries trouvées dans un tombeau de la Mongolie intérieure, lors de la fouille d'un site contemporain d'Erlitou.[109] Il souligne d'autre part que le 3e motif est inversé. Pourquoi cette surprenante image, la plus proche d'une figure humaine, fut-elle peinte à l'envers? Tous ces motifs, comme celui de la statue, se lisent plus ou moins bien dans les deux sens – et en fait les 4e et 5e motifs se lisent mieux à l'envers si on se fie seulement à l'angle des yeux. Le 3e motif, quant à lui, montre à l'envers – ou à l'endroit, c'est selon – deux créatures, deux esprits peut-être, de profil et se faisant face.[110] Une parfaite ambiguïté, une parfaite conjonction entre le un et le deux, l'endroit et l'envers – ce monde-ci et l'autre.

---

108 [Th, 255]. J'ai extrait le dessin de la figure du piédestal en l'inversant. Une figure presque identique se retrouve sur le côté, voir la figure 23a.

109 [Th, 57-8]. La culture d'Erlitou pourrait correspondre, selon les archéologues, à la dynastie des Xia.

110 Une amie m'a signalé la présence de ces deux figures, que je n'avais pas vues.

Le rapport entre le monde des vivants et le monde des morts décrit ci-dessus par Eliade devient encore plus étrange quand on s'arrête à ce qu'il dit des populations de gibier ou de poisson, qui seraient complémentaires d'un monde à l'autre, comme si la nature de ces animaux leur ouvrait librement le passage de la vie à la mort et de la mort à la vie. Le chamane devait précisément travailler à ce que la part visible de ces populations nourricières suffise à sa communauté.

Figure 24: *Motifs peints sur poterie.*

Des espèces animales particulières ont aussi été attachées aux symboles des deux mondes, quand un trait les caractérisant le permettait.[111] Par exemple, la raie et le

[111] Je suis en partie la discussion de Lévi-Strauss, voir [Lé 3, 496-501]. Au sujet du papillon et du transcendant (*xian*) selon les taoïstes, voir [Le 2, 201].

papillon, qui deviennent très visibles ou presque invisibles selon l'angle de vision (et la fermeture ou l'ouverture des ailes dans le cas du papillon); la guêpe et la fourmi, « dont une taille étroite semble diviser le corps en deux moitiés »; l'écureuil, à cause de sa capacité à descendre des arbres la tête en bas. Ou alors un animal évoque l'autre monde simplement s'il inverse d'une manière ou d'une autre le comportement humain. Tout animal nocturne peut ainsi se couvrir du prestige de la nuit et de la crainte qu'elle inspire. La chauve-souris, un animal faste en Chine,[112] vit la nuit et dort le jour – la tête en bas. L'éléphant, dont nous venons de voir qu'il n'était pas étranger à l'imaginaire chinois, sort du monde par sa stature hors du commun, mais aussi par sa trompe impossible qui confond l'avant et l'arrière.

L'écureuil rejoint la mythologie chamanique par un autre trait fascinant qui lui confère une double nature et inverse la situation humaine. Libre dans les arbres, son domaine, ce petit animal alerte et acrobate devient presque démuni quand il se retrouve au sol. Il vit dans deux mondes fortement contrastés et peut alors se comparer au chamane voyageant d'un monde à l'autre, ou simplement à nous qui rêvons. Le rêve lucide en particulier, dans lequel le rêveur prend conscience de sa condition, ne ressemble-t-il pas en petit au voyage extatique du chamane? Les rêveurs lucides insistent le plus souvent sur la liberté que leur procure la lucidité. C'est l'écureuil volant de branche en branche. Mais en devenant lucide on peut éprouver aussi le sentiment d'arriver dans un monde à la fois inconnu et familier où chaque pas devient incertain.

Le rêve, lucide ou non, procure un contact personnel avec des symboles qui compense l'arbitraire de tout discours porté sur eux. Lors du travail sur ce chapitre, l'inutilité de parler de la figure du double sans vraiment le connaître m'est un jour apparue. La nuit suivante, j'ai fait un rêve dans lequel quelqu'un était étendu dans mon lit à côté de moi, aussi réel que possible. Le rêve m'a réveillé brusquement. Le rêve prête substance aux symboles.[113]

---

[112] [Ja 3, 160].

[113] Concernant le rêve et le double, voir [Pi, 44-5].

Chapitre six

Le pas de Wu

Le travail des deux moi dont a parlé Poincaré se retrouve dans la construction du caractère chinois 巫 (*wu*, sorcier, chamane). Il se compose en effet des radicaux 工 (*gong*, travail) et 人 (*ren*, personne). Le Père Léon Wieger précise: « Deux sorcières qui dansent pour obtenir de la pluie. »[1] Cette danse de la pluie est suggérée par un caractère signifiant « esprit, numineux », qui se prononce *ling* et s'écrit

靈 灵

La première forme représente les gouttelettes de pluie au-dessus du chamane,[2] tandis qu'à droite la forme simplifiée du caractère montre le feu en dessous de la main – deux formes duales: le feu inverse l'eau, le bas inverse le haut et la main inverse le pied (danse). Le chamane maîtrise aussi bien le feu que l'eau,[3] mais tout ce qu'il fait passe par ses esprits familiers, qui lui confèrent le pouvoir de voyager entre les deux mondes,

---

[1] [Wg, 80]. Je retourne les passages du livre de Wieger au français à partir de la traduction anglaise en ma possession. À propos de *wu* comme femme chamane, voir [El 1, 354-5] et [Sf, 13]; de la danse de la pluie, voir [Ro 1, 42]; du roi-chamane des Shang, voir [Ck 1, ch. 3]; de Nü Wa, conjointe de Fu Xi, comme *wu*, voir [Sf, 37-41].

[2] Selon Javary, les trois carrés (bouches) du milieu peuvent aussi représenter, dans une lecture ascendante, les chants incantatoires du chamane, voir [Ja 3, 50-1]. La partie du haut du caractère (sans *wu*) est aussi phonétique.

[3] Voir [El 1, 172, 369], [Ro 1, 55-6] et [Ro 2, 244].

entre le monde des esprits et le monde des vivants, entre le ciel et la terre. L'eau et le feu forment un couple primordial en alchimie taoïste[4], tout comme le soleil et la lune qui leur correspondent dans les cieux[5]:

> Qu'ils annoncent donc dans leur constitution même la *coïncidentia oppositorum*, qu'ils figurent par leur cours la rencontre des formes complémentaires, le soleil et la lune sont inséparables l'un de l'autre: l'aspect double du Yin et du Yang s'affirme en tant que dynamique. Soleil et lune représentent ici le monde et ce qui le mesure, les quatre directions et ceux qui le conjoignent, ou le monde et son centre; mais ils le figurent *à eux deux*, en leur double marche: c'est un monde déterminé par la bipolarité en tant qu'elle présuppose et écartèle une Unité primordiale [...]

D'autre part Yu le Grand, un souverain modèle pour les taoïstes, fait figure de chamane[6]:

> C'est en marchant que Yu le Grand mesura et aménagea l'univers. C'est un pas qu'il a légué aux taoïstes. Il boitillait, traînait une jambe, en un mouvement sautillant qui évoque, nous dit Granet, le dandinement des médiums en transe.
>
> [...] « Marcher sur le réseau [...] est issu des "trois pas, neuf traces", c'est ce qui s'appelle le Pas de Yu. [...] Cette méthode (consiste à) d'abord lever le (pied gauche). Une enjambée, un pas, (un pied) en avant, un en arrière, un Yin, un Yang, pareils le premier et le dernier pas. Lever la jambe horizontalement en formant le caractère *ding* (en forme de T), de façon à reproduire l'union du Yin et du Yang ».
>
> « Marcher sur le réseau [...] c'est l'essence du vol dans les cieux, l'esprit de la marche sur la terre, la Vérité du mouvement de l'homme »; c'est donc la danse qui

[4] [Ro 2, 252, 290], [Ro 4] et [Wo, chap. 4 et 7].

[5] [Ro 2, 291].

[6] [Ro 2, 309-10]. J'ai mis des guillemets là où Robinet cite des auteurs chinois. Je rappelle que Yu le Grand est le fondateur légendaire de la dynastie des Xia, voir le début du chapitre un pour son lien avec le carré magique. Au sujet du Pas de Yu, du chamanisme chinois et des animaux, voir [El 1, 350-1, 357-9]; du Pas de Yu, du taoïsme, du carré magique, de la hiérogamie et de la dualité, voir [Sw, 48-53] et [Ro 1, 68, 145-6]. [Sr, 225]: « Les traces laissées par [le Pas de Yu] correspondent aux deux trigrammes *li* [le feu] et *kan* [l'eau], les puissances du Ciel et de la Terre. Voilà la danse de la transformation qui permet d'investir la montagne [...] ». Concernant le roi chamane en Égypte ancienne, voir [Ny 2].

conjoint Ciel, Terre et Homme, qui figure l'union du Yin et du Yang, du trois et du neuf, de l'eau et du feu.

Le réseau terrestre c'est le *Luo shu*, ou mieux encore un carré alchimique d'ordre 3 séparant le pair et l'impair (« un *yin*, un *yang* »), et encore mieux un tel carré commençant et se terminant au centre (« pareils le premier et le dernier pas »). Une trace du Pas de Yu se retrouve pour ainsi dire dans les formes anciennes[7] de 巫 :

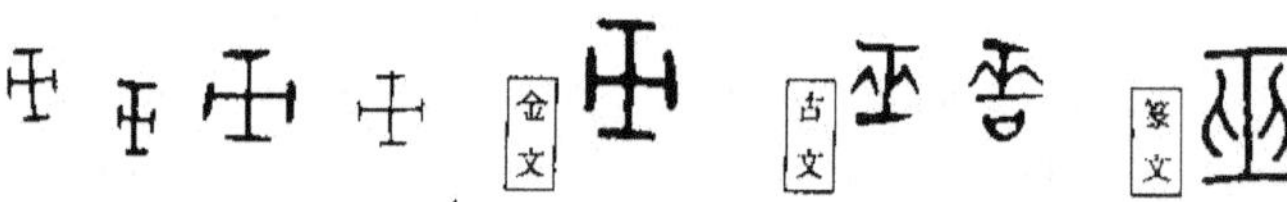

Avec leurs deux équerres en croix ou leurs quatre « T » unis au centre, les formes les plus anciennes de *wu* rejoignent la symbolique de 王 (*wang*, roi, voir les pages 48-9), d'autant plus que dans certaines de ces formes, que ne donnent pas Wang Hongyuan, les deux *ren* sont remplacés par deux « X », qui renvoient à la forme primitive de l'homophone *wu*, cinq. Deux cinq duaux totalisent le dix complet.

Le chamane est le roi des métamorphoses et le caractère 巫 le reflète curieusement dans ses transformations au cours des temps, de la croix primitive en passant par des formes rappelant irrésistiblement le vol d'un oiseau, pour aboutir, avant la forme actuelle, à la surprenante représentation de deux 人 se réfléchissant l'un l'autre. Qui sont alors ces deux personnes travaillant côte à côte? Ne s'agit-il pas plutôt du seul chamane vu dans les deux mondes, ou du chamane face à son guide, ni un ni deux comme dans un miroir?

La symbolique chamanique cachée derrière le miroir fut reprise semble-t-il par les taoïstes[8]:

---

[7] [Wa, 172]. David N. Keightley pense que ce caractère ne signifiait pas chamane à l'époque des Shang (sur les inscriptions divinatoires sur lesquelles se trouvent les plus anciennes formes connues des caractères), mais le pouvoir des quatre directions, voir [Ke 2, 72-3].

[8] [Ro 2, 249]. Voir aussi [Eb, 198, 200, 201], [Ct 2, 205-6], [Sk 1, 206-8], [Sk 2, 215-7], [Sr, 222-3] et [Ro 2, 243]: « Si tu sais, dit le maître, qu'elle ne diffère en rien de la vie et de la mort, alors je pourrai t'enseigner la magie. »

> Le miroir joue le même rôle que le regard intérieur, regard renversé: il se rabat sur soi-même, éclaire et réfléchit, c'est-à-dire renverse l'image. Par cette lumière qui opère à l'envers, l'adepte rend visible ce qui existe naturellement à l'état invisible en lui, c'est-à-dire les dieux; mais il peut également rendre invisible ce qui existe naturellement à l'état visible, sous une forme concrète, solide, « gelée », « nouée », et lui-même tout d'abord.

Le reflet se dédouble en passant par deux réalités plutôt qu'une. Mircea Eliade souligne d'autre part que le miroir de cuivre faisait partie de l'attirail rituel de certains chamanes de Sibérie: « En regardant dans le miroir, le chamane peut voir l'âme du défunt. »[9] De retour en Chine, un caractère signifiant « miroir » rejoint les mêmes thèmes:

鑑

Le radical de gauche donne la catégorie sémantique (métal, bronze) tandis que le caractère de droite donne le son (*jian*). Mais quand on examine les composantes de ce caractère, sa contribution au sens devient évidente. Il suffit pour s'en convaincre d'examiner ses formes anciennes[10]:

« Un homme se regardant dans un récipient rempli d'eau », dit Wang. Est-ce vraiment lui qu'il regarde ou est-ce son ancêtre qu'il cherche, logé quelque part dans le ciel reflété par les eaux? Les caractères du milieu, du début de l'époque des Zhou (autour de 1056–221 av. J.-C.), successeurs et conquérants des Shang, furent gravés sur des vases rituels de bronze. Le décor principal des vases rituels des Shang et du début des Zhou

[9] [El 1, 134].
[10] [Wa, 139].

était formé d'un masque animalier[11] et représenterait l'ancêtre ou l'esprit. N'est-ce pas ce qu'évoque la tête magnifique du personnage de la première forme? Une tête, celle d'un oiseau peut-être, faite du motif de l'œil dans le masque animalier, comme nous le verrons bientôt, et qui remplace l'œil des autres formes. Œil ou tête, humain ou animal, humain ou esprit: c'est l'art de la double lecture.

Figure 25: *Vase de la Tête.*

Comme le dit Sarah Allan: « Les *jian* étaient enterrés avec le défunt aussi bien qu'utilisés dans les rituels, alors ce qu'on voyait dans de tels miroirs était bien plus qu'une simple réflexion physique. »[12] Et quelle meilleure façon de le montrer qu'en remplaçant la tête qui voit par celle qui est vue? De ce point de vue le vase rituel[13] de la figure 25, datant de la dernière période de la dynastie des Shang, renverse le tableau présenté par la forme ancienne de *jian* du temps des Zhou. Dans ce vase exceptionnel, le

[11] Le fameux *taotie*, une appellation postérieure à ces époques. J'emploie le terme « masque animalier » sans présumer du sens qu'on pouvait attribuer à ce type de motif.

[12] [Al 2, 51]. Voir aussi [Lx, 40]. Toutes ces images rappellent irrésistiblement la légende française dont j'ai parlé au chapitre précédent (page 181).

[13] [Lx, 64]. Il s'agit d'un vase *ding*, d'un type servant pour la nourriture.

masque animalier devient tête humaine, ce qui est vu se transforme en celui qui voit. Le masque tombe.

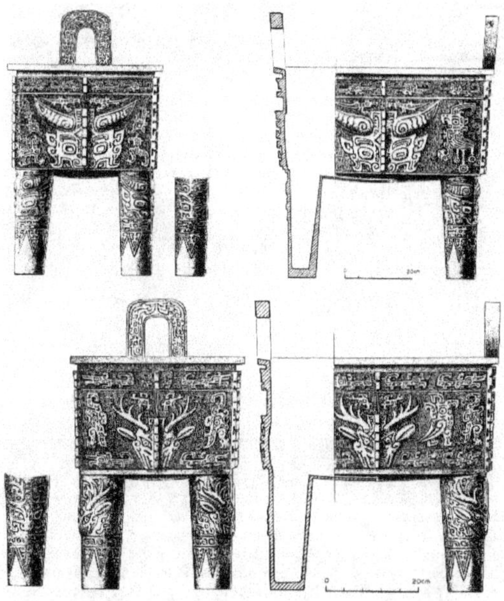

Figure 26: *Deux vases* ding.

On peut comparer le motif du vase de la Tête à ceux des deux *ding*[14] de la figure 26. Dans le deuxième motif, une tête humaine se reconnaît aisément derrière le masque de cervidé. Dans le premier motif, la personne derrière le masque disparaît en quelque sorte, et l'espèce animale ne se reconnaît plus que par ses cornes de bovidé. L'identification de l'espèce est le plus souvent impossible. Mon interprétation de certains de ces motifs, que je développe au chapitre suivant, fait du dragon (龙, *long*) un bon candidat, symboliquement parlant. La figure 27 contient d'autres exemples de motifs sur bronze.[15]

---

[14] [Al 1, 146]. Voir aussi [Yn, 18-19]. Les deux vases ont été découverts côte à côte dans le tombeau 1004 à Anyang, voir la figure 1 du chapitre un et [Lc, 88-9].

[15] [Ck 1, 58] pour le premier motif, [Al 1, 141-4] pour les autres. À propos du masque de dragon, voir [Ck 1, 59].

1

2

3

4

5

6

7

Figure 27: *Masques animaliers de l'époque des Shang.*

Figure 28a: *Vase du Masque.*

Figure 28b: *Détail.*

Aucun de ces motifs animaliers n'inclut la mâchoire inférieure, ce qui peut laisser croire qu'ils représentent bien des masques. Le motif du splendide vase[16] de la figure 28 semble assez convaincant de ce point ce vue (voir la figure 28b). Les lettrés de la dynastie des Song qui se sont occupés de ces motifs reliaient plutôt l'absence de la mâchoire inférieure à la gueule ouverte du *taotie*, le nom qu'ils ont donné aux masques animaliers et qui signifie « glouton ».[17] Cette interprétation s'accorde parfaitement au

[16] [Bg, 141].
[17] [Al 1, 148].

sens moral (confucéen) qu'ils prêtaient aux décors des vases de bronze de la dynastie des Shang. Plus de deux millénaires séparent les Shang des Song et un autre nous sépare de ces derniers. Comme le dit Yang Xiaoneng au début de son ouvrage[18] sur les décors et les inscriptions sur bronze, l'étude de ceux-ci a commencé avec les Song et aucune conclusion certaine n'a été avancée depuis sur le sens de la plupart des motifs – ou sur l'absence d'un sens autre que décoratif.

Figure 29: *Vase du Tigre.*

[18] [Yn, 2]. Voir aussi son chapitre 2. Concernant l'interprétation du masque animalier des Shang, voir [Pa 1, 34-6] et [Pa 2, 214].

Figure 30a: *Hache de bronze, tombeau de Fu Hao.*

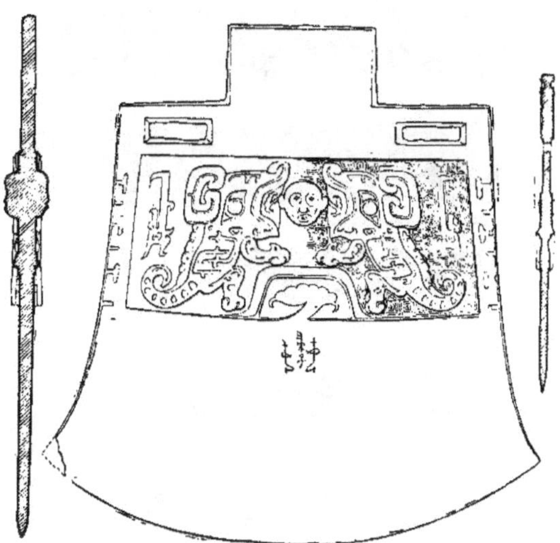

Figure 30b: *Motif de la hache de Fu Hao.*

Figure 31: *Tigres et Masque.*

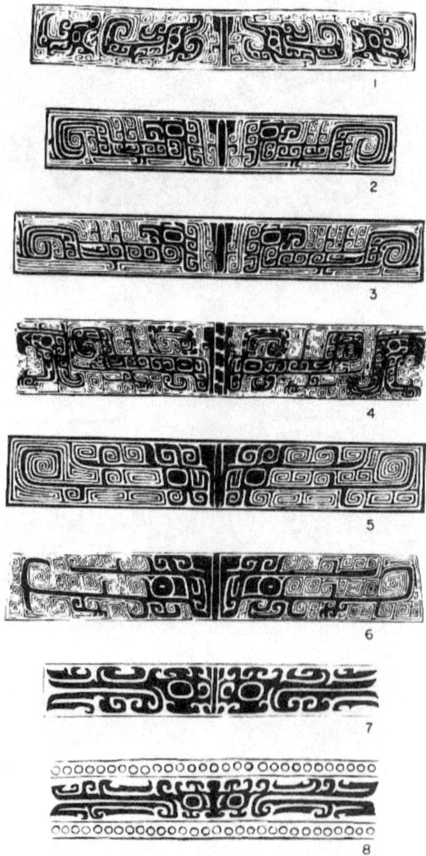

Figure 32: *Motifs secondaires sur des vases de la dynastie Shang.*

Sarah Allan, quant à elle, associe l'absence de la mâchoire inférieure et les motifs du vase du Masque, du vase de Tigre (figure 29)[19] et de la hache de Fu Hao (figure 30)[20] au thème du sacrifice humain et du passage vers la mort, une interprétation qu'elle oppose à celle de K. C. Chang, qui voit plutôt dans les personnages des vases du Masque et du Tigre des figures chamaniques.[21]

Si la hache du sacrifice confirme apparemment l'interprétation de Sarah Allan, le vase du Tigre, par contre, se rapproche plus de l'image d'un chamane dans les bras de son guide animal que de celle d'un engloutissement.[22] De toute façon, les deux interprétations ne s'excluent pas l'une l'autre puisque le passage par la mort permet précisément au chamane de voyager en transe dans l'autre monde.[23] L'immense richesse rituelle des Shang tourne autour de la communication avec les esprits, avec les ancêtres. Elle a bien pu rejoindre la spécialité du chamane, ils ont bien pu l'accaparer, comme le pense Chang,[24] et en faire une pièce centrale du pouvoir qu'ils ont construit.

Chang rappelle la croyance méso-américaine en l'existence d'un *alter ego* sous forme animale, dont la figure 22 du chapitre précédent peut donner un exemple. L'*alter ego*, c'est aussi l'image dans le miroir ou la forme symétrique de *wu*. Chang fait d'autre part un lien entre la gueule ouverte de la bête, son haleine et le vent, « un autre instrument essentiel de la communication enre le ciel et la terre ». Le vent renvoie au motif secondaire de la spirale,[25] omniprésent sur les vases rituels des Shang, en même temps qu'à l'oiseau.[26] L'oiseau et le vent conduisent le chamane au ciel et le ramènent sur terre,[27] un thème reprit par Qu Yuan (340?–278 av. J.-C.) dans son fameux poème *Li*

[19] [Cj, 15]. Je donne la provenance de ce vase à la note 18 du chapitre suivant.

[20] [Al 3, 164] et [Al 1, 152]. Académie chinoise des sciences sociales, Institut d'archéologie.

[21] [Al 1, 149-57]. Au sujet du masque, voir aussi [Pa 1, 23].

[22] [Ck 1, 72-5]. Voir aussi [Pa 1, 25].

[23] Voir les nombreuses descriptions d'initiations dans [El 1]. Eliade présente en [El 1, 355] un exemple chinois d'initiation chamanique dans laquelle l'épreuve consiste à monter et à descendre pieds nus une échelle de sabres. On peut y voir une allusion à un passage par la mort.

[24] [Ck 1, 63-5] et [Ck 2, 129-33].

[25] Voir *lei* (le tonnerre, en forme de spirale) à la page 54 et les figures 27, 28, 31 et 32 pour des exemples.

[26] Vent et phénix sont homophones en chinois (*feng*), mais pas nécessairement dans la langue des Shang! Les formes les plus anciennes (Shang) de *feng* (phénix, voir [Se, *feng*]) portent la même coiffe que celle de *long* (dragon, voir la page 57), ce qui peut laisser croire que le lien entre les deux (voir *mu*, arbre, à la page 53) remonte à la dynastie des Shang. Concernant le vent et le phoenix, voir aussi [Ke 2, 5] et [Pa 2, 221].

[27] [FW, 95]: « À l'époque des Han, le chamanisme et ses pratiques furent absorbés par le taoïsme, et l'image d'un personnage emplumé devint la forme visuelle habituelle d'un Immortel. »

Sao: « Deux dragons de jade attelés à mon char en forme de phénix / J'attends que le vent vienne pour monter jusqu'au ciel. »[28]

Le vase du Tigre, comme tous les objets rituels des Shang dont le décor contient une figure humaine, demeure une exception à partir de laquelle on ne peut rien dire sur le motif général du masque animalier.[29] Un tel motif apparaît au dos du vase du Tigre. Il possède une propriété universelle de tels décors, y compris ceux du vase du Masque et de la hache de Fu Hao: la symétrie bilatérale. Celle-ci donne le premier accès aux traces de la présence des thèmes symboliques du carré alchimique à l'époque des Shang, comme les règles du *lüshi* l'ont fait au chapitre précédent pour la poésie des Tang.

Selon Chang, « [...] le dualisme artistique qu'on retrouve sur les bronzes des Shang est seulement une composante, une partie intégrante, du dualisme partout présent dans les institutions et la pensée des Shang. »[30] Je ne veux souligner pour l'instant que la belle ambiguïté entre le un et le deux qui émane du motif du vase du Masque (voir aussi la figure 31),[31] qui dans ce cas en cache une autre entre l'humain et l'animal. Chang donne une séquence « logique » de motifs dans laquelle le deux se transforme continuement en un (voir la figure 32).[32] J'ajoute une variante[33] de ce thème dans la figure 33. Deux oiseaux sont perchés chacun sur deux dragons de profil, qui ensemble forment un masque animalier. La symétrie bilatérale est maintenue sur le motif de la frise du bas en même temps que l'ambivalence de sa lecture, tandis que chaque composante à droite et à gauche possède une symétrie centrale supportée par un dragon à l'endroit et un autre à l'envers. Ces symétries sont aussi essentielles aux motifs sur bronze que celles qu'on retrouve dans des formes anciennes de caractères tels que 化 (*hua*) ou 木 (*mu*).

La séquence des motifs de la figure 32 montre que le décor du vase du masque (conjonction) et celui de la hache de Fu Hao (disjonction) sont plus près l'un de l'autre qu'il n'y paraît à prime abord. Je soupçonne, par ailleurs, l'existence d'un lien entre l'image de la tête ronde et l'expérience du chamane et de ses visions. Sans invoquer

[28] [Ci 2, 48]. Voir aussi [Pa 1, 30] à propos des Shang, du dragon (*long*) et du chamanisme du sud (Chu).
[29] [Yn, 43].
[30] [Ck 1, 76].
[31] [Lx, 90]. Sur un *ding* de l'époque des Shang.
[32] [Ck 1, 77]. Les deux derniers motifs basculent dans l'abstraction, à tel point que le haut et le bas deviennent eux-mêmes presque symétriques, en tout cas parfaitement interchangeables.
[33] [Yn, 106-8], avec la discussion du vase correspondant.

l'âme ronde de la tradition occidentale, je renvoie le lecteur aux formes les plus anciennes de *jian* données en début de chapitre,[34] celles justement des Shang. Le tableau est saisissant. La personne ne regarde pas dans le bassin avec ses yeux, dépeints plus bas (ou un seul de profil), mais avec un élément rond attaché à son corps, identique à celui qu'il voit dans le bassin et qui forme avec le premier une symétrie interne du caractère.

Figure 33: *Dragons et oiseaux I.*

Allan fait de la hache de Fu Hao un instrument des rites funéraires des Shang, eux qui peuplèrent leurs tombeaux de victimes humaines,[35] mais la hache est avant tout une arme de combat. Fu Hao, femme de roi, eut des armées sous ses ordres et combattit aux frontières. La menace des peuplades du nord est plus vieille en Chine que l'emprise de l'homme sur la femme. *Fu*, 妇, signifie « épouse, femme mariée ». Le radical de gauche est *nü* (femme) et celui de droite représente une main. Pour comprendre cette

[34] En chinois *jian* est un homophone de « voir ». Ces formes rappellent aussi la légende sur la mort de Li Bo, voir les pages 181-2. Concernant le thème de la tête, voir aussi [Pa 1, 36]. [Ms, 182]: « Les Selk'nam de la Terre de Feu décrivent le pouvoir de vision du chamane comme un œil qui se prolonge au delà de son corps. »

[35] [YX, 11] et [Lc, 256-7] montrent les crânes humains des sacrifices. Voir [Th, 136-7] et [Al 3, 161] au sujet du tombeau de Fu Hao à Anyang, la dernière capitale des Shang. Le seul tombeau d'un personnage important de la classe dirigeante à avoir été découvert intact, il contenait seize victimes – un tombeau de taille moyenne.

association, il faut passer à la forme classique du caractère: 婦. *Zhou*, 帚, c'est la main qui tient un balai. Les lettrés de la dynastie des Han ont tôt fait de donner l'étymologie du caractère: la femme mariée doit demeurer à la maison et nettoyer. La forme ancienne[36] suivante de 婦, d'une si belle calligraphie, nous présente une tout autre image. Comment la confondre avec celle d'une femme qui balaie?

Javary dit[37] de cette forme de *nü* (à droite) qu'elle montre un geste souverain signifiant « je ne travaille pas ».

> Surprenante, mais irréfutable graphiquement, cette représentation archaïque de la femme en puissance et en majesté ne peut être comprise que dans la perspective du matriarcat primitif largement répandu en Eurasie dans les temps anciens.

Ce matriarcat n'était pas encore tout à fait disparu à l'époque des Shang, comme en fait foi Dame Hao la guerrière.

Le balai est toujours à l'envers dans les formes anciennes de *fu*. Les trois longs brins en haut ont été remplacés avec le temps par une main, ce qui a forcé un redressement du balai et conduit à la forme classique du caractère. Que faire de ce balai inversé? Dans cette Chine fascinante où les coutumes, bonnes ou mauvaises, perdurent, la peintre française Fabienne Verdier a pu vivre encore, même après la Révolution cul-

---

[36] [Se, *fu*]. Inscription sur bronze. La transformation de cette forme à la forme classique s'opère à l'époque des Qin (écriture sigillaire), prédécesseurs des Han.
[37] [Ja 3, 87].

turelle, l'expérience qu'elle décrit dans son livre sur son apprentissage en Chine de la calligraphie et de la peinture[38]:

> Cette fête [la fête des Morts] est appelée « le balayage des tombes »: on rend hommage aux ancêtres et c'est l'occasion d'un pique-nique. La première année, des amis [...] ont proposé de m'emmener. [...] On passa la journée à nettoyer la tombe, à dépoussiérer, à balayer, à faire des offrandes, à brûler des papiers de fausse monnaie et de l'encens, à se prendre en photo. On pique-niqua gaiement en présence de l'esprit de l'ancêtre.

Le balai sert à délimiter une aire consacrée pour accueillir l'esprit. Inversé, il devient le bâton cérémoniel de la chamane – une image en petit de l'arbre du monde – et indique le changement de plan, le changement de monde qu'un rite effectif doit apporter. La dualité des positions du balai se prolonge à une auto-dualité de tout le rite. La fonction cachée du balayage est de transférer son énergie de l'autre côté pour que l'esprit s'en accapare et se mette en mouvement. Ensuite, assise, la femme attend que l'esprit descende ou que l'âme s'envole et revienne. L'attente se transforme en pique-nique pour ceux qui ont bien travaillé.

Une autre forme ancienne de 婦 coiffe la femme d'un oiseau – l'oiseau de l'envol de la chamane[39] (voir l'illustration précédente). L'oiseau tient dans son bec deux fils

---

[38] [Ve, 136]. Voir aussi [Le 2, 175], [Rt, 189] concernant le thème du « nettoyage de la place du numineux » et ses liens avec le chamanisme, et [Cs, 180] au sujet du balayage avant la divination. Javary ne voit pas de balai dans *fu* mais « une sorte de bâton de pouvoir orné de plumes », voir [Ja 1, 390-1].

entremêlés, si l'on se fie du moins aux formes anciennes de *mi*, 糸, le radical de la soie[40] – une belle image symétrique de la conjonction des deux mondes. L'inversion du balai associe 帚 (*zhou*) à la symbolique de 木 (*mu*), de 不 (*bu*) et de 生 (*sheng*), dont j'ai parlé aux chapitres deux et cinq. Je signale en passant que 帝 (*di*), le nom de l'esprit suprême des Shang dont les étymologistes ne peuvent percer le mystère, appartient visuellement à la même famille:

Du balai à son renversement, de la poussière à Di, du plus petit au plus grand: le rapport entre l'homme et son dieu, à l'époque des Shang, passait-il encore par le culte de la femme?

好 (*hao*, bon), formé du radical de la femme et de celui de l'enfant (子, *zi*), fut aussi étymologiquement assailli: « Ce qui est bon, c'est une femme qui donne un fils à son mari », selon la lecture convenue depuis les Han. Je présente une forme ancienne[41] pour *hao* et pour *zi* ci-dessus. On explique la forme de *zi* en disant que l'enfant est dans ses langes. Je préfère associer ces formes au vol, en accord avec mon interprétation de *fu*. *Zi*, avec sa tête proéminente et son corps qui flotte, n'est-ce pas l'âme de la chamane

[39] [Se, *fu*]. Inscription sur bronze. Cette forme pourrait être une inscription plutôt que l'unique caractère *fu*. Concernant l'âme-oiseau, voir [El 1, 373-4].

[40] [Se, *mi*]. Ou est-ce une indication de temps? Voir [Ja 1, 95].

[41] [Se, *hao*, *zi*]. La forme de *hao* est une inscription sur les os divinatoires, celle de *zi*, une inscription sur les vases de bronze. Les formes de *zi* sur les os divinatoires n'ont pas d'élément humain et ressemblent plutôt à un vase.

qui se détache et part pour l'autre monde?[42] Wieger en a eu l'intuition: « [...] le fils [*zi*] [...] apparaît dans une forme éthérée qui représente son être ravi et transporté mentalement en présence de ses ancêtres [...] ».[43] Il faut une bonne dose de licence poétique pour accepter ces interprétations, mais elles ont l'avantage de suivre visuellement les formes anciennes des caractères, ce que ne font pas leurs étymologies traditionnelles.

La hache de Fu Hao, comme de nombreux objets de bronze découverts dans son tombeau, porte son nom (voir la figure 30b). Les deux caractères *fu* et *hao* se fusionnent et forment un tableau. *Zhou* et *zi* s'alignent sur un axe central, de chaque côté duquel les deux *nü* se font face comme dans *wu* ou comme dans un décor sur bronze.[44] Les deux *nü* correspondent aux deux tigres du motif de la hache et *zi* (ou *zi* et *zhou*) à la tête. Le nom et le motif partagent-ils le même message? Les deux *nü* sur la hache de Fu Hao n'ont pas la même taille. Cette brisure de symétrie,[45] en créant un doute sur l'identité des deux formes, contribue autant que la symétrie à faire basculer l'inscription de l'écriture de caractères à la peinture de personnages. Fu Hao et son roi Wu Ding (武 丁, règne approximatif 1250–1192 av. J.-C.)[46] se font-ils face, absorbés dans un rite aux ancêtres? La composition des caractères et le parallèle avec le motif de la hache suggèrent une double lecture pour 妇 好, en tant que nom propre et en tant qu'image. Je lirais cette image, comme le motif, dans le sens du culte des ancêtres et des rapports entre le monde des vivants et le monde des morts. La double lecture devient directe dans l'inscription ci-dessous donnée par Wang,[47] puisqu'elle emprunte le motif de la tête unique sur un corps double, typique des décors sur bronze (voir le vase du Masque, et *nü* pour la pose du personnage).

---

[42] Voir *jian* plus haut. La forme de *zi* rappelle aussi celle de Fu Xi et de Nü Wa, voir la figure 6 du chapitre deux (page 46).

[43] [Wg, 363]. La première édition du livre de Wieger parut en 1915.

[44] Sur une autre inscription du nom de Fu Hao, le *zhou* (balai) se perche sur le losange frontal d'un *taotie* qui plane au-dessus des personnages, voir [Ck 3, 169, inscription 59].

[45] Elle peut ne pas être significative, puisque d'autres inscriptions semblables montrent deux silhouettes parfaitement en miroir, voir par exemple [Fo, 186]. Mais en [Yn, 137] les figures sont asymétriques, de même qu'en [Ck 3, 160-1, 164-71], dont certaines possèdent un front angulaire. On y trouve aussi un exemple de l'inscription Fu Zi au lieu de Fu Hao (voir [Yn, 155]), ce que j'explique par l'utilisation du même *nü* à la fois dans *fu* et dans *hao* – un autre jeu autour du un et du deux.

[46] Le tombeau 1001 à Anyang (voir la figure 1 à la page 11) est parfois attribué à ce roi, voir [Th, 137].

[47] [Wa, 9] à propos de *jie*, un caractère archaïque. Ainsi l'inscription serait construite sur deux *jie* fusionnés par le haut.

Figure 34: *Zhao Mengfu*, Un vieil arbre, un bambou, un rocher, *détail*.

Dans un temps lointain où les hordes du nord occuperont finalement toute la Chine et établieront la dynastie des Yuan (1271–1368), Zhao Mengfu (1254–1322) déclarera l'identité de la peinture et de la calligraphie.[48] Le tableau de Zhao Mengfu (figure 34) vit en deux dimensions comme la calligraphie – et le décor sur bronze.[49] Au lieu d'une fleur au bout de certaines branches, le crochet calligraphique éclate (voir la figure 35, par exemple le caractère 風, *feng*, vent – forme simplifiée 风). Une inscription sur bronze et un tableau calligraphique: le témoignage de la constance et des métamorphoses de l'esprit chinois.

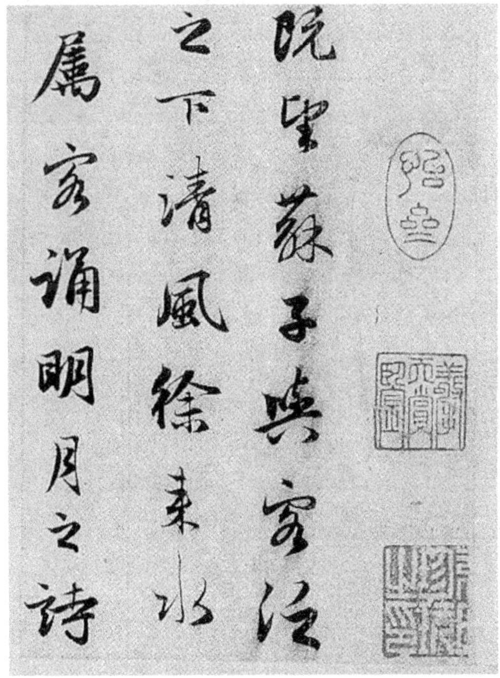

Figure 35: *Zhao Mengfu,* Deux odes sur la Falaise Rouge, *extrait.*

[48] [FW, 278-81] pour une citation de Zhao à cet effet, pour le tableau (figure 34) et pour la calligraphie (figure 35), les deux appartenant au Musée du Palais national à Taipei. Shitao fait preuve de plus de nuance que Zhao Mengfu, mais dit finalement la même chose, en ramenant la calligraphie et la peinture à leur ancêtre commun ([Si, 86]): « La calligraphie et la peinture sont formellement distinctes [...] L'unique trait de pinceau existe avant toute chose; la calligraphie et la peinture sont ses applications subséquentes. Qui comprend ces applications sans reconnaître le rôle fondamental de l'unique trait de pinceau ressemble au descendant qui oublie sa lignée. »

[49] Concernant l'existence en deux dimensions, voir [Hi, 51-3] et [Ze, 183-93].

Le caractère *tu* désigne à la fois le diagramme et le tableau (voir le chapitre deux: le *Tai ji tu*, le *He tu*). Ses formes classique et simplifiée, la première tout en angles et la deuxième tout en courbes, semblent construites pour représenter l'un et l'autre, peu importe le sens des caractères intérieurs:

Des objets bidimensionnels s'agencent en paliers, du caractère au tableau et au diagramme mathématique, à la réalité abstraite se cachant derrière.

Tout comme le masque jouant sur le un et le deux, l'inscription sur bronze de la page 210 est ambivalente. L'image globale qu'elle projette n'évoque-t-elle pas une tête grotesque nous souriant à travers les âges – ou riant de nos efforts pour l'interpréter? L'image inverse (ci-dessous) se rapproche encore plus d'un masque animalier cornu, ou de deux grues face à face et regardant vers le ciel. L'inscription représenterait à la fois le rituel adressé à l'ancêtre et l'ancêtre lui-même sous forme humaine (réflexion), animale ou emblématique (inversion). La grue par ailleurs fut en Chine un symbole de longévité associé, sans doute bien après l'époque de l'inscription, au 仙 (*xian*, transcendant).[50] L'inscription raconte une transformation (化, *hua*).

Wieger, à une autre époque, voyait lui aussi les inscriptions anciennes comme des tableaux. Il commente ainsi les deux inscriptions ci-dessous: « Dans de très rares mais combien précieuses figures, l'Ancêtre décédé *plonge* tête première des cieux vers la main de son fils présentant l'offrande. »[51] Pour Wieger, les deux caractères du bas de

---

[50] [Wm. 118-9].
[51] [Wg, 370]. L'italique est de Wieger.

l'inscription de gauche représentent l'offrande de la viande (la main avec un trait ajouté pour dénoter le fumet) et du vin (qui coule au sol).[52] La clôture au milieu sépare l'espace profane et l'espace consacré ou le sanctuaire, en haut le domaine du père et celui du fils en bas, comme l'unique trait de pinceau sépare le ciel et la terre.[53]

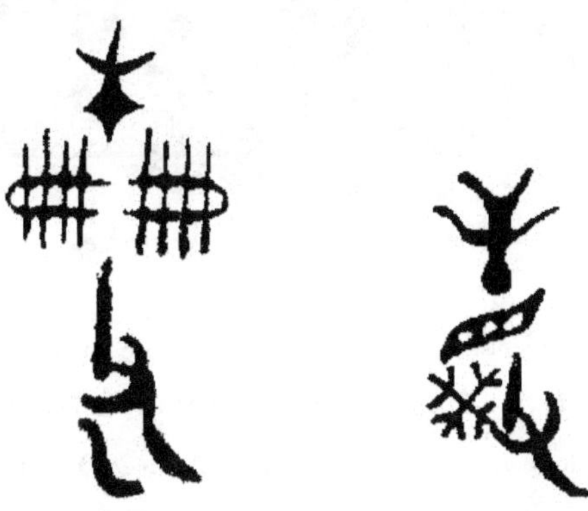

La lecture moderne inverse celle de Wieger: le nom du fils en haut, en bas le nom du père – 父 乙 (*fu yi*, le père Yi) dans l'exemple de gauche – et au milieu l'offrande, 册 (*ce*), l'image de lamelles de bambou reliées entre elles pour former un livre de prières, selon Yang.[54] Ce dernier lit les caractères tandis que Wieger interprète les images, et peu importe si Wieger se trompe dans son interprétation, son idée demeure valable car il faut une double lecture. Yang traduit un seul *ce* alors que l'inscription en comporte deux en relation de symétrie bilatérale. Ne sont-ce que des mots? L'offrande d'un livre vaut-elle la peine d'être inscrite sur bronze? Le caractère du milieu de l'inscription de droite possède quant à lui une symétrie centrale. Les offrandes (selon la lecture de Yang) schématisent, à travers leur symétrie, la relation entre les deux mondes. En ce sens on pourrait lire les deux tableaux, à la manière de Wieger, non pas comme une action (la plongée ou la descente), mais comme un changement d'état s'opérant d'un monde à l'autre, soit du point de vue du père (Yang), soit du point de vue de l'enfant (Wieger).

---

[52] [Wg, 361-2].
[53] À comparer au carré alchimique étagé de la page 49.
[54] [Yn, 153-4].

Figure 36: *Inscription sur bronze.*

Le nom Fu Yi revient sur l'inscription[55] de la figure 36, avec à gauche le caractère 羊 (*yang*, bélier), les cornes à peine visibles,[56] au-dessus d'un caractère inconnu qui ressemble à *jie* (non doublé, voir la note 47 à la page 209). L'inscription pourrait se traduire par « Jie offre un bélier au père Yi ». Ou alors par « Yang Jie (rencontre) le père Yi ». Le statut des chevaux, si réalistement représentés, est ambigu. Faut-il les lire comme des (ou un) caractères (*ma*, cheval), un nom de clan (*Ma*), une image ou un symbole? Leur symétrie bilatérale pose selon moi le lieu symbolique de la rencontre entre deux mondes, une rencontre à laquelle servaient ces objets de bronze, et toute lecture de l'inscription, simple, double ou triple, devrait inclure un mot de cela.

La symétrie bilatérale joue un rôle, à chaque fois différent, dans la composition des quatre inscriptions sur bronze dont je viens de parler. À travers elle peuvent se retrouver tous les thèmes symboliques associés au carré alchimique. Le système rituel des Shang tourne autour du monde des ancêtres et ces thèmes symboliques apparaissent naturellement dans un tel contexte. Évidemment, il est impossible de savoir si la symétrie bilatérale fut jamais utilisée délibérément, au delà d'une influence inconsciente, dans le but de schématiser les rapports, perçus ou imaginés, entre le monde des vivants et le monde des morts, ou de quelle manière une telle utilisation s'insère dans une tradition qui doit remonter au moins au néolithique. Comment juger de l'intention de ceux qui la suivent – de ceux qui gravent telle inscription ou tel décor, de ceux qui

---

[55] [Mr, 35-6]. Oliver Moore traduit: « Le père Yi (de la famille) Yang? ».
[56] Voir [Wa, 53].

les lisent, de ceux qui commandent la fabrication d'un objet de bronze et de ceux qui s'en servent? La question se pose en particulier à propos des Zhou, qui ont hérité de l'art du bronze des Shang tout entier avant de le transformer.

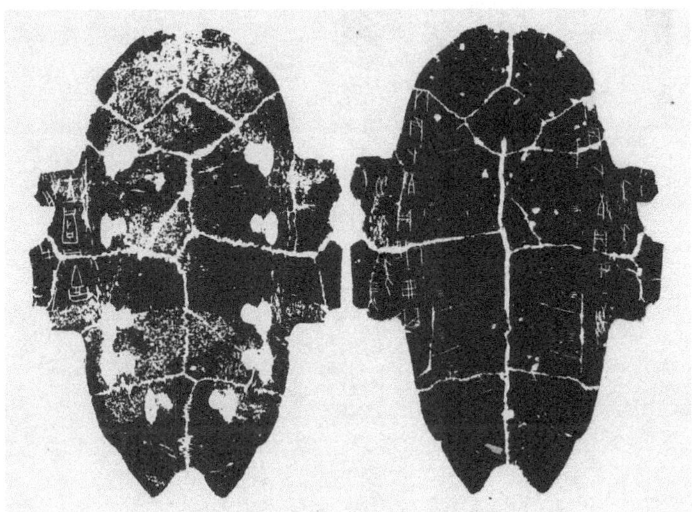

Figure 37: *Plastron divinatoire I.*

Mais il semble bien qu'on puisse, en un point précis de cette longue tradition, associer un nom à une volonté claire de mettre à contribution la symétrie bilatérale. Quelqu'un dans l'entourage de Wu Ding, peut-être le roi lui-même, provoqua une sorte de révolution dans la technique divinatoire. Avant que le *Yi jing* des Zhou ne prenne à peu près toute la place, la divination en Chine se faisait sur des os de bovidé (omoplates) et aussi, à partir du début de la dynastie des Shang, sur des carapaces de tortue (plastrons).[57] Le plastron était soigneusement poli et son intérieur creusé de cavités, auxquelles on appliquait plus tard une source de chaleur intense jusqu'à ce qu'une fissure émerge de l'autre côté. Si le *Yi jing* est une écriture à deux caractères – le trait

[57] [Ke 3, 386-7]. Au sujet de la divination à l'époque des Shang, voir [Ke 2], [Al 1, ch. V] et [Ja 1, ch. 4]. Je ne m'occuperai à partir d'ici que de la divination à l'aide de plastrons de tortue. Concernant le règne de Wu Ding, voir l'article de Chang dans [Ke 3].

plein et le trait brisé – la divination sur plastron de tortue en est une à un seul caractère – la fissure.

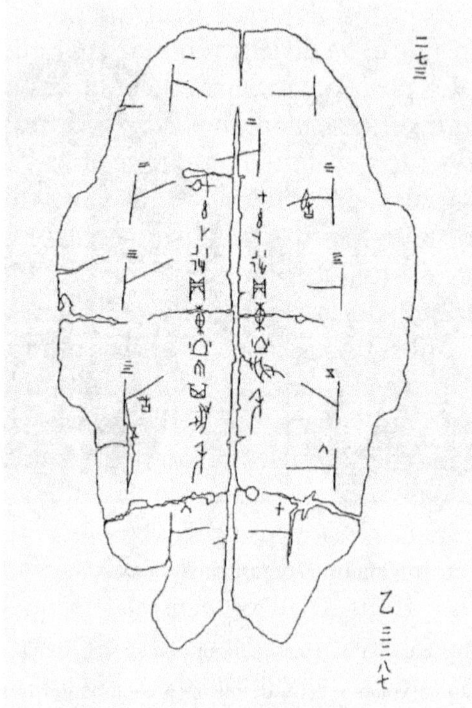

Figure 38: *Plastron divinatoire II.*

Nous ne savons pas comment les devins ou les rois des Shang lisaient cette écriture des esprits. Ils devaient considérer sans doute la forme des fissures, et peut-être d'autres paramètres invisibles aujourd'hui, comme le son produit par le craquement du plastron ou la longueur du temps écoulé avant qu'il ne se produise.[58] Il faut ajouter à ces paramètres, à partir du règne de Wu Ding, la symétrie des fissures ou sa brisure. À cette époque, en effet, les cavités à l'intérieur du plastron furent creusées de telle sorte que

[58] Voir le récit de Javary dans la 4e référence de la note précédente et 卜 (*bu*) plus loin.

deux fissures disposées symétriquement de chaque côté de l'axe vertical du plastron se reflètent l'une l'autre. On le voit sur le plastron[59] de la figure 37, montrant à gauche l'intérieur du plastron avec ses cavités, chacune formée de deux enfoncements perpendiculaires et orientés vers l'axe central. Il y a cinq fissures à gauche et cinq à droite, numérotées de 1 à 5 de chaque côté de l'axe. Ce 5 + 5 = 10, apparemment fréquent dans la divination sur plastron de tortue de l'époque, doit provenir de l'importance du dix pour les Shang, dont le mythe des dix soleils fondait la semaine liturgique.

Figure 39: *Plastron divinatoire III.*

[59] [Ke 3, 368].

Figure 40: *Plastron divinatoire IV.*

Les fissures et leur numérotation apparaissent plus clairement sur le plastron[60] de la figure 38, quoique dans ce cas la symétrie des deux demi-séquences disparaît. La cinquième fissure de gauche manque – on voit le nombre 5 en bas, noté « X » – et peut-être cet accroc au déroulement de la divination a-t-il entraîné l'ajout d'une fissure en haut à droite, près de l'axe (la deuxième). Quoi qu'il en soit, la série comporte douze ou treize fissures, et non dix. À part la présence inaltérable de la symétrie des fissures, rien de

[60] [Ja 1, 93]. Pour des exemples similaires, voir [Al 3, 134] et [Yx, 53, 61].

certain ne peut être dit sur cette forme de divination. Voyez le plastron de la figure 39.[61] L'inscription principale se trouve au-dessus de l'axe horizontal médian, tandis que la numérotation des fissures (invisibles sur la figure) est inscrite sous cet axe, de 1 à 6 de chaque côté et sur deux colonnes, comme si on avait voulu mettre à contribution, d'une manière ou d'une autre, la croix particulièrement bien dessinée sur ce plastron.

Tous ces plastrons divinatoires portent des inscriptions – la source connue la plus ancienne de l'écriture chinoise. Et là encore il semble que le règne de Wu Ding ait innové dans le même sens que l'utilisation de la symétrie bilatérale du plastron. On peut le présumer du moins quand on considère le fait que la majorité des inscriptions divinatoires de cette époque consistent en deux propositions complémentaires[62] – *complementary charges*, comme les nomme David N. Keightley – l'une qui affirme et l'autre qui nie. L'inscription principale du plastron III se lit ainsi à droite[63] (de haut en bas et de gauche à droite, colonne par colonne) *bing zi bu / wei zhen / wo shou / nian*, qui se traduit par « fissures produites (au jour) *bing zi*, Wei a procédé à la divination: nous recevrons une récolte »; et à gauche (de droite à gauche), *bing zi bu / wei zhen / wo bu / qi shou / nian*, traduit par « fissures produites (au jour) *bing zi*, Wei a procédé à la divination: nous ne recevrons peut-être pas de récolte ».[64] Le génie de la langue chinoise transparaît encore une fois dans le caractère 卜 (*bu*, produire les fissures, deviner), qui imite la forme même des fissures. De plus, 卜 se prononce « pou », ou encore mieux « pok » dans certaines régions (Canton, Taiwan),[65] ce qui ressemble fort au bruit provoqué par le plastron qui se fend. Par hasard, les plastrons I et II portent aussi sur le sujet d'une récolte, seuls changent le jour et le nom du devin.

La disposition des deux propositions complémentaires respecte la symétrie du plastron, mais surtout certains caractères se reflètent l'un l'autre de chaque côté de l'axe. C'est le cas des deux premières colonnes de l'inscription du plastron III, quand on

---

[61] [Mr, 23].
[62] [Ke 3, 373-4]. Un plastron portait souvent d'autres types d'informations, mais il suffira pour mon propos, à partir de maintenant, de ne considérer que les propositions complémentaires.
[63] [Mr, 24, 26].
[64] Selon Keithley, *qi* sert à atténuer celle des deux alternatives qu'on voulait éviter, voir [Ke 2, 4, n. 13] et [Ke 3, 372]. Notez la négation 不 (*bu*) dans la troisième colonne de gauche, en forme de racines (voir la page 159).
[65] [Se, *bu*].

considère que trois caractères possèdent déjà une symétrie bilatérale. Mais assurément *bu et wei* (le nom du devin) se renversent. Moore conclut qu'un « [...] critère exact dans l'orientation de la composition d'un caractère n'était évidemment pas encore une priorité [...] ».[66] Je ne considère pas ces renversements tout à fait aléatoires, même s'il est difficile de comprendre quelle méthode présidait au choix de ceux-ci. Pourquoi *bu* se renverse-t-il sur le plastron II tandis que le nom du devin, immédiatement sous lui, demeure dans le même sens, comme tous les autres caractères non symétriques? Et pourquoi, au contraire, seul le nom du devin[67] (Que) se renverse-t-il sur le plastron I? Le plastron IV (voir la figure 40)[68] représente un cas extrême. Tous les caractères formant les deux propositions complémentaires en haut du plastron se renversent. Plus bas, près des coins intérieurs du plastron, le nom du devin (Que, le même que sur le plastron I) se renverse aussi, mais les formes réfléchies changent de côté.

La réflexion du nom sur un plastron divinatoire peut être particulièrement significative, compte tenu du pouvoir attribué anciennement au nom propre et à l'héritage chamanique des devins et des rois des Shang. Le fait que le nom ne soit pas réfléchi sur le plastron II a-t-il quelque chose à voir avec l'irrégularité de la série des fissures? La réflexion du nom suggère que le pouvoir du chamane de voyager entre les mondes fut récupéré – et certainement transformé – par le devin. Une des formes interrogatives en chinois consiste à répéter la négation du verbe après celui-ci. Par exemple, *wo shou bu shou nian* (voir le plastron II) signifie « Recevrons-nous une récolte? » On peut aussi nier plus que le verbe[69]: *wo shou nian bu shou nian*, ce qui nous amène bien près de l'inscription divinatoire aux propositions complémentaires. Mais ce qui colore l'inscription et fait douter qu'il s'agisse d'une simple question posée par le devin, c'est son aspect double, c'est la répétition du jour, du nom et de l'action, comme si le devin posait en même temps un geste et son contraire. Il peut le faire s'il a un pied de chaque

---

66 [Mr, 26].

67 À noter que sur ce plastron *nian* (récolte) est un cas douteux (à gauche juste sous l'axe horizontal et à droite juste au dessus): à gauche sa partie inférieure, qui ressemble à un *ren*, est inversée, mais pas sa partie supérieure (l'épi).

68 [Al 1, 116]. Notez que toutes les fissures sont numérotées 3. Au lieu de cinq fissures sur un seul plastron, on employait parfois cinq plastrons pour une même divination, numérotés respectivement de 1 à 5.

69 [Sn, 178-9]. Concernant la forme interrogative et le plastron divinatoire, voir aussi la référence au texte de Javary à la note 52.

côté du miroir.[70] Le message des ancêtres passe ainsi par lui – mais seul le roi l'interprète.[71]

On ne peut rien conclure à partir de quatre exemples. Plus de cent mille fragments d'os et de plastrons divinatoires ont été découverts dans la dernière capitale des Shang. Mais ces quelques exemples suffisent cependant à montrer toute la complexité du problème de l'usage divinatoire de la symétrie bilatérale du plastron. Keightley parle de l'aspect magique des inscriptions et s'interroge sur le besoin d'inscrire l'événement défavorable. Une telle inscription ne pourrait-elle pas attitrer le malheur? Il résout ce dilemme en liant la métaphysique des Shang, du moins telle qu'elle apparaît dans leur système divinatoire, à la philosophie postérieure du *yin* et du *yang*.[72] Je pense que cette approche peut nous égarer si elle est liée à une vision moniste du monde, quand au contraire tout le propos de la religion des Shang fut de communiquer avec les ancêtres. Keightley a fait un heureux choix de terme en parlant de complémentarité, mais ce choix n'a de sens que dans une vision duale du monde, à partir de la croyance en l'existence de deux mondes duaux. L'inscription sur le plastron divinatoire n'a peut-être servi qu'à des fins d'archive sans participer à l'acte divinatoire, mais l'inscription à propositions complémentaires suggère que, dans cet acte, la bilatéralité du plastron dépasse la symétrie simple et rejoint la dualité. L'usage de la symétrie du plastron pourrait traduire une volonté de faire de cet objet divinatoire une sorte de diagramme abstrait (*tu*) décrivant la relation entre le monde des vivants et le monde des ancêtres, d'en faire une formule de la loi de renversement entre les deux mondes pour tenter d'exploiter cette loi, de formaliser, à travers l'écriture et la symétrie bilatérale du plastron, le voyage chamanique du devin dans l'autre monde. Si l'acte divinatoire produit une lecture dans l'un des mondes, alors il produira une lecture complémentaire dans l'autre. Le plastron inscrit schématise ces deux actes et permet de lire à l'avance de quel côté aura lieu l'événement visé par l'acte divinatoire, ou mieux, d'influencer le

---

[70] Je renvoie le lecteur au thème de l'ambiguïté entre le un et le deux dans le motif animalier sur bronze.

[71] Voir par contre [Lc, 241-3] à propos de *zhenren*, le devin.

[72] [Ke 3, 372, 374-6]. Voir aussi [Pj, 38]. Selon Léon Vandermeersch (voir [Sk 3, 93, note 19] pour les références, que je n'ai pu consulter), il y a un lien direct à faire entre les plastrons divinatoires à propositions complémentaires des Shang et la technique du parallélisme en prose et en poésie chinoise classique. La structure auto-duale commune à ces plastrons et à certains quatrains ou *lüshi* des Tang (voir le chapitre précédent) peut provenir de la même source symbolique, archétypique – ou historique.

cours des choses en inscrivant l'alternative favorable de ce côté-ci et son inverse du côté des ancêtres. Que la symétrie des fissures se brise ou non, le plastron divinatoire portant des propositions complémentaires devient un objet auto-dual sous les couples gauche et droite, affirmation et négation, favorable et défavorable.

Après le règne de Wu Ding, l'utilisation des propositions complémentaires entra dans un déclin. Avant la fin de la dynastie des Shang, la divination sur des plastrons de tortue devint une mécanique[73]:

> La volonté de Di fut rarement le sujet de divinations après le règne de Wu Ding et, quand elle le fut, jamais à l'aide d'une paire de propositions complémentaires. En fait l'étendue complète de la divination des Shang se rétrécissa remarquablement pendant les derniers règnes de la dynastie, de sorte que plusieurs des autres problèmes épineux de l'univers de Wu Ding, comme la pluie, la maladie, les rêves, les malédictions des ancêtres et les demandes de récoltes, de progénitures ou de jours heureux pour une naissance, furent rarement, ou jamais, à nouveau matière à divination.

Les Zhou transférèrent peu à peu leur activité divinatoire au système du *Yi jing*, en suivant assurément la tradition chinoise du changement dans la continuité. Un mouvement atteignit peut-être son apogée à l'époque de Wu Ding avant de se renverser (*tai ji*), porté par une vision de ce monde-ci et de l'autre et plongeant ses racines dans le néolithique ou au delà. C'est le lent mouvement de la croissance d'un arbre dont les feuilles bougent encore au vent.

Michael J. Puett, dans son livre *To Become a God*, propose une interprétation éclairante du système rituel des Shang[74]:

> Les rites suivant la mort [...] impliquent une tentative de faire de l'esprit du défunt un ancêtre et de placer cet ancêtre dans un système rituel conçu par les vivants.

---

[73] [Ke 3, 381].

[74] [Pj, 45, 52-3]. L'italique est de Puett. La croyance en la présence menaçante des morts perdura au moins jusqu'aux Han, voir [Le 1, 123-4] et [Cs, 142].

> Comme Keightley l'a brillamment soutenu, les Shang « faisaient » leurs ancêtres. [...] [Le défunt] change d'état: de celui d'un esprit – présumément très puissant et potentiellement dangereux – à celui d'un ancêtre ayant sa place définie. [...] Je soutiendrais que la supposition première derrière l'acte sacrificiel des Shang est que les esprits (Di, les esprits de la nature et les humains décédés), s'ils sont laissés à eux-mêmes, n'agissent pas dans le meilleur intérêt des humains. En fait, la supposition semble être que les esprits sont capricieux et possiblement malicieux. [...] Ainsi, les humains doivent, dans les limites de leur pouvoir, utiliser les rites pour placer ces esprits dans un système hiérarchique dans lequel, il est espéré, ils agiront en faveur des vivants. [...] Le besoin de transformer les esprits des décédés en ancêtres trahit [...] une croyance que les esprits *ne sont pas* fondamentalement enclins à agir en faveur des vivants.

Keightley souligne que, selon les inscriptions divinatoires, « c'était généralement les morts récents qui étaient suspectés de nuire à la santé de Wu Ding [...] ».[75] Il en conclut que les tensions devaient être vives à la cour du roi. Mais il existe une autre interprétation de cette croyance, structurale plutôt que morale, la même que j'ai donnée au chapitre précédent à propos de la discussion de Freud sur l'hostilité des proches après leur mort. Je reprendrai donc à mon compte la thèse de Puett et la compléterai de la manière suivante: par la loi d'inversion entre le monde des vivants et le monde des morts, le parent bienveillant devient un esprit malveillant, et le but du système rituel des Shang aurait été de renverser cette loi, de la mettre au carré pour ainsi dire, de l'annuler en l'appliquant deux fois. Par l'effet escompté du rite, les morts se transforment en ancêtres et retombent sur leurs pieds.[76]

[75] [Ke 2, 103]. Voir aussi [Fu 3, 72-3, 79-80], [Al 2, 19] et [Sk 2, 74, 79] à propos de la malveillance des morts récents.

[76] Voir la fin du chapitre précédent concernant l'Égypte ancienne. La perspective de la personne décédée semble totalement absente en Chine, alors qu'en Égypte elle prend beaucoup de place. Au sujet de la transformation du mort en ancêtre, voir [As 2, 158-9, 162, 164] et [Ny 1, 106].

Chapitre sept

Feu l'oiseau

Un des moments forts de mon voyage en Chine de 2008 fut l'approche en avion de la ville de Guilin et la vue des collines magnifiques couvrant la région. Quand je me suis retrouvé au milieu d'elles un peu plus tard, lors de la classique croisière sur la rivière Li, j'ai pu constater *de visu* la propension des Chinois à la lecture de paysage dont parle John Blofeld[1]:

> Les Chinois, qui aiment observer chacun des aspects de la nature, mettent au-dessus de tout autre phénomène naturel la beauté et les formes suggestives des formations rocheuses inhabituelles. Quand je ne peux rien voir sans aide, à part un panorama de collines irrégulières et ondulantes, mes amis chinois voient des lions, des tigres, des dragons, des phénix, des griffons, des ermites, des mères avec leurs enfants, des moines aux habits flottants, des guerriers s'enfuyant [...]

Plusieurs falaises le long de la rivière Li ont des noms évocateurs, comme la célèbre Murale sur laquelle il faudrait voir, paraît-il, neuf chevaux. Regarder la nature de cette façon demande beaucoup d'imagination et une aisance à transformer le paysage en un

---

[1] [Bl, 220]. Un autre lieu de lecture privilégié se trouve aussi près de Guilin: la caverne de la Flute de roseau et ses nombreuses stalactites et stalagmites.

tableau, à passer de trois à deux dimensions. Une relation du même type relie l'archaïque décor sur bronze à l'objet qui le porte. En Chine les racines sont longues.

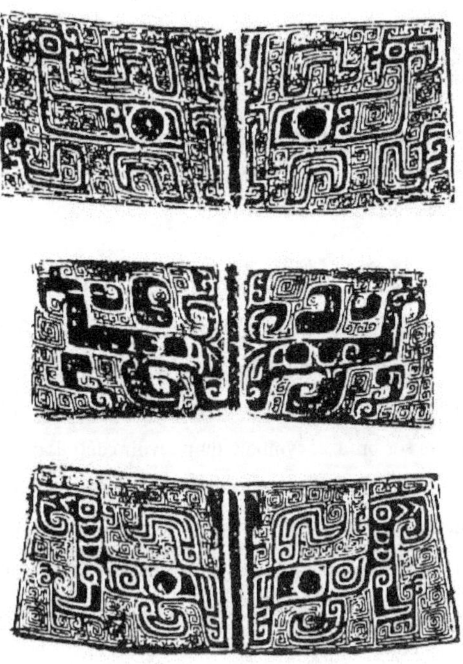

Figure 41: *Dragons et oiseaux II.*

Je mets fortement à contribution, dans ce chapitre, la façon de regarder qu'il faut pour lire un paysage, dans le but premier de trouver le motif du masque d'oiseau parmi les décors sur bronze des Shang. Et d'abord pourquoi l'y chercher? Premièrement, si Chang a raison d'associer le masque animalier des Shang à l'univers symbolique du chamane, alors il serait naturel de retrouver l'oiseau parmi ces masques, puisque le thème de l'oiseau et de l'envol occupe une place importante dans le chamanisme. Une deuxième raison découle de l'hypothèse de Yang sur la fonction du masque animalier[2]:

---

[2] [Yn, 197].

> Comme le culte de différentes sortes « d'animaux » était au cœur de la religion des cultures de la préhistoire à la période des Shang, et comme les vases de bronze étaient l'instrument rituel le plus essentiel de l'Age du Bronze chinois, le premier but des créateurs de décors sur bronze fut d'inventer une ou un ensemble d'images corporatives symbolisant collectivement les esprits et les ancêtres, acceptable par tous les peuples et les groupes utilisant les objets rituels de bronze. Les « masques animaliers » abstraits possèdent une forme idéale en ce sens, parce qu'ils ne représentent pas d'animaux particuliers, mais couvrent toutes les créatures sous des éléments typiques: une face frontale, deux yeux proéminents et/ou deux corps symétriques de chaque côté.

Autrement dit, l'art du bronze des Shang jouait, en plus de son rôle religieux, un rôle politique d'unification des communautés diverses incluses dans leur zone d'influence. Mais malgré le caractère abstrait du masque animalier, l'ancêtre mythique des Shang prenait quant à lui la forme spécifique d'un oiseau,[3] et alors la présence d'un masque d'oiseau sur les décors sur bronze, symbole du pouvoir central, deviendrait significative à cet égard. Une troisième raison apparaîtra bientôt en lien avec la thèse de Puett dont j'ai parlé à la fin du chapitre précédent.

Le motif de l'oiseau n'est par ailleurs pas absent des décors sur bronze des Shang. On le retrouve par exemple sur les deux *ding* de la figure 26 et sur le 6e motif de la figure 27, chaque fois comme élément secondaire, et aussi sur le motif de la figure 33. La figure 41 contient d'autres motifs associant l'oiseau et le dragon – en jouant sur la double lecture et l'ambiguïté entre le un et le deux.[4] On a aussi découvert dans le tombeau de Fu Hao un vase de bronze en forme de hibou (figure 42),[5] tandis que le motif du vase[6] de la figure 43, toujours sur le thème du hibou, ressemble fort dans sa moitié supérieure (yeux et cornes ou oreilles) à un masque d'oiseau proche d'un masque animalier, malgré la présence d'ailes et de pattes dans sa partie inférieure, qui suggère pour l'ensemble un corps complet. Selon Christian Deydier, « cet oiseau de nuit [le

---

[3] [Al 1, ch. II], [Yn, 196] et [Pa 1, 31-2].
[4] [Yn, 108]. Voir aussi les motifs 2 et 3 de la figure 32 du chapitre précédent.
[5] [Al 3, 136]. Académie chinoise des sciences sociales, Institut d'archéologie. Notez les ailes en forme de spirale sur ce motif et le précédent – l'oiseau et le vent.
[6] [Dy, 216]. Museum für Ostasiatische Kunst à Köln en Allemagne.

hibou], symbole de la mort et augurant la maladie, considéré comme néfaste pour les vivants, ne l'était pas pour les morts [...] ».[7] Le hibou, de mauvais augure pour les vivants, devient par inversion bienveillant pour les morts et trouve sa place sur les vases de bronze qu'on leur destine.

Peut-on trouver des exemples de masques d'oiseau des Shang pleinement équivalents à des masques animaliers, c'est-à-dire tenant la place de l'élément principal du décor? Oui, si on lit les motifs comme on lit les nuages. J'en présente quelques-uns[8] dans la figure 44.

Figure 42: *Vase du Hibou I.*

[7] [Dy, 123]. Voir aussi [Pa 2, 219-20].
[8] [Al 1, 140-3].

Figure 43: *Vase du Hibou II.*

1

2

3

4

5

6

7

Figure 44: *Masques d'oiseau.*

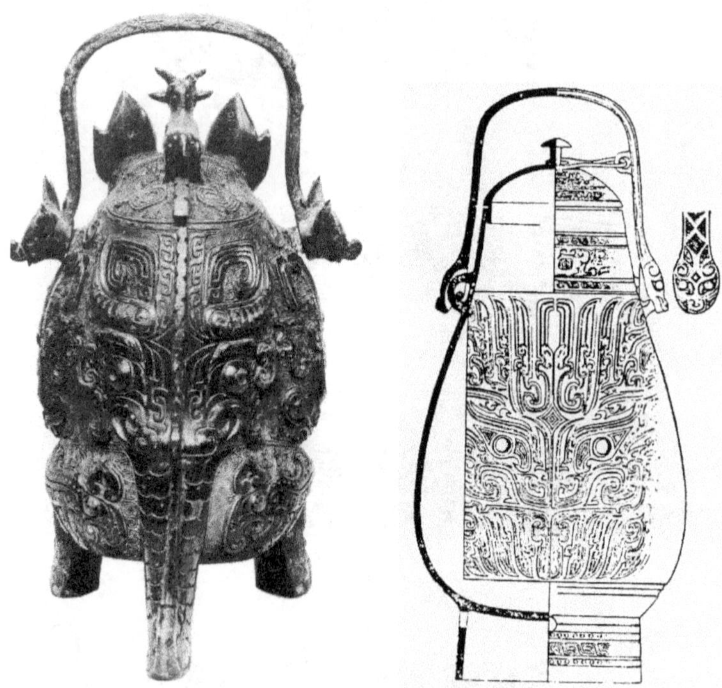

Figure 45: *Vase du Tigre, dos.* **Figure 46:** *Panache à plumes.*

En fait, nous avons déjà rencontré certains de ces motifs (voir la figure 27). Je les ai simplement retournés, comme tous ceux de la figure. Un renversement transforme l'esprit dragon en ancêtre oiseau et le transporte du monde souterrain au monde céleste. Tout objet rituel portant un tel motif inversible incarne la fonction attribuée par Puett aux rites des Shang, révèle le rôle unificateur que lui attribue Yang et renforce la thèse de Chang sur la présence d'éléments chamaniques dans le système rituel des Shang. Mais surtout, de mon point de vue, un tel objet s'intègre parfaitement à la structure symbolique du carré alchimique. Si l'oiseau représente l'ancêtre, il est en quelque sorte du côté des vivants,[9] dans le sens inverse de l'objet, ce qui s'explique si celui-ci s'adresse au monde des morts et doit être en conséquence lu à l'endroit.

L'objet portant un motif inversible (en oiseau) devient, comme le plastron divinatoire à propositions complémentaires, un objet auto-dual symbolisant la conjonction entre le monde des vivants et le monde des morts: « Si les vases de bronze furent créés dans le but de soutenir le rituel joignant les morts et les vivants, les motifs animaliers sur ces bronzes ne formèrent-ils pas une partie essentielle de ces objets? »[10] Un tel objet rejoint les thèmes symboliques parcourant tous les domaines traversés jusqu'ici dans ce livre, y compris les mathématiques. Dans une structure mathématique, la composition de deux éléments inversibles produit l'unité de la structure. Une conjonction symbolique similaire se rattache au motif inversible tel que je le conçois. Elle émerge à peine pour les motifs de la figure 24 (chapitre cinq) parce que nous ne connaissons de leur contexte que leur usage funéraire. Mais déjà le motif de la figure 23 devient plus compréhensible si nous admettons que la base de la statue se trouve métaphoriquement « sous la lame ».

Le motif inversible, parfait pour représenter l'idée de l'inversion entre le monde des vivants et celui des morts, parachève la conjonction en incluant une ambivalence de lecture au niveau du décor en son entier, une ambivalence déjà présente à un niveau plus bas dans les jeux de symétrie des motifs principaux (à l'endroit ou à l'envers), et à un niveau plus bas encore dans le motif secondaire de la spirale – une spirale double qui se lit par ses crêtes (*yang*) ou par ses creux (*yin*), comme un carré alchimique spiralé se lit par ses nombres pairs ou par leurs compléments impairs. Il semble aussi qu'un motif inversé, comme un nuage ou un rêve, admette une pluralité de lectures beaucoup plus facilement que le motif qu'il inverse. L'image de l'oiseau, que je privilégie, ne l'épuise certes pas.

Le motif inversible dualise l'objet qui le porte. Il ajoute au vase rituel une autre position privilégiée, celle où il est à l'envers, le rapprochant ainsi de la suite duale (voir la preuve de Gauss à la page 30), de 逆 (*ni*, page 52) et de 不 (*bu*, page 159) et du geste

[9] Voir l'idée de la double inversion à la fin du chapitre précédent et la citation d'Eliade à la page 183 à propos des objets offerts au mort.
[10] [Ck 1, 63].

métaphorique de la main d'une sage africaine (page 160). Le thème du renversement devient ainsi explicite pour cet objet (voir la fin du chapitre premier), et aussi celui de la conjonction puisque l'objet demeure le même peu importe sa position. C'est le paradoxe du même et de l'autre, la conjonction mystérieuse. La petite part de connu dans les motifs inversibles des Shang et leurs plastrons divinatoires, l'élément qui teinte en fait tous les objets de ma collection, c'est leur rapport avec le monde des morts.

Je n'ai pas trouvé dans le domaine chinois de descriptions explicites d'une conception du rapport inversé entre les mondes, mais il existe plusieurs indices de la présence en Chine d'une telle conception, en particulier le motif inversible dont je parle dans ce chapitre et les plastrons divinatoires à propositions complémentaires.[11] En Chine comme ailleurs, rien n'empêche que ces conceptions aient pu en côtoyer d'autres ne reposant sur aucun rapport d'inversion, comme par exemple le système hiérarchique dont parle Puett à propos du culte des ancêtres des Shang.[12] Les anciens Chinois ont assez tôt[13] calqué leur autre monde sur le modèle de l'omniprésente bureaucratie qui fondait leur réalité, ce qui s'accorde mal à l'idée de réversibilité entre les mondes. Il faut aussi faire la distinction entre le culte officiel des ancêtres (confucianisme) et les religions constituées (taoïsme et bouddhisme) d'une part, et la religion populaire d'autre part. En rapport avec cette dernière, en particulier à l'époque médiévale (du 3e au 6e s. ap. J.-C.), Michel Strickmann remarque: « Tout dans le monde des vivants se retrouve aussi dans le monde des morts, mais inversé, horriblement distordu, étrangement parodié. Les morts ont leur propre sytème d'écriture et peuvent parler – mais leurs paroles ressemblent aux grognements des bêtes [ou] aux gazouillements des oiseaux [...] »[14] L'autre monde à l'état naturel, à l'état sauvage, est inversé, l'autre monde apprivoisé ne l'est plus.[15] Au moins à partir des Shang, le rituel le redresse en le transformant en un système hiérarchique, une acquisition permanente, semble-t-il, pour les âges qui suivront. Elle se développera en cette bureaucratie infernale dont je parle. Cette carac-

---

[11] Voir aussi le commentaire de Hentze (page 160), le mythe Shang sur les Xia (page 173) et le symbolisme du salut et l'endommagement des objets rituels (figure 23) à la fin du chapitre cinq.
[12] Voir la fin du chapitre précédent. Voir aussi [Le 3, 16-7, 50-1].
[13] Peut-être dès le 4e s. avant J.-C. selon [Sk 2, 80, note 73], à l'époque des Royaumes combattants. Voir aussi [Sk 2, 5 et note 13], [Lp, 30-1; chapitre 4], [Mh, 105] et [Ct 2, 47, 56-7].
[14] [Sk 2, 71].
[15] Voir les pages 184-6 à propos du même thème en Égypte ancienne.

téristique fait partie du contenu manifeste des conceptions sur l'autre monde en Chine, tandis que l'inversion et les incarnations animales basculent dans leur contenu latent.[16]

Figure 47a: *Vase des Béliers.*

Figure 47b: *Motif inversé du vase des Béliers.*

[16] Voir [Le 3, 34] à propos des neuf tripodes de Yu le grand et de l'importance de bien nommer les démons. Ce contenu latent refait parfois surface, comme par exemple dans la littérature de l'étrange à l'époque des Six Dynasties avec le personnage du renard.

Figure 48: *Motif inversé d'oiseau.*

a b

Figure 49: *Pièce d'architecture (Erligang) et motif inversé d'oiseau.*

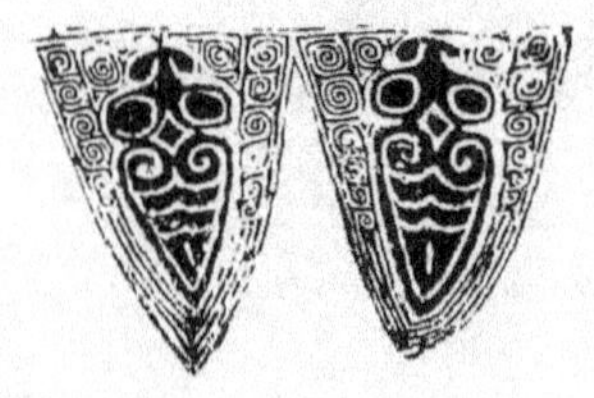

Figure 50: *Cigales et vers à soie.*

Figure 51: *Séparation.*

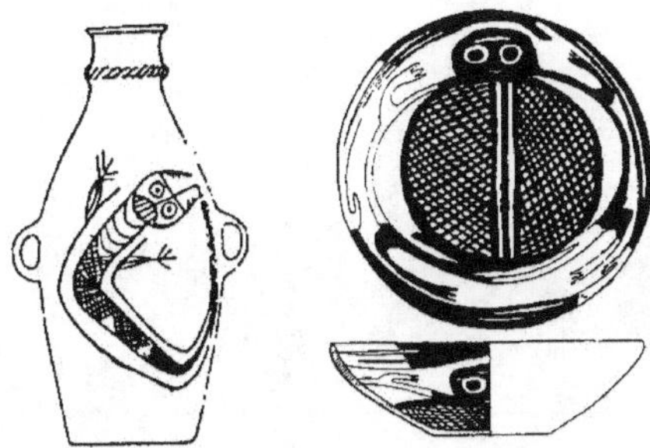

Figure 52: *Lézard et figure humaine; grenouille ambivalente.*

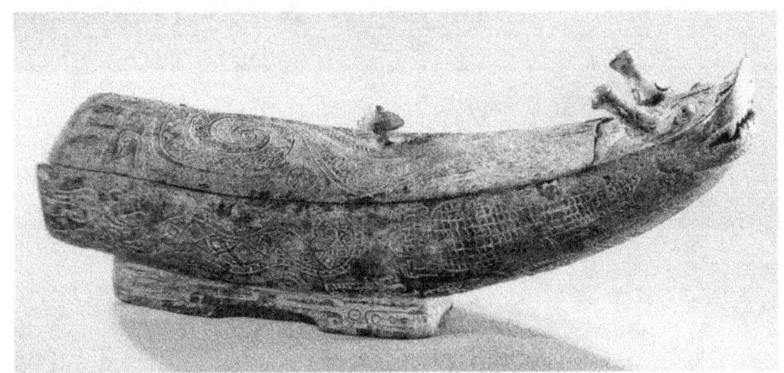

Figure 53a: *Dragon-crocodile.*

Figure 53b: *Motif sur le crocodile.*

Figure 54: *Serpent-dragon.*

Figure 55: *Serpent-dragon au fond d'un bassin.*

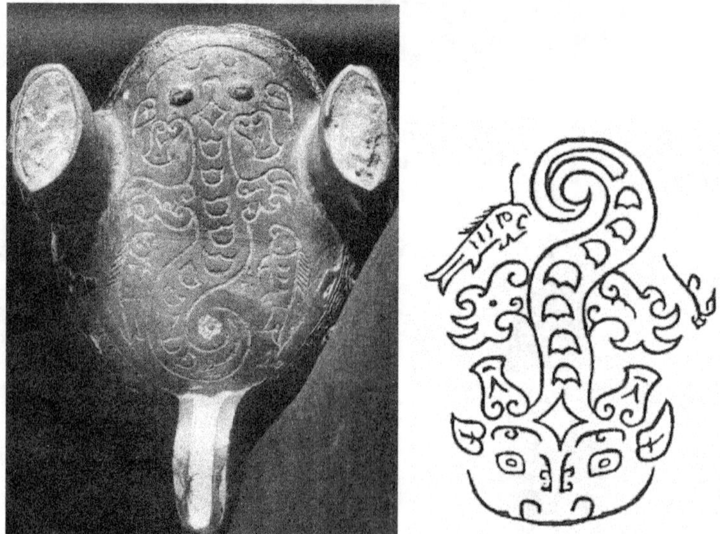

Figure 56: *La face cachée du vase du Tigre.*

Je me propose dans la suite du chapitre d'explorer un peu plus en détails le thème du motif inversible en Chine ancienne, en traitant particulièrement des motifs inversibles en oiseau des Shang – ou ceux que je perçois comme tels.[17] Je ne tente ici qu'une première approche de ce type de motif et de l'intention qu'il faut pour les créer. Ce que les Shang ont fait à cet égard n'a pas d'équivalent en Chine ou ailleurs. Les Zhou ont hérité des motifs inversibles pour les abandonner ensuite, sans doute parce que les symboles qui soutiennent la création de ces motifs, relèvant selon moi de la structure symbolique du carré alchimique, n'ont pas survécu pour eux, ou alors pas à la manière qu'ils vivaient pour les Shang. Ceci dit, il faut aussi tenir compte de la propension de l'âme chinoise de toutes les époques à penser abstraitement certains symboles, d'une manière dont nos mathématiques modernes ne gardent plus qu'une faible trace. Un fil invisible lie le motif inversible des Shang au *tai ji tu* et aux spéculations de Shao Yong sur les hexagrammes du *Yi jing* (voir le chapitre deux).

J'ai suggéré au chapitre deux qu'un système divinatoire à base numérique comme celui du *Yi jing*, développé par les Zhou, s'associait naturellement à la structure symbolique du carré alchimique à cause du lien intime entre cette structure et le thème des deux mondes. Opérer une divination, c'est chercher une réponse de l'invisible. Il ne faut donc pas se surprendre de retrouver les mêmes symboles dans le système divinatoire des Shang, du moins dans leur utilisation des plastrons de tortue, qui procurent une base spatiale (plutôt que numérique) à la divination. Le motif inversible des Shang relève aussi de cette structure.

Je reviens d'abord sur les motifs des figures 27 et 44. Le troisième motif de la figure 44 (l'inverse du deuxième motif de la figure 27), dans sa section centrale, apporte une variation sur le thème des têtes opposées (voir la figure 41), celles d'éléphants aux trompes tournées vers l'intérieur. Le même motif apparaît aussi dans chaque coin en haut du décor, les trompes tournées cette fois vers l'extérieur et un œil remplaçant la tête (voir *jian* au début du chapitre précédent). L'inverse du premier motif de la figure 27 peut se rattacher à ce thème et rappelle le motif en coin de la base de la statue de

[17] Je signale en passant que les bronzes à ces époques étaient coulés à l'envers, ce qui a pu contribuer à développer l'inversibilité des motifs, voir [Fo, 70-2] et [Dy, 175-6]. On peut rapprocher ce phénomène de celui de l'inversion de l'écriture dans la fabrication d'un sceau, ou même des blocs de bois dans la première technique d'impression des livres. Concernant un sceau talismanique taoïste pour lequel l'inversion a pu jouer un rôle opératoire, voir [Sk 2, 123-5, 191-3; 128]: « Scèle le haut et il pénètre le bas, scèle l'avant et il pénètre l'arrière, scèle la gauche et elle pénètre la droite. »

Sanxingdui (voir la figure 23a du chapitre cinq). Le masque animalier au dos du Tigre[18] (figures 29 et 45) se prolonge aussi en trompe d'éléphant (la queue du tigre).

Quand on renverse le sixième motif de la figure 27 (dernier motif de la figure 44), on voit mieux le petit animal flottant tête contre tête au-dessus de l'oiseau, de chaque côté du masque: un écureuil, un renard ou quelqu'autre bête nous invitant à regarder le motif dans les deux sens. Finalement, le dernier motif de la figure 27, le plus proche d'une représentation réaliste à cause de ses cornes de bovidé, s'avère pourtant inversible comme les autres. Je donne son inverse dans la figure 48. Ses cornes sont curieusement similaires aux ailes du motif d'oiseau (vases du Hibou I et II) et atténuent l'effet du panache du masque animalier qui en général nuit à l'inversibilité du motif (tout comme les pattes du dragon). Nous avons vu, par ailleurs, comment le masque animalier joue souvent sur l'ambiguïté entre la tête vue de face et les deux dragons face à face (voir par exemple la figure 32). Le masque d'oiseau de la figure 48 utilise la même ambiguïté, mais cette fois les deux têtes d'oiseau s'opposent, ce qui ajoute à la dualité du motif animalier et de son inverse. Les motifs 1, 2, 6 et 7 de la figure 44 partagent plus ou moins la même caractéristique.[19]

Le vase Shang de la figure 47 présente un motif secondaire encore plus reconnaissable que celui de la figure 48 (à l'endroit): les quatre têtes de bélier sculptées autour du vase.[20] Le panache de plumes dressées du masque animalier principal, indistinct sur l'image mais dont la figure 46 montre un meilleur exemple,[21] appartient apparemment à une époque antérieure à celle de Wu Ding. Les cornes des béliers ressortent par leur réalisme, mais leur tête elle-même ne le partage pas. Le museau plat (voir les têtes latérales sur l'image) et les grands yeux ronds rapprochent le motif d'un masque animalier. Le beau masque d'oiseau qui l'inverse (figure 47b) semble muni d'épaules et de bras (les cornes), à moins qu'on ait voulu suggérer une tête portée par le vent (la

---

[18] [Cm 1, 127]. Il existe en fait deux exemplaires à peu près identiques du vase du Tigre, l'un au musée Cernuschi à Paris (figure 45) et l'autre à Kyoto au Japon (figure 29).

[19] L'oreille du motif animalier devient le bec du motif inverse d'oiseau. La même remarque s'applique au 3e motif de la figure 43. À noter aussi les yeux comme têtes (voir *jian* au début du chapitre précédent) de la figure 47 – à l'endroit et à l'envers. Parfois la corne inversée ressemble à une grosse langue fourchue, comme pour le 6e motif de la figure 44. Voir aussi [Th, 193].

[20] [Fo, 138]. Voir aussi [Fo, 120] pour la tête de bélier de profil.

[21] [Dy, 52]. Découvert à Zhengzhou, période d'Erligang.

spirale des cornes). Le *Zhuangzi* utilise cette image à propos de l'oiseau Peng[22] et un passage du *Huainanzi* (dynastie des Han), cité par Martin J. Powers, la reprend: « [Ces hommes sages] se balladent sur un chariot de nuages, pénétrant l'arc-en-ciel et flottant sur la brume et l'air léger. Ils montent le courant chaotique et sauvage, s'élevant en spirales tournoyantes comme celles des cornes de bélier. »[23] Cette image reviendra dans le taoïsme du Shangqing: « [...] un vent tourbillonnant qui éclaire toute chose "comme un soleil blanc", [...] unissant l'unité et la multiplicité, [...] vent violent, vent fou, qui monte en "corne de bélier", vent-oiseau, grand phénix [...] ».[24]

Un autre exemple[25] de panache qui s'intègre bien au motif inversé d'oiseau est donné par la figure 49. Il s'agit d'une pièce d'architeture de l'époque d'Erligang, c'est-à-dire du début des Shang. Les fioritures du décor font assurément plus poil que plume, mais la clé de l'interprétation du motif inverse tient dans le losange frontal devenant le bec de l'oiseau. Car si le panache et les pattes nuisent souvent à l'inversibilité du masque animalier, d'autres éléments par contre la favorisent. D'abord, l'absence de la mâchoire inférieure, qui reçoit de cette façon une explication supplémentaire inattendue. Ensuite, la présence de ce losange frontal, très fréquente sur les masques animaliers des Shang. Il s'agit du seul aspect purement décoratif de ces motifs, du moins en apparence. Il passe totalement inaperçu, sauf dans une lecture à l'envers. Tous les cas possibles se réalisent dans des décors déjà rencontrés ou à venir: un motif avec losange et non inversible (le *ding* du cerf de la figure 26); un motif sans losange et non inversible (le vase de la Tête, figure 25); un motif sans losange et inversible en oiseau (motifs 3 et 4 de la figure 44); un motif avec losange et inversible en oiseau (les autres motifs de la figure 44, celui de la figure 48 et le premier *ding* de la figure 26); finalement, un motif avec ou sans losange et inversible en autre chose qu'un oiseau.

La cigale et le ver à soie (ou le petit serpent) forment deux motifs secondaires des décors sur bronze (voir la figure 50).[26] Il existe des variantes avec ou sans losange. Le

---

[22] [Wu, 49]. Voir ausssi la page 161.

[23] [Po, 229].

[24] [Ro 1, 136]. Voir aussi [So, 216] et [Ro 2, 176], de même que [Ro 2, 169-70, 175-6, 177-8] au sujet du lien entre le vent tourbillonnant et, respectivement, le thème de la conjonction, celui du renversement (*fan*, voir la page 157) et l'image de la spirale des cornes du bélier.

[25] [Al 3, 154] pour la figure 49a, [Th, 84] pour la figure 49b.

[26] [Al 1, 167].

motif du ver à soie est toujours inversible (en lui-même) et peut s'intégrer à un masque, parfois sans les éléments distinctifs de la tête (voir les figures 25 et 41, le deuxième motif à l'endroit de la figure 44 et le motif du couvercle de la figure 43). Quant au motif de la cigale, il semble le plus souvent non inversible, mais le losange sert naturellement de bec lorsqu'il est présent, ce qui appuie mon hypothèse sur le masque inversible en oiseau. Le serpent, le ver à soie et la cigale sont tous des symboles de mort et de résurrection et méritent une place sur des objets destinés aux ancêtres. Le cycle de croissance ou de vie de chacun d'eux[27] comporte une phase de séparation en deux par le milieu, une autre image associée aux décors sur bronze. La figure 51 montre une telle séparation sur un motif de fragment de poterie[28] datant de l'époque d'Erlitou (identifiée parfois à la dynastie des Xia). Notez la présence du losange (flou sur la figure).

J'interprète le motif de la cigale par un dessin, vu de face, plaqué sur le dos de l'insecte. Cette pratique se retrouve dans d'autres motifs et peut conduire à une ambiguïté de lecture. Ainsi en va-t-il pour la tête du serpent formant l'anse du vase de la figure 46, le serpent-dragon sur le dos du crocodile[29] de la figure 53, et le lézard[30] et la grenouille[31] représentés sur la figure 52, tous les deux datant du néolithique. La dualité entre l'animal dans un sens et la figure humaine dans l'autre frappe particulièrement sur le motif du lézard. Sur celui de la grenouille, deux traits servent tour à tour de bouche ou d'ornement frontal et le rendent inversible. Un autre serpent-dragon, dont le losange frontal est presque aussi proéminent que les yeux, se love en spirale au fond du bassin[32] de la figure 55. De même que pour la grenouille de la figure 52, la forme ronde du vase ne permet pas de trancher entre les deux lectures, mais l'inscription du nom « Fu Hao » sur le motif similaire[33] de la figure 54 décide en faveur du sens du dragon.

---

[27] Celui de la cigale est particulièrement impressionnant avec sa phase souterraine qui peut durer des années. Voir aussi [Cs, 108] pour ce commentaire de Bian Shao des Han sur Laozi: « Quand la Voie est accomplie et que son corps est transformé, il renaît comme la cigale qui se dépouille de sa peau et transcende le monde. »

[28] [Yn, 86]. Le fragment de poterie a été découvert à Yanshi, qui peut aussi bien appartenir à la culture Erligang, c'est-à-dire au début des Shang. Voir [LC, 89-92].

[29] [Lx, 92] pour le bronze et [Yn, 198] pour le motif. Voir aussi [Pa 1, 26, 29-30] à propos du serpent-dragon.

[30] [Yn, 51]. Culture Yangshao.

[31] [Yn, 62]. Culture Majiayao.

[32] Site internet www.history.ubc.ca.

[33] [Yn, 92].

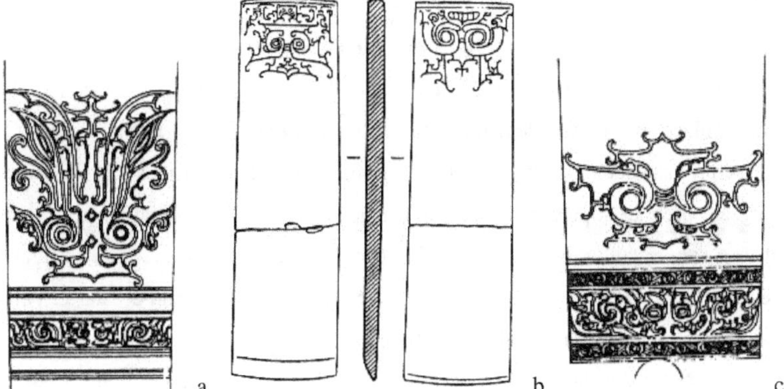

Figure 57: *Motifs inversibles sur jade.*

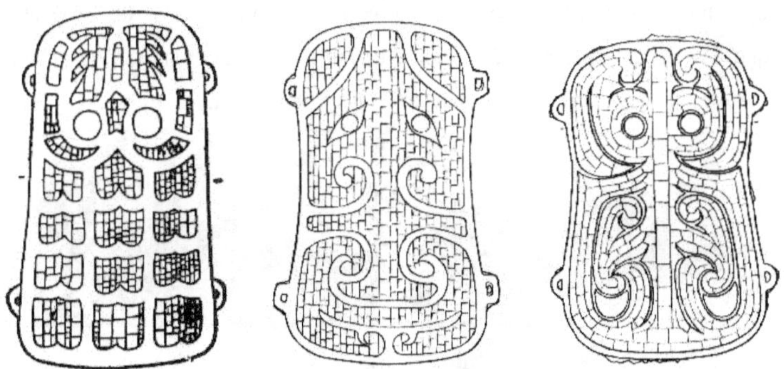

Figure 58: *Plaques de bronze d'Erlitou.*

Sous le vase du Tigre, dont nous aurons bientôt fait le tour, se cache un exemple de bec en forme de losange (voir la figure 56).[34] Il n'y aurait aucun doute sur le sens droit de la lecture – celui du motif de gauche – sans ces « pendants d'oreille » qui empruntent une forme typique des cornes de dragon (bouteille), qu'on retrouve sur le

[34] [Al 1, 151] pour le motif de gauche (Paris) et [Yn, 113] pour celui de droite (Kyoto).

crocodile (figure 53) et le serpent-dragon (figures 54 et 55).[35] Les deux directions de lecture s'équivalent. Le motif de droite, avec ses sourcils, son nez et ses narines, ressemble fort à une tête humaine. Les deux motifs rappellent 子 (*zi*, enfant). Les bras à peine formés sont-ils des pattes de dragon ou des ailes d'oiseau? Le rôle que remplit un tel motif placé sous le vase demeure pour moi un mystère.

Je propose deux critères pour dater certains motifs de l'art rituel chinois jusqu'aux Shang. Le premier stipule que si un motif possède un losange frontal, alors il apppartient à la sphère culturelle des Shang. Par exemple, le premier motif[36] de la figure 57 serait Shang. Yang mentionne que ce type de jade est très difficile à dater et pourrait aussi bien remonter à la dynastie des Zhou qu'au néolithique. La première plaque de jade[37] (de même que la troisième) faisait partie de l'immense collection amassée par l'empereur Qianlong (règne de 1736 à 1795) des Qing, dont a hérité en partie le musée de Taipei à Taiwan. Yang présente le motif de la plaque dans le sens inverse donné dans la collection de l'empereur, en se fiant peut-être sur le motif de l'aigle gravé de l'autre côté, que d'autres auront interprété comme un aigle plongeant vers sa proie. Le double losange du motif ne permet pas de trancher dans un sens ou dans l'autre.

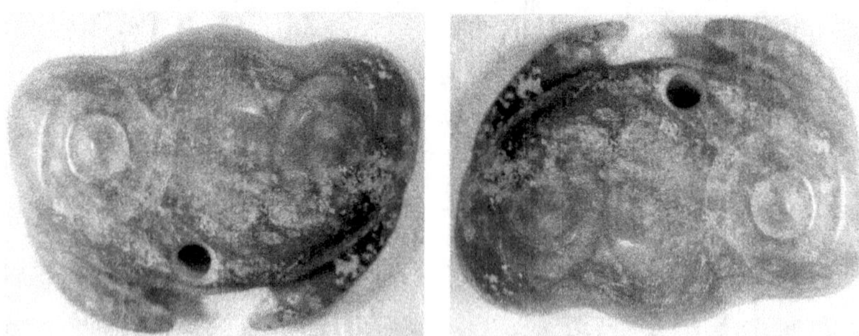

Figure 59: *Un jade et son inverse I.*

[35] Concernant un lien possible entre ces cornes en forme de bouteille et les bois de cervidé qui se renouvellent comme la peau du serpent, voir [Al 1, 163-4].

[36] [Yn, 66-7]. Voir aussi le vase Shang en [Al 3, 172], dont les deux protubérances près du couvercle semblent porter un motif de cigale à double losange.

[37] [FW, 46].

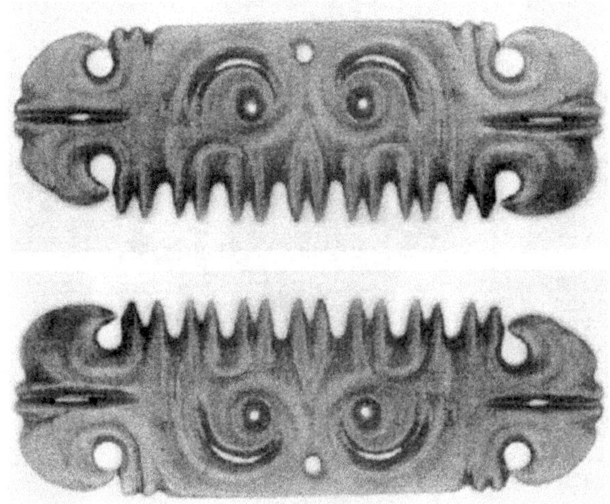

Figure 60: *Un jade et son inverse II.*

Figure 61: *Jade du British Museum.*

Figure 62: *Un masque dans les deux sens.*

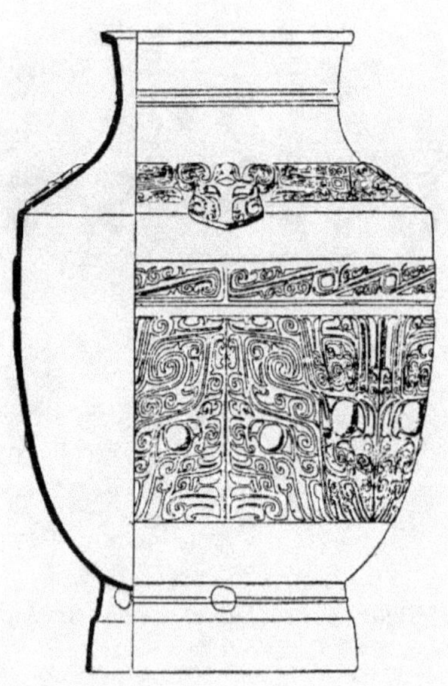

Figure 63: *Deux panaches juxtaposés.*

Le critère du losange frontal est objectif, mais vraisemblablement trop inclusif. Selon ce critère, le fragment de poterie de la figure 51 appartiendrait à la culture Erligang (début des Shang), l'alternative étant de ramener Erlitou, le site présumé de la capitale des Xia, dans le giron des Shang. Deux des motifs de la figure 24 du chapitre cinq, qui selon Thorp trahissent une influence de la culture d'Erlitou (voir les yeux du deuxième motif de la figure 58),[38] possèdent le losange frontal. Mais, encore une fois, la provenance de ces motifs (la Mongolie intérieure) suggère une influence d'Erligang plutôt que d'Erlitou.[39] Tous les motifs dont je viens de parler sont inversibles, mais aucun ne l'est en oiseau, ce qui conduit à mon deuxième critère: un motif inversible en oiseau est Shang. J'estime ce critère beaucoup plus proche de ce qui distingue les Shang de tous ceux qui les ont précédés en terre de Chine – mais aussi beaucoup plus subjectif, comme chacun peut en juger dans ce chapitre.

[38] [Yn, 86]. Je donne les plaques à l'envers du sens habituel. Voir aussi [Th, 40-1].
[39] [LC, 87, 106-9].

Le beau jade de la figure 61 provient du British Museum. Je l'ai découvert sur la grande toile dans un forum de discussion sur les jades.[40] Le musée apparemment le fait remonter au néolithique (la culture Hongshan, autour de 3500–3000 av. J.-C.), mais les participants à la discussion soulignent le caractère typiquement Shang du motif[41] – une fois corrigée la gaffe de l'expert du musée qui a exposé la pièce à l'envers. Personne ne s'interroge sur cette erreur, personne ne voit l'oiseau qui s'apprête à chanter. Les figures 59 et 60 présentent deux jades inversibles plus sûrement attribuables à la culture Hongshan, le premier avec des motifs animaliers (une grenouille et peut-être un écureuil) et le deuxième avec des motifs humains ou spectraux.[42]

Figure 64: *Vase avec couvercle I.*

[40] Sur le site www.chicochai.com, dans une discussion lancée par Anita Mui le 26 janvier 2007.

[41] Selon un participant à la discussion, le fin mot de l'histoire est que le jade remonte au néolithique, mais que le motif a été ajouté à l'époque des Shang.

[42] Pour le deuxième jade, voir les collections Freer & Sackler à www.asia.si.edu. J'ai aussi trouvé le premier jade sur internet mais je n'arrive plus à le retracer. Je ne me résous cependant pas à mettre de côté un objet si envoûtant.

Sarah Allan parle de l'ambiguïté entre les motifs de l'oiseau et du dragon des Shang, même dans le seul sens droit de la lecture où elle se situe: « [...] de telles créatures sont aussi bien des oiseaux que des dragons [...] et même si les deux s'opposent comme symboles du ciel et de l'eau, du haut et du bas, ils se conjoignent dans le motif de l'oiseau-soleil qui descend dans le monde souterrain aquatique et remonte de l'autre côté de la terre. »[43] Ce mythe repose sur le cycle journalier du soleil, tandis que le mythe postérieur du dragon reposera sur le cycle annuel des saisons (voir la page 54), mais les deux cycles possèdent une structure duale qu'incarne le couple du dragon et de l'oiseau.

Figure 65: *Vase avec couvercle II.*

Le trait de génie des créateurs de cette époque charnière fut, selon moi, d'avoir fait du motif inversible, apparemment marginal dans l'art du jade et de la poterie au néolithique, un thème central de leur art du bronze et de leur système rituel. En conférant à leurs motifs le degré d'abstraction nécessaire pour les rendre inversibles – un motif trop réaliste ne le sera jamais – mais pas jusqu'à couper tout lien avec leurs mythes et leurs croyances religieuses, ils ont dessiné un tableau unique et cohérent de la dualité qu'une certaine conception de ce monde et de l'autre établit entre les deux. On

[43] [Al 1, 157-62]. Voir aussi [Gt, 178-9].

peut comparer, de ce point de vue, le motif de la figure 62, dans lequel Yang voit un possible ancêtre du masque animalier des Shang,[44] mais dont l'abstraite réflexion de glisse le fait peut-être pencher du côté du décor plus que de celui du symbole, à l'intrigante juxtaposition des deux masques du vase[45] de la figure 63. Ceci dit, personne ne crée le symbole. Supporté par la tradition, il peut très bien agir à l'insu de l'artisan.[46]

Le masque animalier des Shang se retrouve souvent avec son inverse sur les vases de bronze munis d'un couvercle. La figure 64 en montre un bel exemple.[47] Si on accepte ma proposition de voir dans le motif inversé du couvercle un masque d'oiseau, alors un tel vase entre dans l'espace mythique décrit par Allan, avec l'oiseau en haut et le dragon en bas. Il rappelle aussi le symbolisme de 木, (*mu*, arbre) et celui de 龙 (*long*, dragon), l'hiver un dragon (eau) et l'été un oiseau (feu), dont j'ai parlé au chapitre deux. Les deux motifs inversibles rendent ce vase doublement auto-dual. Le couvercle lui-même joue un double rôle puisqu'il peut se transformer en vase une fois renversé, créant ainsi une légère asymétrie entre les deux parties du vase. Le ciel, représenté par le couvercle, engendre éminemment le symbole unifiant. Un tel vase ajoute deux niveaux de lecture des symboles à ceux déjà mentionnés (la double spirale, la symétrie bilatérale des motifs et le motif inversible): le couvercle et le vase en son entier. Deydier souligne que cette forme de vase rituel a pu apparaître au début de la période d'Anyang (la dernière capitale des Shang), c'est-à-dire pendant ou peu avant le règne de Wu Ding, et que son utilisation précise demeure obscure: soit pour la nourriture, soit pour le vin. Mais dans ce dernier cas, la présence sur le vase d'un motif inversible en oiseau prend tout son sens si le vin doit aider le célébrant à rejoindre la demeure céleste de l'ancêtre. Le vase du Hibou II (figure 43) appartient au même type, mais pour celui-ci l'inversion du motif sur le couvercle n'a pas été jugée nécessaire. D'abord, le motif n'est tout simplement pas inversible. Ensuite, il suffisait de le reproduire plus ou moins tel quel sur le couvercle et de le laisser en haut à sa juste place.

---

[44] [Yn,72]. Culture Dawenkou (autour de 4300–2500 av. J.-C.).

[45] [Dy, 54]. Les Zhou reviendront à l'abstraction dans leurs décors sur bronze.

[46] Voir [Bu 2, 7].

[47] [Dy, 214-5]. Freer Gallery of Art, Washington.

Figure 66: *Vase avec couvercle III.*

La double fonction du couvercle du vase de la figure 65 est inscrite dans sa forme et ne laisse planer aucun doute.[48] Le vase, une survivance d'anciens symboles, date de l'époque des Royaumes combattants (4e s. av. J.-C.). Le décor abstrait ne garde plus du masque animalier qu'une vague tête à trompe en spirale (figure 65b). Le vase[49] de la figure 66 est une autre survivance un peu plus ancienne (8e s. av. J.-C.), curieuse par son auto-dualité presque parfaite et ses yeux perdus qui flottent au milieu de volutes décoratives.

Figure 67: *Vase avec couvercle IV.*

[48] [Fo, 284, 312-3]. Pour un exemple de couvercle-vase du néolithique (Dawenkou), voir [Mk, 54].
[49] [Fo, 238].

Figure 68: *Le hibou derrière le tigre.*

Figure 69: *Vase* gu *à l'envers.*

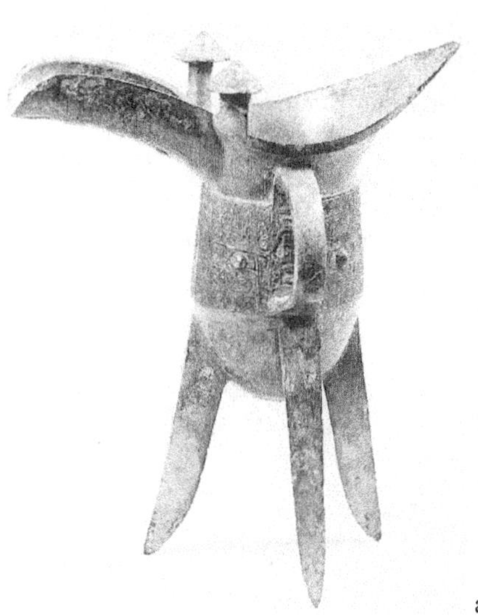

a

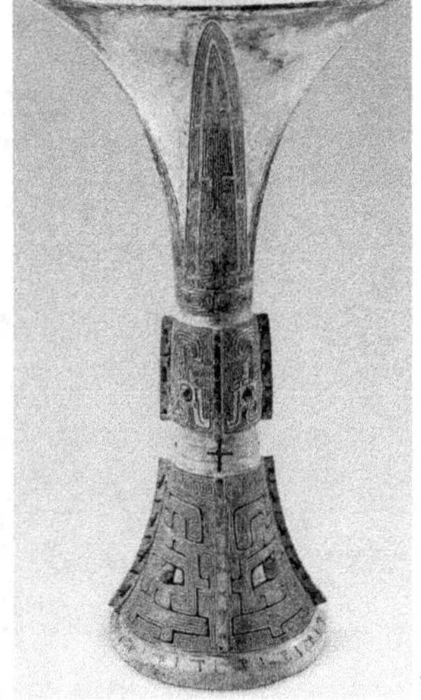

b

Figure 70: *Une paire de compléments.*

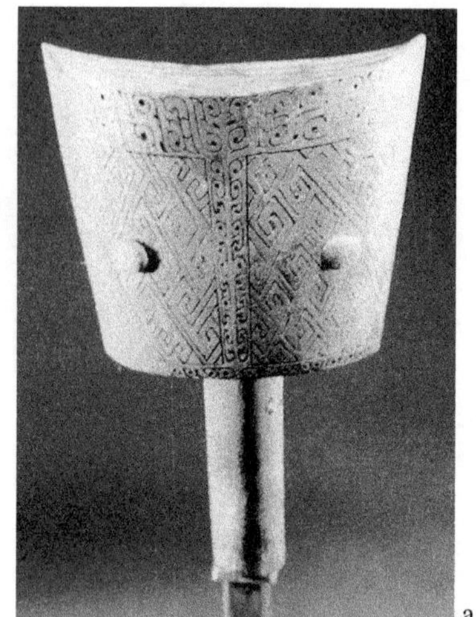
a

b

Figure 71: *Cloches duales.*

Figure 72: *Cloche auto-duale.*

Peut-on parler de survivance dans le cas du vase[50] de la figure 67, datant du début de la dynastie des Zhou? À partir de quand l'esprit des Shang, leurs prédécesseurs, s'est-il perdu? De toute façon, il faut aborder ce vase comme s'il était Shang. Le couvercle circulaire se lit d'en haut (au milieu de la figure 67), et alors le masque d'oiseau trône toujours au-dessus de son inverse. Mais cette fois la réflexion entre les deux motifs est parfaite et engendre avec l'autre réflexion un groupe de symétrie à quatre éléments, le même que celui d'anciennes formes de 木. Le décor du couvercle en son entier change de couleurs, s'auto-dualise de bas en haut, de l'animal à l'oiseau, comme 木 le fait pour le haut et le bas, l'été et l'hiver, le feu et l'eau, l'oiseau et le dragon. Les deux têtes d'oiseau de profil apparaissant dans le motif supérieur sont éclipsées, en ce qui me concerne, par deux autres têtes d'oiseau vues de biais. Le deuxième œil de ces têtes, plus petit que celui qu'elles partagent avec les têtes de profil, provient d'un détail apparemment superflu du motif à l'endroit. Le vase lui-même, inversé (à droite dans la figure 67), montre deux moitiés de masque qui se lisent en deux dimensions, comme un paysage, et révèlent une autre tête, en plus des deux oiseaux se faisant face. Cette utilisation de la forme globale du vase dans la lecture, je la retrouve dans le Tigre. Un hibou à trompe nous fait face avec ses yeux en cœur (figure 68).[51] Le petit animal sur la tête du tigre, qui à l'endroit ne semble servir que de poignée de couvercle, suggère, après une double inversion (haut et bas, avant et arrière), une naissance symbolique, une mise-bas littéralement qui dualise le passage par la mort de l'autre côté – tête première.[52]

Le Tigre et le Hibou I sont des vases à vin, une association naturelle dans le contexte chamanique quand on pense au guide animal du chamane et aux substances qui pouvaient l'aider dans son voyage. Mais le vase de forme animale ne constituait pas une classe typique d'objets rituels de bronze à l'époque des Shang. Par contre, presque tous les assemblages de vases de bronze destinés aux tombeaux, surtout à partir d'Anyang (où régna Wu Ding), contenaient au moins un vase *jue* (figure 70a) et un vase *gu* (figure

---

[50] [Yn, 199]. Voir aussi [Yn, 132] pour un motif similaire sous un vase.

[51] C'est la figure 45 inversée. Concernant la lecture en deux ou en trois dimensions, voir la fin du chapitre cinq à propos du piédestal de la statue.

[52] Le chamane en Chine aidait aussi aux accouchements, voir [Le 3, 205-6] au sujet de 巫 et de 工.

70b). Les deux vases font la paire parce que leurs fonctions se complètent: le *jue* sert à chauffer et à verser le vin et le *gu* à le boire.[53] Je soupçonne l'existence, à cette époque si fascinante, d'une volonté de traduire la complémentarité des fonctions des vases par une certaine dualité de leurs formes. Par exemple, l'horizontalité du bec verseur ou de la partie supérieure du *jue* tranche sur la verticalité arborescente du *gu*. De plus, le *jue*, le plus souvent tripode, s'oppose au *gu* avec sa base continue (circulaire ou quelquefois carrée). D'ailleurs, les trois pieds du premier vase contrastent avec les quatre feuilles de « bananier » (ou lames d'épée) qui décorent le haut du deuxième – peut-être une innovation de l'époque.[54] Je nommerais plutôt ce motif « pied inversé ».

Le *jue* complète aussi le *gu* en ce sens qu'il est utilisé lors des préparations avant la vraie cérémonie: la rencontre du vivant et de l'ancêtre que doit favoriser l'absorption du vin. Si le *gu* symbolise cette rencontre,[55] alors il est naturel de chercher dans sa forme des traits d'auto-dualité, dont le motif de pied inversé, indiquant l'inversibilité du vase, serait le premier. Le *gu*, en parallèle avec le *jue*, possède une structure ternaire: la base, la partie médiane et le bec. La base est creuse tout comme le bec, le vase peut donc en principe servir dans les deux sens, mais pas en pratique pour des *gu* comme ceux des figures 69 et 70, dont le décor de la base est ajouré. L'auto-dualité du vase sera accentuée par un motif inversible, par exemple le masque animalier de la base du *gu* de la figure 69, avec son losange et ses cornes en forme de bouteille. Le renversement du vase transforme le masque animalier en un masque d'oiseau et le transporte de bas en haut – une symbolique maintenant familière. De plus, l'allure d'un *gu* inversé rappelle curieusement les formes anciennes de 帝 (*di*, voir le chapitre précédent).

Pour justifier leur renversement de la dynastie régnante, les Zhou invoquèrent l'état extrême de dissolution dans lequel était tombée selon eux la classe dirigeante des Shang, visible en particulier dans l'importance qu'ils accordaient au vin dans leurs cérémonies. Les vases à vin disparurent ou se marginalisèrent peu à peu à partir des Zhou, à

---

[53] [Dy, 248] pour le *jue* de la figure 70a (Collection de Christian Deydier), qu'on serait aussi tenté de lire comme un paysage; le catalogue des bronzes du Musée de Shanghai pour l'élégant *gu* de 70b; et [Th, 194-5] pour la paire. Thorp mentionne aussi la présence, pour chaque type, de paires de vases à peu près identiques.

[54] [Dy, 227], où se trouve aussi le *gu* de la figure 69. Ce vase appartient à la Arthur Sackler Gallery de Washington.

[55] La croix au-dessus de la base du *gu* de la figure 70 représente-t-elle la nature conjonctive de ce type de vase?

mesure que la musique remplaça l'espace rituel occupé naguère par le vin. Les ensembles de cloches de bronze prirent en particulier une place prépondérante dans cet espace pendant la dynastie des Zhou et font l'objet du récit fascinant de Lothar von Falkenhausen dans son livre *Suspended Music*. Je me contenterai de mon côté de souligner quelques points en rapport avec mes thèmes. D'abord, même si rien n'indique en archéologie que la cloche dérive du vase, il existe néanmoins un lien structural évident entre les deux, ce qui a dû faciliter l'intégration de la cloche au système rituel des Shang. Leurs cloches *nao* se jouaient dans le même sens qu'un vase (voir la figure 71a).[56]

Le tournant dans l'évolution de la cloche en Chine ancienne survint pendant la dynastie des Zhou quand cette orientation bascula et qu'on commença à utiliser la cloche dans l'autre sens (voir la figure 71b).[57] Falkenhausen explique bien les raisons techniques de cette révolution,[58] mais il est possible que dès l'époque des Shang la cloche se lisait dans les deux sens, sous l'influence de l'inversibilité de certains vases de bronze et de nombreux motifs animaliers. Le motif de la cloche *nao* de la figure 71, qui ne garde du masque animalier que les yeux et la spirale, est trop abstrait pour ne pas se lire à l'envers comme à l'endroit. J'aime l'air de jeunesse du motif quand on y intègre la forme de la cloche, qui contraste avec l'air vieillot du masque dans l'autre sens.[59] De la même manière, un masque d'oiseau se distingue souvent par sa légèreté du masque animalier qu'il inverse. Le motif secondaire du losange, souvent présent sur les bronzes et sur d'autres supports, rapproche le masque d'une tête d'oisillon plutôt que d'un oiseau adulte. Dans le couvercle de la figure 67, le motif central supérieur penche du côté de l'oisillon, tandis que les deux têtes de biais penchent du côté de l'oiseau adulte.

Quoique le lien soit impossible à vérifier, il y a une analogie à faire entre ce retournement vers la légèreté aviaire et certains thèmes récurrents dans le taoïsme: l'oiseau justement, l'enfant, la quête de la longévité et le retour. « Retour le mouvement

[56] [Lx, 41]. On jouait de la cloche par percussion – comme le tambour du chamane. Le tombeau de Fu Hao contenait un ensemble de cinq cloches *nao*, voir [Fa, 135].
[57] Catalogue des bronzes du musée de Shanghai. On peut distinguer l'anneau sur la protubérance du manche qui servait à suspendre la cloche.
[58] [Fa, 151-4].
[59] Pour un autre bel exemple, voir [Fa, 150] ou [Ck 3, 283]. « Je suis jeune et vieux » dit Mercurius, voir la page 69. Dans le mythe égyptien du dieu solaire, qui sert de modèle au mort justifié, le soleil vieillissant à la fin de la journée retrouve sa jeunesse à l'aurore, voir les pages 66 et 140, et [Sz, 10].

de la Voie. »[60] Le confucianisme a hérité, par l'intermédiaire des Zhou, du culte des ancêtres des Shang; il se pourrait que le taoïsme et l'alchimie aient hérité de leurs symboles opératoires. L'image du vieil enfant repose sur un renversement, exactement comme le motif inversible des Shang, et sur un retour au chaos primordial[61] qui relativise la vie et la mort. Deux épisodes du *Zhuangzi* tournent autour de ces thèmes. Dans le premier,[62] Confucius visite Laozi qui, perdu dans ses pensées, ressemble à du « bois mort ». Revenu à lui, ce dernier peine à expliquer son état:

> Mon cœur s'ébattait dans le commencement des choses... Nous ne connaîtrons jamais d'où germe la vie, vers où retourne la mort; une ronde infinie dont personne ne connaît l'aboutissement. Et pourtant, si ce n'est là, alors où chercher « l'ancêtre »?

Dans le deuxième épisode,[63] Hundun, une personnification du chaos primordial, vit naturellement au commencement des choses. Il reçoit si bien deux amis que ceux-ci veulent le récompenser en le perçant de sept trous, comme tous les être humains. Hundun meurt à la fin de l'opération. Sa vie pleine le faisait ressembler à l'ancêtre, son rapprochement de la vie humaine le tue.

La splendide cloche *nao* de la figure 72 appartient au musée des arts de Portland.[64] D'origine inconnue, elle est datée de la première période de la dynastie des Zhou, selon le site internet du musée. Ce type de cloche appartient à un état intermédiaire entre les *nao* et les *zhong*. La protubérance du manche ne porte pas d'anneau de suspension, mais Falkenhausen n'exclut pas l'idée qu'une telle cloche puisse se jouer dans le sens d'une

---

[60] [Lt 1, chapitre 40]. D'autres textes reprennent l'image en utilisant 逆 (*ni*, voir le chapitre deux, page 52) en plus de 反 (*fan*, voir le chapitre cinq, page 157), voir [Bt, 45, 78] et [Pr 2, 7, 58-9]. À propos du thème de l'enfant, voir le chapitre 28 du *Laozi*; de tous les thèmes nommés sauf le premier, voir le chapitre 55 du même ouvrage et [Pr 2, 8, 65]; des liens possibles entre Laozi et Zhuang-zi d'une part, et la tradition mythique des Shang d'autre part (par l'intermédiaire du royaume de Chu), voir [Lt 2, 41, note 2; 168]; de Laozi le vieil enfant, voir le début du chapitre cinq concernant 化; du *taotie*, l'une des figures mythiques servant de modèle aux taoïstes dans leur mouvement de retour au chaos primordial, voir [Gt, 98, 105].

[61] Le livre essentiel de N. J. Girardot est consacré à ce thème si riche, voir [Gt]. Voir aussi le chapitre deux, pages 51-2, concernant le thème du renversement en alchimie taoïste.

[62] Chapitre 21. Je cite [Sr, 155]. Voir aussi [Zh, 169-70] pour la présence du thème de la conjonction dans cet épisode.

[63] Chapitre 7. Voir [Sr, 157] et [Zh, 79].

[64] Voir www.portlandartmuseum.org.

cloche *zhong*, suspendue à l'aide d'une corde enroulée autour de la protubérance.[65] Mais le commentaire sur le site du musée ne laisse apparemment aucun doute: cette cloche devait se jouer dans le sens d'une cloche *nao* puisque le motif, un masque animalier au museau formé de deux oiseaux aux têtes renversées, devient illisible dans l'autre sens. Je préfère interpréter le motif comme une incarnation de l'ambiguïté du sens d'utilisation de la cloche – un motif inversible pour un objet auto-dual. Le double emploi de l'oiseau dans le masque animalier, je le prête aux cornes dans la lecture inverse: une corne devient un nuage sur lequel flotte l'oiseau. Il chante et la cloche sonne[66] du côté du soleil et du feu – le dragon attend du côté du vase, de l'eau et du vin.

L'empereur Huizong des Song du Nord, qui régna de 1100 à 1125, perdit son empire et finit ses jours en exil.[67] Il fut, après l'empereur Qianlong des Qing, le plus grand collectionneur impérial de l'histoire chinoise. Il collectionna comme un empereur, c'est-à-dire dans le but de soutenir son règne et avec la conscience de suivre une tradition millénaire. Insatisfait au début de son règne de l'état de la musique rituelle à la cour,[68]

> [...] il ordonna une recherche, à la grandeur de la nation, de maîtres de musique, en se reposant sur l'argument traditionnel que l'émulation de la musique ancienne ne pouvait plus dépendre uniquement des textes préservés puisque le « Classique de la Musique » fut perdu lors de l'incendie des livres pendant la dynastie des Qin. Cette émulation nécessitait l'aide de maîtres de musique possédant une connaissance de la musique et des habiletés extraordinaires, sinon surnaturelles.

Huizong voulait revenir à la musique des Trois Dynasties, celles des Xia, des Shang et des Zhou, et celui qu'il trouva pour accomplir cette tâche fut Wei Hanjin, un vieux maître de plus de quatre-vingt dix ans qui se disait inspiré par un transcendant (仙

---

[65] [Fa, 153].
[66] [Fa, 123]. Au sujet du motif de l'oiseau à la tête renversée (et à la queue en forme de trompe d'éléphant) chez les Zhou, voir [Al 3, 192]; du vase et de la cloche, voir [So, 96].
[67] Voir [EB] et [Eb] pour deux excellentes études sur Huizong, la première sur tous les aspects de son règne et la deuxième sur ses collections.
[68] [EB, 428]. Voir aussi [Eb, 159].

人, *xian ren*) de la dynastie des Tang.[69] Ce que Wei proposa et que Huizong accepta[70] fut de couler neuf grandes cloches qui serviraient de fondement à la réforme de la musique. « Quand elle était tournée à l'envers, la cloche devenait un tripode avec une capacité de neuf boisseaux et une hauteur de neuf pieds. Les tripodes symbolisaient les neuf régions de l'empire et servaient dans les sacrifices d'état accomplis par l'empereur »,[71] exactement comme les neuf tripodes que Yu le Grand aurait coulés après avoir fondé la dynastie des Xia. Selon Patricia Buckley Ebrey, « la théorie de Wei impliquait l'amalgame du chaudron et de la cloche, les instruments les plus sacrés des rites sacrificiels et de la musique ».[72] En créant un seul objet pour remplir les deux fonctions, Wei aura fait d'un bronze deux coups. Faut-il se surprendre de cette étonnante survivance des symboles en Chine? Elle relève de l'inconscient, du transcendant de la montagne.

La légende des neuf tripodes est racontée vers la fin de la dynastie des Zhou[73]:

> Il y a longtemps, quand la dynastie des Xia eut atteint le sommet de sa vertu, [les gens des neuf] régions éloignées envoyèrent des images des êtres étranges [de leur région respective] et présentèrent un tribut de métal [...] [Yu le Grand] fit fondre des chaudrons sur lesquels ces êtres furent représentés [...] De cette façon les gens purent reconnaître les esprits et les influences mauvaises, ce qui leur permit de voyager sans adversité à travers les rivières et les marais, dans les montagnes et les forêts. [...] L'harmonie régna alors entre ceux d'en haut et ceux d'en bas, et le peuple reçut la faveur du ciel.

Robert Ford Campany souligne le rôle ordonnateur du centre dans cette légende, qui d'ailleurs sied bien à Yu le Grand. Les menaces au delà du domaine humain (comme dit David Schaberg) peuplent la périphérie. Elle reçoit la projection de conceptions de l'autre monde dans lesquelles figure la malveillance des esprits. Le pouvoir opératoire

---

69 [EB, 440].
70 [EB, 429-30].
71 [EB, 210].
72 [Eb, 159].
73 [Ct 1, 102-4]. Le texte entre crochets est de Campany. Voir aussi [Ck 1, 63-5; 95-6], [Wt, 81-3], [Lw, 299-301] et [Sd, 60-1]. À propos des arts de la forge, des chaudrons de Yu le Grand et du « cinabre neuf fois retourné » de l'alchimie taoïste, voir [Sr, 227-31].

des vases de bronze et de leurs motifs passe par le rituel et aussi, selon moi, par l'idée d'inversion, explicite ou non, qui lie les deux mondes dans ces mêmes conceptions. Les Shang auraient hérité des neuf chaudrons et les Zhou après eux, jusqu'au déclin de leur vertue qui provoqua le retour de ces objets précieux au fond d'un fleuve, là même d'où surgissent les 圖 (*tu*) scellant un accord céleste,[74] dont le *Luo shu* offert à Yu le Grand, qui contient dans ses translations scindées les mêmes symboles trouvant leur place sur certains bronzes.

Le creuset des alchimistes remplacera plus tard le chaudron de Yu. Dans son étude sur l'alchimie dans la tradition taoïste du Taiqing (la Grande Clarté, entre le 2e et le 4e s. ap. J.-C.), Fabrizio Pregadio déclare[75]:

> L'acte central du processus alchimique consiste à entraîner la matière à retourner à son état « d'essence » (*jing*) ou de *materia prima*. Quand les ingrédients de l'élixir sont chauffés dans le creuset, ils passent à travers les étapes du développement du cosmos dans un ordre inverse. [...] Libérée de tous les aspects corrompus dus à l'action du temps, la matière purifiée constituant l'élixir est l'analogue de l'essence qui donne naissance aux « dix mille choses », au monde de la multiplicité. Plutôt que d'établir des corrélations entre les ingrédients et des principes cosmologiques, comme le fera plus tard la tradition alchimique en Chine, les textes du Taiqing assignent un rôle symbolique crucial au creuset, dans sa fonction de renversement de la matière en *prima materia*.

Ces principes cosmologiques utilisés plus tard par l'alchimie entrent en corrélation en particulier avec les trigrammes et les hexagrammes du *Yi jing*, de même qu'avec le *Luo shu* et le *He tu*, qui tous conduisent aussi à l'idée d'inversion (voir le chapitre deux). Par ailleurs, Pregadio souligne que l'élixir est associé au soleil, au feu et à la lumière. Son absorption rituelle, à l'aurore et face au soleil levant, doit transformer l'adepte en 仙 (*xian*), lui faire pousser des ailes en quelque sorte pour lui permettre de s'envoler au

[74] [Ct 1, 103, note 5].
[75] [Pr 1, 67, 78].

ciel.[76] Une proximité s'installe entre l'espace symbolique de l'alchimie et celui auquel conduit le motif inversible des Shang, du moins tel que je le conçois.

Il va de soi que j'ai un faible pour le superbe vase Shang de la figure 73, au décor si exceptionnel.[77] Robert W. Bagley qualifie ce bronze de bizarrement décoré et on peut le comprendre, lui qui ne voit dans les motifs de l'art du bronze des Shang que des décors sans signification.[78] Mais alors pourquoi diable jouer avec le motif principal en l'inversant?[79] Quand je regarde le vase à l'envers, ce qui me surprend d'abord dans le masque animalier vraiment impressionnant, c'est l'utilisation ambiguë de la surface du vase d'un côté, comme dans une lecture en deux dimensions d'un paysage, et de l'autre de son volume et de sa forme. Le vase devient la tête du monstre dans cette deuxième lecture. Les oreilles ou les cornes perdent alors leur fonction – ou basculent dans la décoration, celle d'une coiffe ou d'un casque peut-être, ce qui expliquerait la nette séparation en deux du motif passant sous les oreilles et au-dessus du losange. Ces oreilles spiralées sont-elles vent ou nuages dans l'autre sens?

Ce motif inversé, à l'efficacité redoutable, ne semble pas avoir engendré de descendance parmi les dix mille formes qu'ont pu prendre les motifs sur bronze des Shang. Ou alors existe-t-elle, encore enfouie dans quelque tombeau? Bagley souligne que celui dans lequel a été trouvé ce vase, dans la province du Shanxi près de Shilou Xian, en contenait plusieurs autres « excentriques dans leur décoration ou de types peu familiers ».[80] Est-ce un feu de paille dans une région éloignée du centre qui n'a pas trouvé l'occasion de se répandre? Je propose une autre hypothèse. Si le motif inversible en oiseau s'intègre à un système cohérent de rites, de mythes et de symboles, comme j'ai tenté de le démontrer dans les deux derniers chapitres, alors l'interversion audacieuse des rôles d'un motif et de son inverse dépasse le simple jeu décoratif parce qu'elle

---

[76] [Pr 1, 70-1, 74]. À propos du 仙 ailé, voir aussi [Ct 3, 49] et les figures 1, 2, 3 et 4 du même ouvrage. L'immortel (le transcendant) taoïste est aussi bien associé au dragon, voir [Sf, 22]. Au sujet du projet initial du taoïsme de remplacer le chamanisme populaire, voir [Sk 2, 2-4].

[77] [Fo, 150]. Il existe un vase presque identique, un jumeau, au Asian Art Museum de San Francisco, voir [Dy, 236].

[78] [Fo, 127]. L'expression de Bagley est *oddly decorated*. Voir aussi [Fo. 31] pour le commentaire de Wen C. Fong – qui ne dit rien non plus sur l'inversion du motif.

[79] Le motif secondaire de la cigale n'est pas inversé.

[80] [Fo. 127].

menace de briser ce système, au moins dans son aspect politique.[81] Et pourtant cette audace est fidèle aux symboles. Le motif et son inverse à la fois se distinguent l'un de l'autre et s'identifient l'un à l'autre. Le vase de l'Oiseau innove en formulant explicitement cette relation.

Figure 73: *Vase de l'Oiseau.*

[81] Voir ce qu'en dit Yang au début de ce chapitre.

Le vase de l'Oiseau étonne comme un rêve[82]:

> La nuit dernière Zhuang Zhou rêva qu'il était un papillon voltigeant de-ci de-là, heureux de son sort et faisant comme bon lui semble. Il ne savait pas qu'il était Zhuang Zhou. Il se réveilla soudain et le voilà, sans contredit Zhuang Zhou en chair et en os. Mais maintenant il ne savait plus s'il avait été Zhuang Zhou rêvant qu'il était un papillon, ou un papillon rêvant qu'il était Zhuang Zhou. Entre Zhuang Zhou et un papillon il doit y avoir une différence! C'est ce qu'on appelle le changement des êtres.

Le rêve conjoint ce que la conscience veut séparer, la différence est en même temps une identité. Zhuang Zhou se transforme en papillon, l'oiseau remplace le dragon – et le changement c'est encore 化 (*hua*).[83]

---

[82] [Sb, 10]. Voir aussi [Yu, 101-3] pour un excellent commentaire de Wai-Yee Li. Par ailleurs, ce que Martin J. Powers dit dans le même ouvrage (p. 82-5) du décor en forme de dragons/nuages et des transformations (*hua*) du dragon s'applique, *mutatis mutandis*, au motif inversible.

[83] Voir [Gt, 62-3].

Chapitre huit

Petit monstre

Rêve ou fiction, le papillon du *Zhuangzi* nous amène là où se touchent deux réalités distinctes (ou deux irréalités), en ce vide médian[1] où elles se rejoignent et se transforment, un vide semblable au point qui lie par inversion les deux *ren* de *hua* ou les deux moitiés d'un carré alchimique. Une symétrie centrale contribue à la structure duale de ces objets, celle-là même qui informe les rêves qui m'occupent en ce dernier chapitre. Comme je l'ai souligné en introduction, j'ai décidé de consacrer un deuxième livre exclusivement aux rêves. J'y explorerai plus en détails un type de rêve que j'associe aux thèmes symboliques du carré alchimique et à la dualité. Je clos celui-ci en considérant quelques exemples parmi ceux qui évoquent le plus la structure symbolique de ce carré.

En accord avec mes définitions du chapitre cinq, je qualifie d'auto-dual un rêve qui se divise d'une manière ou d'une autre en deux moitiés reliées entre elles par un rapport d'inversion ou de retournement. Quand une telle structure apparaît plus ou moins clairement dans un rêve, je propose de vérifier si les thèmes symboliques du carré alchimique, amplifiés au besoin par le matériel des chapitres précédents, ne permettraient pas d'en approcher le sens, ou l'un des sens possibles, en particulier quand l'absence du rêveur ne permet pas d'élaborer sur le contexte du rêve. Cette restriction

---

[1] Le vide médian entre le *yin* et le *yang* dont parle François Cheng dans l'un de ses ouvrages, voir [Ce 3].

s'applique manifestement au rêve chinois suivant.[2]

> *La glace*. Les relations entre un homme et une femme aussi bien que la transition entre la vie et la mort sont cruciales, et un rêve de glace est un avertissement sur ces choses. *Le Livre des Jin* [une dynastie entre celles des Han et des Tang] mentionne une personne nommée Hu Ce qui rêva qu'il se tenait debout sur la glace et parlait avec quelqu'un en dessous. L'interprète des rêves, Suo Chen, dit que le côté au-dessus de la glace est Yang et le côté sous la glace est Yin. Par conséquent, le sens du rêve concerne les relations entre le masculin et le féminin, ou le mariage d'un homme et d'une femme. La glace est vue comme une ligne divisant le Yang et le Yin, non seulement le masculin et le féminin, mais aussi le monde des vivants et le monde des morts. Un vers du *Livre de poésie* [*Shi Jing*] dit: « Le soldat revient pour se marier, mais il doit attendre que la glace fonde. » Même aujourd'hui dans le folklore chinois, la glace dénote un intermédiaire dans un projet de mariage.

Ce qui me frappe dans le rêve et son commentaire, c'est la distance apparemment considérable entre les deux. Rien dans le rêve ne conduit de prime abord aux thèmes du mariage et de la mort.[3] Il semble que l'interprète plaque sur le rêve une philosophie toute faite du *yin* et du *yang* qui nous éloigne des images du rêve. D'ailleurs, celui-ci ne précise pas si la personne sous la glace est une femme ou un homme. En fait, cette ambivalence appartient de plein droit au symbole du double. Elle apparaît aussi dans la légende française que je mentionne au chapitre cinq, proche de ce rêve par sa structure et son imagerie. La surface de l'eau ou de la glace peut servir à la fois de fenêtre ou de miroir, elle ouvre une porte qui donne sur l'autre côté, comme l'illustre si bien les formes anciennes du caractère 鑑 (*jian*), dont je parle au début du chapitre six. Cette personne vivant sous la glace introduit l'étrange dans le rêve. Son monde impossible devient l'homologue de l'autre monde, du monde des morts. Il évoque les Sources jaunes et le chaos primordial aquatique. L'espace fermé sous la glace s'oppose à

---

[2] [FZ, 92-3]. Je donne toujours un titre aux rêves, s'ils n'en ont pas déjà un. Voir [Ps, 475] à propos de la glace et du renard, intermédiaire entre les esprits et les vivants; [Bk, 121] et [Sb, 98] au sujet des rêves *yin* et de l'éveil *yang*; [Sk 2, 79, note 69] concernant la mort *yin* et la vie *yang*.

[3] Voir [Sb, 118] à propos du même rêve. Selon cette référence, le simple fait que l'homme parle à la personne sous la glace indique un projet de mariage. Il existe d'autre part en Chine une ancienne tradition mythique sur la rencontre d'un homme avec une déesse aquatique, voir [Sf], en particulier le chapitre 2.

l'espace ouvert au-dessus et en cela il rejoint la symbolique de l'autre monde égyptien que la chambre funéraire du pharaon, structurée par une suite duale, reproduit en petit (voir le chapitre deux) et qu'Andreas Schweizer compare au vase hermétique des alchimistes comme lieu de la transformation.[4]

Un changement de couleurs caractérise *La glace*, analogue à celui du symbolisme de 木 (*mu*). Selon le rêve tel que je le lis, le dialogue entre l'autre monde et le nôtre passe par la structure symbolique du carré alchimique. L'auto-dualité du rêve marie ses deux moitiés. Elle suggère au rêveur une façon de dialoguer avec l'autre, avec sa propre mort proche ou lointaine, toujours trop proche de toute façon, dans l'espoir ou la crainte, dans l'attente que fonde la glace. Mais aussi longtemps qu'elle persiste, elle sépare plus qu'elle unit.[5]

La mort est la grande inconnue dit-on, mais d'un inconnu si semblable à la vie qu'il favorise l'émergence des symboles de dualité. Le tout et le rien dans notre perception de la vie et de la mort, la limite vers laquelle nous tendons en Occident, est une forme élémentaire de dualité. Les mêmes symboles sous des formes plus élaborées transparaissent par exemple dans les traces laissées par la pensée religieuse des Shang, ou dans certains de nos rêves, ou même dans les mathématiques modernes, quoique dans ce dernier cas la commune mesure soit perdue – et vertigineux le saut du plus intime au plus abstrait.

Un homme de 52 ans, atteint d'un cancer et le sachant fatal, fait un rêve qui se rattache directement à sa situation[6]:

> *Forêt en hiver, forêt en été*. Il errait en hiver dans une forêt; tout était recouvert de neige. L'air était brumeux et il avait froid. Dans le lointain, il entendait le grincement d'une lame de scie et de temps en temps le craquement d'un arbre qui tombait. Brusquement, la scène changea. Il se trouva pour ainsi dire à un niveau plus élevé, de nouveau dans une forêt. Mais là, c'était l'été; le soleil brillait dans les feuilles et dessinait des taches claires sur la mousse verte du sol. Le père du

---

[4] [Sz, 27].

[5] Voir ce que je dis de 逆 (*ni*) et de la 11e heure de l'*Amdouat* au chapitre deux.

[6] [Fr 7, 80-1].

rêveur, qui en réalité était mort depuis trente ans, se tenait là et lui disait: Vois-tu, ici c'est encore la forêt, ne fais plus attention à ce qui s'est passé en dessous (il voulait dire la chute des arbres).

Les images du rêve se lisent apparemment sans problème: la coupe des arbres, l'hiver et le froid représentent la mort qui approche; le changement de lieu et de temps, la rencontre du père et la montée représentent le passage d'un état à un autre. Mais cette première lecture ne tient pas compte de la structure duale du rêve. L'arbre coupé perd la vie, 木 (*mu*) meurt dans 不 (*bu*) quand 生 (*sheng*) s'en sépare. Mourir, dit-on, c'est manger les pissenlits par la racine. L'image de la coupe dans la première moitié du rêve amorce une descente. La deuxième moitié du rêve la retourne aussitôt.[7] L'été (生) au-dessus de l'hiver (不) rétablit la structure symbolique de 木, la même que celle d'un motif de *taotie* avec son inverse au-dessus de lui sur le couvercle de certains vases de bronze des Shang. Le rêve en son entier renverse le temps et montre ensemble la mort et son contraire, il égalise les choses comme dit le *Zhuangzi*.[8] La coupe irréversible n'a plus d'importance.

Aux époques lointaines où la réalité des rêves ne faisait aucun doute, des rêves du type de *Forêt en hiver, forêt en été* ont pu contribuer à élaborer ces conceptions sur un autre monde inversé dont j'ai parlé souvent dans ce livre.[9] Ce que je veux souligner à propos du présent rêve, comme des autres de son type à divers degrés, c'est qu'il incarne toute la structure symbolique du carré alchimique. Il évolue dans un entre-deux où il pourrait y avoir aussi bien une forêt que deux, le même ou l'autre, où la conjonction qui surgit des deux moitiés du rêve est inséparable de l'inversion qui les relie ou les identifie.

---

[7] Voir le commentaire de Marie-Louise von Franz en [Fr 7, 82]: « Le passage de la forêt détruite à la forêt ressuscitée a été obtenu par un renversement typique qui n'est pas décrit précisément dans le rêve [...] ».

[8] Son deuxième chapitre, qui se termine par le rêve du papillon, s'intitule le *Discours sur l'égalisation des choses*.

[9] Concernant les rêves et les croyances religieuses, voir [Bb 2, 97-8] et surtout [Yo, 13, 117-20] avec les références dans les notes. Voir aussi [Ny 2, 34].

Les rêves possèdent un avantage certain sur les autres objets de ma collection: ils coulent sans cesse dans nos vies et les symboles qu'on y décèle se renouvellent constamment dans le mythe personnel du rêveur. La femme à qui vint le rêve suivant visita deux mondes d'une manière bien à elle.[10]

> *Le temple et la danse.* J'ai rêvé que je voyais ce qui ressemblait à un temple grec en ruine, isolé dans une campagne déserte. C'était magnifique, même si ce n'était qu'une ruine. Il y avait une paix et une majesté dans toute l'atmosphère. Je me sentais très calme.
>
> Je me retrouvai soudainement dans un club de nuit ou un endroit similaire dans une ville comme New York. Tout le monde observait une danseuse à go-go tourner à un rythme de plus en plus rapide au son bruyant d'un groupe rock. Le ton de la musique montait sans cesse et finit par me réveiller.

Jean Dalby Clift et Wallace B. Clift, qui rapportent le rêve, parlent à son propos du contraste extrême entre ses deux moitiés, suggérant à la rêveuse « de chercher où un tel conflit est présent dans sa vie », de tenir compte des deux points de vue ou des deux parties d'elle-même que le rêve présente et qu'il lui incombe d'intégrer ou d'équilibrer. Selon Jung, la tension entre les opposés produit l'énergie psychique nécessaire à enclencher un processus d'élargissement de la conscience,[11] ce que le présent rêve semble bien illustrer.

Le temple et la danse sépare les opposés comme un carré alchimique sépare le pair et l'impair, il penche du côté de la disjonction plus que de celui de la conjonction, à l'inverse du rêve précédent. Mais tout n'est pas conflictuel dans le rêve. Le carré du temple participe de la terre (féminin) et le cercle de la danse participe du ciel (masculin). Et la danseuse privée de partenaire correspond au temple en ruine quitté par son dieu ou sa déesse. Un couple danse-t-il dans le vide central du rêve, ce vide qui n'appartient ni à l'une ni à l'autre moitié?[12]

---

[10] [CC, 43-4].
[11] [Ju 3, 418, 497].
[12] Au sujet du thème de la danse, voir aussi [Ad, 120-1] et [Ro 2, 178-82, 323-4].

Selon Carl Kerényi, les mythes associés aux mystères d'Éleusis, à Dionysos et à Asclépios proviennent d'un mythe archaïque d'origine crétoise.[13] Celui-ci concerne une déesse de l'autre monde qui est aussi une déesse de la danse.[14] À Éleusis, l'emplacement du futur temple fut d'abord un espace ouvert réservé aux danses initiatiques.[15] En Crète surtout, le labyrinthe, un temple dédié à la déesse de l'autre monde, est dansé par les fidèles.[16] La déesse, nommée Ariane en Crète et Perséphone ailleurs, soit donne naissance à Dionysos (dieu du vin, de la danse et de la musique), soit l'épouse.[17]

La spirale et le méandre (une spirale carrée) représentent le labyrinthe, lui-même un symbole de l'autre monde: « Les expériences des initiés aux mystères d'Éleusis étaient assimilées dans la littérature à un voyage labyrinthique dans l'autre monde. »[18] Le labyrinthe guide la danse et permet la descente et la montée: « Quand un danseur suit une spirale [...] il retourne à son point de départ. »[19] La danse bien exécutée permet d'entrer et de sortir du labyrinthe, alors que dans le rêve la danse et le temple sont séparés. La danse évite le piège: demeurer prisonnier au centre du labyrinthe et y mourir. N'est-ce pas un danger semblable qui menace les personnages du rêve, immobiles devant une danseuse qui tourne autour d'un point fixe?[20] Le salut de la rêveuse pourrait provenir, justement, de la reconnaissance des symboles proposés par son rêve, du retour au temple où le vrai réveil a lieu, le réveil de l'initiation.

Un rêve dualisé par les images de la danse et du temple rejoint un mythe à propos des deux mondes et des rapports entre la vie et la mort. La structure symbolique du carré alchimique – ou mieux, en l'occurrence, du carré spiralé – conduit aux mêmes thèmes. Le mythe se cache derrière un décor moderne.

---

[13] [Kr 2, 106] et [Kr 3, xviii-xix].
[14] [Kr 2, 99].
[15] [Kr 1, 21].
[16] [Kr 2, 107].
[17] [Kr 2, 101-25].
[18] [Kr 2, 93]. Au sujet des motifs de la spirale et du méandre, qui décorent plusieurs vases grecs, voir [Kr 2, 90-93]. Nous avons constaté qu'en Chine le motif de la spirale carrée est plutôt lié au vol et au vent (pages 203 et 231), mais l'image du vent rejoint celle du labyrinthe via la danse. À propos de la danse et de l'envol, voir [Kr 2, 135]. Le mouvement circulaire et la musique conduisent le derviche tourneur à la transe: il s'envole comme le chamane.
[19] [Kr 2, 92]. Le labyrinthe unit le haut et le bas, voir [Kr 2, 105].
[20] New York peut très bien faire figure de labyrinthe, d'autre monde.

Si *Le temple et la danse* est surtout disjonctif dans son contenu, il est conjonctif dans sa structure comme tous les rêves de ce type, parce qu'un rêve auto-dual dépeint forcément un changement symétrique de couleurs d'une moitié à l'autre, fortement prononcé (*Le temple et la danse*) ou non (*La glace* et *Forêt en hiver, forêt en été*). Chaque rêve est unique, chaque personne qui rêve l'est aussi. Mais je parle d'un type de rêve parce que je pense que plusieurs traits communs les rassemblent. Ceux-ci se préciseront à mesure que s'accumuleront les exemples dans le deuxième livre, mais je peux déjà isoler un trait important à partir des trois rêves précédents – à part la présence des thèmes symboliques du carré alchimique. Il concerne la symétrie du rêve et ses brisures, autrement dit son dynamisme. Il arrive souvent par exemple que dans un rêve auto-dual, l'une de ses moitiés relève plus directement du rêveur, de sa situation, de son monde. D'ailleurs, cette asymétrie permet parfois de retrouver partiellement, indépendamment du rêveur, le contexte du rêve ou le nœud du problème. Quand le rêveur demeure d'un seul côté du rêve, comme dans *La glace*, le choix de la moitié à lui assigner va presque toujours de soi. Mais un choix naturel peut s'imposer aussi même quand le rêveur occupe la scène dans chaque moitié de son rêve. Dans *Forêt en hiver, forêt en été*, la première moitié du rêve correspond à l'état de santé du rêveur, à sa mort qui s'en vient, et dans *Le temple et la danse*, la deuxième moitié du rêve se rapproche du présent de la rêveuse (son aide permettrait sans doute d'en dire davantage). Une autre façon de distinguer les deux moitiés du rêve consiste à regarder de quel côté apparaît l'étrange: en bas dans *La glace* avec la personne vivant sous l'eau, en haut dans *Forêt en hiver, forêt en été* avec la présence du père et peut-être la réversibilité de la coupe. La part de l'*autre*, je la chercherais moins dans la moitié du rêve teintée par l'étrange que dans son tout. Au delà de sa trame narrative, un rêve auto-dual commence dans la moitié assignable au rêveur et se termine dans son tout, dans son centre, tel un plan d'une rencontre avec l'autre en soi. Plus la symétrie est accentuée entre les deux moitiés du rêve, plus elles sont proches l'une de l'autre, plus cet autre montre son dernier visage, revêt son dernier masque – la mort, soi-même, ou qui d'autre?

Une autre source possible d'asymétrie dans un rêve auto-dual découle de la présence du thème de la conjonction non seulement dans la structure du rêve, mais aussi dans son contenu. Dans ma lecture chinoise de *Forêt en hiver, forêt en été*, l'arbre protégé de la coupe fait figure de symbole conjonctif. Il reproduit en petit la structure globale du rêve et en dynamise les deux moitiés. Une telle asymétrie, légère dans *Forêt en hiver, forêt en été*, saute aux yeux dans l'un de mes rêves, que voici:

> *Petit monstre* (19 août 1990). Dans la cour arrière d'une maison inconnue, je pourchasse un objet bizarre qui se déplace sur le sol. L'objet ressemble à la tête d'un champignon. Il bouge lentement et, avec une certaine crainte, je le dirige vers la clôture dans le fond de la cour. Je vois de la clôture deux longues planches horizontales, dont l'une touche le sol, mais pas de poteaux verticaux. Des témoins sont présents, parmi lesquels des enfants, ou peut-être seulement des enfants derrière moi, auxquels je parle de temps en temps. Finalement bloqué par la clôture, l'objet s'immobilise et je le retourne avec une longue baguette. Le dessous lamellé ressemble effectivement à celui d'une tête de champignon. Une fois retourné, je le démantèle avec ma baguette. Il est fait d'une substance friable.
>
> Soudainement, à travers le champ au delà de la clôture, je vois arriver un animal monstrueux de la grosseur d'un petit chien. La partie supérieure de son corps est celle d'un cerf ou d'un bélier. Les cornes sont à mi-chemin entre celles d'un bélier et les bois d'un cervidé: courtes, duveteuses et avec peu de ramifications. La tête me fait aussi penser dans le rêve à un sanglier, couverte de longs poils comme tout le corps. Une moitié de scorpion forme la partie inférieure de la bête. L'animal est séparé en deux parties à peu près égales. Une expression de douceur se lit dans ses yeux. Je m'éloigne un peu de la clôture, que l'animal ne traverse pas, et l'admire avec étonnement. Il ne m'effraie pas, mais je garde mes distances. Je dis dans le rêve: « C'est l'union des opposés! »

À l'époque de ce rêve je poursuivais de longues études en mathématiques, pour lesquelles mon intérêt diminuait de plus en plus, jusqu'à disparaître complètement pendant une période de lecture intensive des ouvrages de Jung. Celle-ci provoqua[21] pendant plusieurs mois une activité onirique inhabituelle, dont fait partie *Petit monstre*. Mon exclamation à la fin du rêve me fit tout de suite penser à Jung, même si l'image particulière à ce rêve de l'union des opposés ne se retrouve nulle part, à ma connais-

---

[21] Ou alors est-ce mon passage, au début de la trentaine, de la première à la deuxième moitié de la vie?

sance, dans ses écrits. Je n'ai rencontré, ni alors ni depuis, aucune image se rapprochant de celle-ci. Mais le soupçon d'une influence manifeste de mes lectures me détourna du rêve. Mon comportement douteux dans le rêve m'en détourna aussi. Selon Jung, tout objet rond peut être un symbole du Soi[22], et le sort que je réserve à la tête de champignon dans la première partie du rêve me sembla de fort mauvais augure au réveil. Cette image de destruction donne au rêve un aspect inquiétant – l'image d'une âme démantelée.

Je fus également déçu de constater que l'amplification astrologique, à laquelle conduit naturellement l'image du petit monstre, révèle un défaut dans cette image, les signes du bélier et du scorpion n'étant pas en opposition, même si le premier est associé au feu et au masculin, et le deuxième à l'eau et au féminin. Je ne découvris que beaucoup plus tard le tableau du zodiaque discuté par Burckhardt (voir les figures 13 et 14 du chapitre quatre, et mon texte correspondant), dans lequel une symétrie bilatérale unit les deux signes. L'agressivité caractérise à la fois le bélier et le scorpion (de même que le sanglier d'ailleurs), ce qui les apparente à Mars. Elle m'est aussi attribuée dans le rêve, mon bâton remplaçant l'épée du dieu. Jung remarque: « Astrologiquement parlant, Mars caractérise la nature instinctive et affective de l'homme. La subjugation et la transformation de cette nature semble être le thème de l'opus alchimique. »[23]

Si la lecture des livres de Jung m'a d'abord détourné des mathématiques, elle a fini par m'y reconduire, sous la forme que ce retour prend dans le présent livre. *Petit monstre* anticipe ce développement. Le trait du rêve qui m'a tout de suite accroché, c'est sa dualité, un terme que j'ai emprunté à cette occasion à la théorie des catégories.[24] Déjà dans le rêve je perçus vaguement que le mouvement du petit monstre, quoique déphasé, reproduisait celui de la tête de champignon, la clôture servant de plan de réflexion.[25] Le petit monstre se retrouve derrière le miroir qu'il ne peut franchir (et sur ce point le rêve

[22] Concernant le thème de la rondeur, voir aussi [Hi, 159-60], et [Hi, 171-2] à propos de celui du champignon.

[23] [Ju 10, 141, note 39]. Une autre amplification astrologique: le signe du bélier est associé à la tête et celui du scorpion à l'organe génital, voir [Sé 2, 109].

[24] Concernant les catégories duales et le renversement des flèches, voir la fin du chapitre trois.

[25] Le chapitre 3 du *Huainanzi* décrit une suite duale en 7 équilibrant le *yin* (la mort) et le *yang* (la vie) à travers l'espace habité, du plus intérieur au plus extérieur: la maison, la salle, la cour, la porte, la ruelle, la sente et la campagne, voir [Lu, 114-5]. La clôture de mon rêve correspond à la porte, le centre où le *yin* et le *yang* sont à égalité.

penche plus du côté de la séparation que de l'union), enfermé dans une irréalité qui fonde mon sentiment de sécurité dans le rêve face à l'animal, un sentiment qui s'oppose à ma crainte face à la tête de champignon, pourtant apparemment inoffensive. L'auto-dualité du rêve passe aussi par le renversement des termes de part et d'autre de la clôture. La tête représente la partie féminine du champignon et correspond au scorpion (féminin selon l'astrologie) apparaissant de l'autre côté. La queue du scorpion menace la moitié masculine de l'animal (bélier), ce qui inverse le sens de l'agression de ce côté-ci de la clôture (féminin et masculin, haut et bas). Par ailleurs, la disjonction et la distance ontologique maximale entre la tête de champignon et le rêveur se transforme en une union et un rapprochement de l'autre côté. Dans le rêve, la taille normale d'un scorpion augmente et celle d'un cerf ou d'un bélier diminue.

La queue menaçante du scorpion fait du petit monstre une image équivoque de l'union des opposés. Le rêve dépeint dans son contenu la nature paradoxale typique d'un rêve auto-dual: séparer et unir à la fois le même et l'autre. Le contraste entre les images du rêve de part et d'autre de la clôture crée la « différence de potentiel » (Jung) mettant l'énergie psychique en mouvement (voir la note 11 de ce chapitre), une énergie qui dans les trois rêves discutés précédemment surgissait plutôt du contraste entre le contenu du rêve et sa structure, une énergie qui dans les quatre rêves surgit de leurs asymétries. Cette énergie doit soutenir un processus nettement défini, sinon facilement réalisable, qui commence dans la séparation et se termine dans l'union – ou qui commence et se termine au même point, c'est selon. Le rêve auto-dual se rapproche par cette propriété du rêve initial en psychothérapie, c'est-à-dire du premier rêve rapporté par un patient, qui souvent présente apparemment sa situation et prononce un diagnostic sur l'issue de la psychothérapie. Le rêve initial concerne donc lui aussi le commencement et la fin d'un processus. De ce point de vue, ces rêves peuvent être qualifiés à la fois de terminaux et d'initiaux, en particulier quand le thème de la mort (explicite ou métaphorique, c'est-à-dire transformative) est présent dans le rêve, comme pour *Forêt en hiver, forêt en été* et peut-être pour *La glace*. Sans mauvais jeu de mot, le premier semble en fait uniquement terminal. Mais processus il y a bel et bien, simplement concentré dans un court espace de temps – le temps d'un passage.

Tout comme le rêve initial, le rêve auto-dual accentue la nature d'interlocuteur de l'inconscient. *La glace* intègre peut-être ce thème dans ces images puisqu'il met en scène un dialogue. Il pourra éventuellement transformer l'état initial glacé de l'eau – et des âmes en présence. *La glace* raconte le début d'une histoire qui coïncide avec sa structure. Parlant d'interlocuteur, mon rêve du double, que je mentionne à la fin du chapitre cinq, a toutes les allures d'une réponse, je dirais d'une première réponse si *Petit monstre* ne l'avait précédé de beaucoup. D'ailleurs, ce rêve du double, même minimaliste (et non sans hunour), admet une dualisation (les deux côtés du lit) qui autorise à lui appliquer l'approche que je développe pour les rêves auto-duaux.

Le petit monstre me rappelle l'*ouroboros* (voir la figure 74)[26]:

> Le Mercurius qui personnifie l'inconscient est essentiellement « duplex », paradoxalement dualistique par nature, démon, monstre, bête, et en même temps panacée, « le fils des philosophes », *sapientia Dei*, et *donum Spiritus Sancti*.

> La nature paradoxale de Mercurius réfléchit un aspect important du Soi – le fait qu'il s'agit essentiellement d'un *complexio oppositorum*, et en effet rien d'autre ne lui va s'il doit représenter une totalité.

> [...] la double nature de Mercurius apparaît clairement dans *l'ouroboros*, le dragon qui se dévore, se fertilise, s'engendre, se tue et se ramène lui-même à la vie. Étant hermaphrodite, il est composé des opposés tout en les unifiant en même temps: à la fois poison mortel, basilique, scorpion, panacée et sauveur.

> La substance (*ouroboros*) se dévore elle-même et, ainsi, ne souffre pas de la faim; elle ne meure pas par l'épée mais « se tue elle-même avec son propre dard » comme le scorpion, qui est un autre synonyme de la substance obscure.

> Encore et toujours les alchimistes répètent que l'*opus* provient de l'unité et retourne à l'unité, que c'est une sorte de cercle comme un dragon mordant sa

[26] [Ju 2, 28] pour la première citation, [Ju 10, 241] pour la deuxième, [Ju 1, 371-2, 293-4] pour la troisième et la cinquième, de même que pour la figure 74, et [Ju 3, 60] pour la quatrième. Concernant le scorpion, voir aussi [Ju 2, 48], [Ju 3, 144] et [Ju 9, 133], et [Sz, 218] au sujet de l'*ouroboros*.

propre queue. Pour cette raison l'*opus* fut souvent appelé *circulare* (circulaire) ou *rota* (la roue). Mercurius se trouve au commencement et à la fin du travail: il est la *prima materia*, le *caput corvi* [la tête de corbeau], la *nigredo*; en tant que dragon il se dévore lui-même et meurt, pour renaître comme *lapis*. Il est le jeu des couleurs de la *cauda pavonis* et la division en quatre éléments. Il est l'hermaphrodite du début qui se sépare en la dualité classique du frère et de la sœur et est réunifié dans la *coniunctio*, pour apparaître encore une fois à la fin sous la forme radiante de la *lumen novum*, de la pierre. Il est métallique et pourtant liquide, matière et esprit, froid mais brûlant, poison et potion curative à la fois – un symbole unifiant tous les opposés.

Figure 74: *L'*Ouroboros.

Si l'agressivité du petit monstre correspond à celle du rêveur, sa rondeur le lie à la tête de champignon. La figure globale qui en résulte, et qui correspond à l'*ouroboros*, intègre les deux protagonistes présents de l'autre côté. Le petit monstre conjoint ce que la première partie du rêve sépare – une image de l'union des opposés différente de celle qui provient du tableau du zodiaque et plus proche de la structure auto-duale du rêve. La tête de champignon et le petit monstre deviennent respectivement dans cette lecture la *materia prima* et le résultat inattendu du renversement de son démantèlement irréversible. *Solve et coagula* comme disaient les alchimistes: dissout et coagule. L'être étrange passe par une *nigredo* ou une *mortificatio* et réapparaît à la fin sous la forme du petit monstre. La symétrie inversée distingue et identifie les deux. Le paradoxe d'un processus qui revient sur lui-même se révèle dans le rêve à travers le contraste entre un contenu déployé dans le temps et une structure auto-duale qui l'égalise.

L'élément rond comme *materia prima* et but de *l'opus* prend diverses formes en alchimie occidentale. J'en présente une dans la figure 75. Jung la commente en soulignant la double nature du travail alchimique, théorie d'un côté et pratique de l'autre. « Au milieu, au-dessus de la fournaise, se tient le tripode et la flasque ronde contenant le dragon ailé. Le dragon symbolise l'expérience visionnaire de l'alchimiste quand il travaille dans son laboratoire et "théorise". Le dragon en lui-même est un *monstrum* – un symbole combinant le principe chthonien du serpent et le principe aérien de l'oiseau. »[27] Le dragon ailé, représenté dans la figure au début du processus, se love en Ω (qui trace le contour d'une tête, et à l'envers celui d'un vase) – la fin est le commencement[28]:

> Selon la tradition, la tête ou le cerveau est le siège de l'*anima intellectualis*. Pour cette raison, le vase alchimique doit être rond comme la tête, de telle sorte que ce que produit le vase soit aussi « rond », c'est-à-dire simple et parfait comme l'*anima mundi*. Le travail est couronné par la production du *rotundum* qui, en tant que *materia globosa*, se tient au début et à la fin du travail sous la forme de l'or.
>
> Les alchimistes décrivent « l'élément rond » parfois comme eau primordiale, parfois comme feu primordial [...] Zozimos appelle le *rotundum* l'élément oméga (Ω), lequel signifie probablement la tête. Le crâne est identifié au vase de la transformation dans le traité sabéen *Platonis liber quartorum*, et les Philosophes se qualifient eux-mêmes « d'enfants de la tête d'or » [...] Le *vas* est souvent synonyme du *lapis*, il n'y a ainsi pas de différence entre le vase et son contenu [...] Selon une vieille conception, l'âme est ronde et le vase doit aussi être rond, comme les cieux ou le monde.

Marie-Louise von Franz souligne que « [ces] idées alchimiques sont probablement nées de la croyance égyptienne selon laquelle Osiris représentait un élément

---

[27] [Ju 1, 290-2].

[28] [Ju 1, 87-8] pour la première citation et [Ju 6, 237-9] pour la seconde. Voir aussi [Ju 1, 325] et [Ju 3, 355-6], de même que [Ju 1, 236-8] à propos de l'identité paradoxale du vase rond, de la *prima materia* et de la Pierre. [Ju 1, 118]: la Pierre c'est le double, l'autre.

aquatique et rond »[29], ce qui nous ramène aux thèmes du sacrifice et du renouveau. Jung, quant à lui, discute longuement dans l'un de ses ouvrages du symbole alchimique du poisson rond et de son association à la figure du Christ.[30]

Figure 75: *Le laboratoire alchimique.*

Toute cette imagerie rappelle encore une fois la symbolique de 鑑 (*jian*), dont j'ai parlé au chapitre six, et aussi celle de la tête comme élément rond dans l'image de l'*Anthropos* (figure 9), sur le vase de la Tête (figure 25) et la hache de Fu Hao (figure 30). J'ai associé ce dernier bronze aux thèmes du sacrifice et du démembrement chamanique, qui se retrouvent aussi dans la symbolique alchimique[31]:

> Tuer avec l'épée est un thème récurrent dans la littérature alchimique. « L'œuf philosophique » est divisé avec l'épée, avec elle le « Roi » est transpercé et le dragon ou « corpus » démembré, ce dernier étant représenté par le corps d'un homme à la tête et aux membres coupés. [...] Car l'épée alchimique amène la

---

[29] [Fr 7, 164].

[30] [Ju 6, ch. X-XII]. Le poisson rond de l'alchimie, remarque Jung au début du chapitre X, n'est pas un poisson mais un invertébré proche de la méduse – proche aussi, donc, de la tête de champignon de mon rêve. L'élément rond revient dans le modèle de Jung du *Lapis Quaternio*, voir [Ju 6, 238]. Pour un exemple de rêve de poissons ronds, voir [Cb, 163].

[31] [Ju 9, 130]. Voir aussi [Ju 10, 82-3], [Sz, 58] et [Ny 2, 245-6].

> *solutio* ou la *separatio* des éléments, rétablissant alors la condition originelle du chaos, de sorte qu'un nouveau corps plus parfait puisse être produit [...] L'épée est ainsi ce qui « tue et vivifie », la même chose étant dite de l'eau permanente ou de l'eau mercuriale.

L'épée qui tue et vivifie l'élément rond (l'œuf, en l'occurrence) éclaire d'un jour nouveau le bâton de mon rêve, lui qui, considéré isolément, ne semble qu'un agent séparateur, qu'un aspect purement négatif qu'égalise par ailleurs le petit monstre de l'autre côté: le scorpion qui attaque et la douceur dans les yeux de la bête invoquent le poison qui guérit, comme le serpent d'Asclépios enroulé autour de son bâton.

Le poison tue et vivifie, mais le scorpion et le serpent venimeux meurent s'ils ne possèdent en eux leur propre antidote.[32] Ils ont inspiré la recherche d'un élixir naturel assurant la longévité – jusqu'à mille ans dit le médecin alchimiste Paracelse.[33] Le scorpion symbolise le renouveau, comme le serpent, la cigale ou le cerf, ce dernier à cause de la régénération périodique de ses bois.[34] Le scorpion et le cerf cachent, à travers le thème de la longévité, une symétrie interne dans l'image du petit monstre. Le même thème induit aussi un lien transversal dans le rêve. Selon la tradition chinoise en effet, le cerf « est le seul animal capable de trouver le champignon sacré d'immortalité [...] »,[35] le 靈芝 (*lingzhi*), le champignon numineux des dix mille années, un ingrédient indispensable dans la diète de l'adepte taoïste rêvant de se transformer en transcendant, en 仙 (*xian*). On peut toujours le trouver, *réduit*, dans les boutiques chinoises d'herbes médicinales, comme je l'ai constaté récemment à Montréal où j'habite.[36] La figure 76 donne le décor partiel d'un plateau laqué retrouvé dans un tombeau près de Yangzhou, datant du 1er s. av. J.-C.[37] On y voit le cerf croquant ou reniflant le *lingzhi*, les deux

---

32 En Égypte ancienne, la déesse scorpion Serket, déesse maternelle, « peut guérir aussi bien que détruire », voir [Wk, 234]. Et Asclépios « [...] était la maladie *et* le remède. » ([Me 1, 3]; italique de C. A. Meier). Voir aussi [Kr 3, 17] à propos d'Apollon « qui tue et guérit ».

33 [Ju 10, 134-5].

34 Voir [Bi] et [Wm] aux entrées correspondant à ces animaux.

35 [Wm, 133]. Voir aussi [Ro 2, 39]: la plante miraculeuse fait partie des cadeaux du ciel, à côté du *jing* (livre), de l'objet précieux pour la quête de longue vie, du talisman ou du breuvage d'immortalité.

36 Mais je ne l'ai pas retrouvé lors de mes visites ultérieures, alors j'ai peut-être imaginé plutôt que vu.

37 [Po, 266]. La figure suivante du même ouvrage remplace le cerf par un oiseau. Concernant le *lingzhi*, voir aussi [Le 2, 201-2], [Pr 1, 72], [Ro 1, 102] et [Sr, 225]: « [Le *lingzhi*] a la particularité de pouvoir se

flottant dans des motifs spiralés. Comme le souligne Martin J. Powers: « Dans les décors chinois traditionnels, un nombre illimité de formes fractales peuvent être représentées en utilisant des volutes en motif de nuage. Ces formes comprennent les nuages, les rochers, les *lingzhi* et la fourrure d'animaux de bon augure. Comme le bélier est un tel animal favorable, la touffe de poils sur son front est parfois représentée par des formes semblables à celles utilisées pour les champignons. »[38] Les cornes du bélier conduisent naturellement à la spirale, et par inversion – du moins selon mon interprétation du motif inversible en Chine – à l'oiseau, aux nuages et au 仙.

Figure 76: *Le cerf et le* lingzhi.

Selon Susan Bush, le caractère 靈 (*ling*) s'applique aussi bien aux animaux favorables dont parle Powers qu'aux champignons de longivité des taoïstes, à leur diagrammes sacrés comme le *Luo shu* et le *He tu*, ou à leurs écritures révélées.[39] Réciproquement, 芝 (*zhi*) ne se réduit pas à une espèce particulière de champignon. Il se caractérise, selon Robert Ford Campany, par son inaccessibilité – l'adepte peut le trouver par exemple aux flancs de montagnes éloignées – et surtout son étrangeté, son pouvoir de traverser les frontières ontologiques entre les minéraux, les plantes, les animaux et les

développer dans un environnement très sombre et de prendre alors une forme étrange qui le fait ressembler à des bois de cerf. »

[38] Communication personnelle. Au sujet du sacrifice du bélier, voir [Co 7, 214].

[39] [Ci 1, 72]. À propos de *ling*, voir aussi le début du chapitre six.

humains.[40] Dans mon rêve, la tête de champignon se déplace au sol tel un animal. Elle est accessible par contre à l'esprit d'analyse jusqu'à la soumission, jusqu'au sacrifice. Cela l'oppose aussi, dans un tout autre registre, à la truffe cachée dans la terre – dont le sanglier est un chasseur expert.

Le 靈芝 incarne la nature du 仙, en lequel l'adepte se transforme quand il sort du cadre habituel de l'humaine condition. Croire en l'existence du *xian*, c'est croire en la possibilité de participer à la perméabilité des frontières entre les êtres ou les espèces, que réalisent le *lingzhi* et le dragon. Une bonne partie du texte de Ge Hong contenant le passage sur le *lingzhi* est consacrée à répondre aux détracteurs, à prouver aux autres (et à soi-même peut-être) que le « changement des êtres » impliqué par l'existence du 仙 est bien réel.[41] Réel il demeure dans nos rêves.

Le thème de la longévité lie le scorpion, le cerf et le champignon d'une autre manière, toute chinoise: le caractère 萬 (*wan*, forme simplifiée 万), qui signifie « dix mille », dénotait originellement le scorpion, comme l'attestent ses formes anciennes (voir ci-dessus).[42] Ces formes schématisent parfaitement le corps du scorpion, sa queue et ses pinces, mais les formes moins anciennes (à droite) développent curieusement le motif des pinces, si bien qu'elles finissent par ressembler fort aux bois d'une tête de

[40] [Ct 2, 26-9]. Voir aussi [Wr, 179-85] pour le texte de Ge Hong que Campany discute.

[41] Voir [Gh]. Le choix des chapitres du livre de Ge Hong traduits par Philippe Che accentue sans aucun doute cette impression.

[42] [Wa, 49]. L'expression 萬年 (*wan nian*), dix mille ans ou pour toujours, conclut souvent les inscriptions sur les vases de bronze de l'époque des Zhou, en guise de voeu de prospérité pour la descendance.

cervidé vue de face.[43] Les transformations de ces pinces ou de ces bois aboutissent dans la forme classique du caractère au radical des plantes, comme si 萬, et comme le cerf d'ailleurs avec ses bois, traversait une frontière ontologique à la manière du 靈芝. Je mentionne une dernière curiosité parce qu'elle suit le courant de tous ces symboles. Il y a quelques années à peine, quand je me suis enfin tourné vers les caractères chinois et leur étymologie, j'ai découvert que mon nom chinois, 伊萬 (Yi Wan), se superposait directement à mon rêve (voir la figure 77). Je l'ai déjà montré pour 萬 du côté du petit monstre. Quant à 伊, il se compose de 人 (*ren*) à gauche et de 尹 (*yin*) à droite (ou derrière) – l'image d'une main tenant un bâton.

Figure 77: *Nom chinois.*

Dans un tel nom chinois à deux caractères, le premier est le nom de famille et le second, le prénom. De ce point de vue, il y a un échange de qualités dans mon rêve, Yi se trouvant de mon côté et Wan de l'autre, du côté des ancêtres, du côté du passé qui rejoint l'avenir, du côté du symbole unifiant les opposés. Mais de mon côté se trouve aussi la tête de champignon, qui appartient à la même famille de l'étrange que le petit monstre. L'élément fragile et éternel s'introduit dans la vie éphémère et contribue,

[43] J'ai souligné le même phénomène à propos d'autres motifs chinois, voir la page 240.

comme l'échange de qualités dans mon nom, à l'égalisation des choses, au tout du rêve. L'élément rond quitte l'espace étrange et ouvert en pénétrant l'espace clos et familier. Il contribue à la dualisation du rêve. L'élément droit, le bâton, y contribue aussi mais de manière inverse, en demeurant de son côté. Lu comme un bâton de pèlerin, il invite au départ, au passage, au procès qui conduit loin du monde connu. L'image des enfants rejoint le même thème.[44] L'enfant doit quitter un jour la maison familiale et s'installer à demeure dans un ailleurs à venir. Mais l'ailleurs de l'autre côté ne perd jamais son étrangeté. L'enfant est sa demeure.

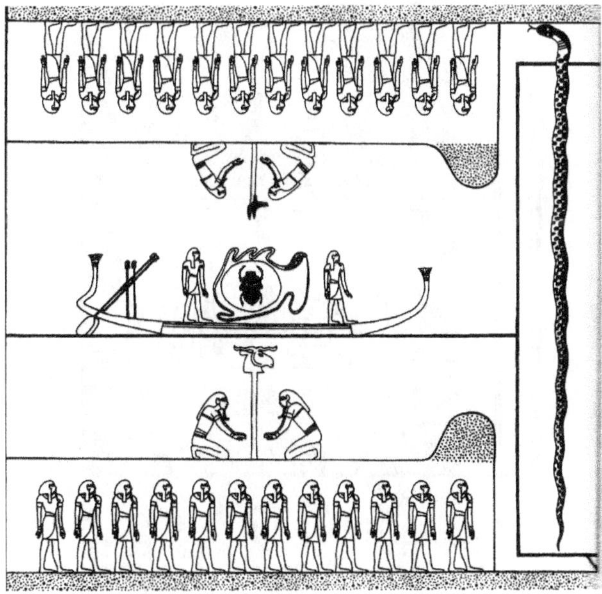

Figure 78: Livre des portes*, tableau initial.*

Une autre lecture fait du rêveur un intrus, perdu dans un monde étrange structuré par une dualité. En fait, cette double lecture caractérise tout objet auto-dual, des rêves précédents aux plastrons divinatoires et aux motifs inversibles des Shang. Elle provient du paradoxe fondamental de la dualité, dont on ne sait si elle concerne un monde ou

[44] L'*opus* alchimique est un jeu d'enfants, voir [Cam, 154, 165].

deux, l'autre ou le même, l'origine où l'on n'est pas.[45] Elle montre que les rapports entre le conscient et l'inconscient suivent l'ordre quasi mathématique de ce dernier,[46] cet ordre qu'on retrouve dans l'*Amdouat* et les autres livres égyptiens de la série qu'il inaugure.[47] L'importance des images dans ces livres suggère une comparaison avec les rêves, d'autant plus qu'en Égypte ancienne le sommeil de la nuit fut homologué à une immersion de l'âme dans les eaux primordiales, d'où elle surgissait rajeunie au matin, comme le soleil nouveau apparaissant à l'horizon.

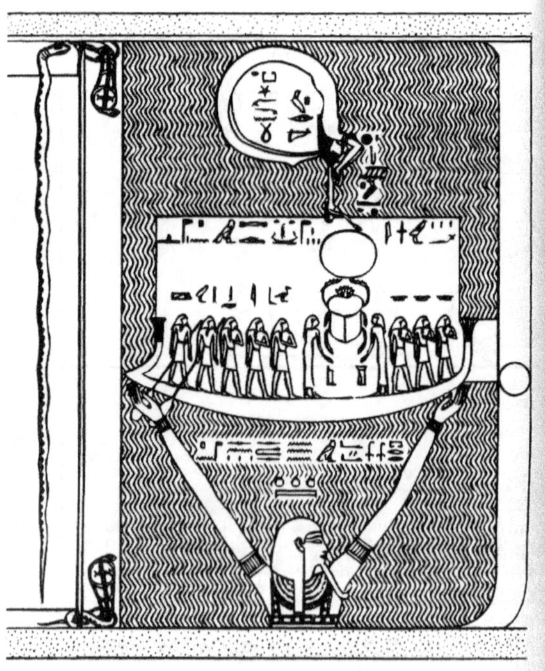

Figure 79: Livre des portes, *scène finale.*

---

[45] [Ju 3, 535-40] et [Lu, xxxi-xxxiii].

[46] Concernant l'ordre dans l'inconscient, voir [Sz, 126, 162, 179-80]. Au sujet des nombres naturels comme archétypes d'ordre, voir [Ju 3, xiii-xiv]. Voir aussi [Fr 2] et [Ab, section 3.6]. À propos de l'influence possible de Pauli sur la position de Jung, voir [Gi, 309-17]. L'imagination mathématique de Jung se déploie plus que jamais dans le dernier chapitre de [Ju 6].

[47] Voir les chapitres deux et cinq.

Je donne dans la figure 78 le tableau initial du *Livre des portes*.[48] Il condense tout le voyage en une seule image avant qu'il ne commence. Au centre se tient le scarabée dans le disque solaire (ou l'œuf), encerclé et protégé par un serpent *ouroboros*. Le scarabée remplace le dieu solaire dans sa barque et annonce la fin du voyage, le moment où le soleil se régénère, où le vieillard redevient un enfant.[49] Le poteau à tête de bélier, explique Erik Hornung,[50] représente le pouvoir de récompense du dieu, et celui à tête de chacal, son pouvoir de punition. Le dieu solaire unit en lui un pouvoir de séparation et un pouvoir de conjonction, qu'il exercera sur les morts rencontrés dans son voyage. Les deux têtes, peu importe la lecture qu'on en fasse, confèrent picturalement au tableau, avec l'inversion par réflexion, une structure auto-duale, selon moi plus conjonctive que disjonctive. Une réflexion similaire se retrouve à la fin du *Livre des cavernes* et du *Livre du jour*.[51] L'inversion qu'elle engendre se démarque nettement de celle dont j'ai parlé au chapitre cinq. Celle-ci ne découle jamais d'une réflexion et sert, selon les textes des deux livres, à isoler les ennemis du dieu, à les emprisonner dans la non-existence.[52] Mais, encore une fois, en passant de cet aspect moral à l'aspect structural de l'inversion, celle-ci rejoint alors l'autre dans sa dualité, qui peut contenir aussi bien la séparation que la conjonction, comme l'exprime *Petit monstre* à sa façon.

La scène finale du *Livre des portes*, quant à elle, baigne littéralement dans le mystère (figure 79).[53] Au delà de la dernière porte, elle représente l'instant magique de la naissance du soleil au point du jour. En ce point se rencontrent non pas deux, mais trois mondes. Il y a d'abord le monde des morts (la *Douat*) que le dieu solaire vient de traverser sur sa barque. Osiris règne sur ce monde. Il se love en *ouroboros* dans la scène, et tient par les jambes la déesse Nout, mère d'Osiris et reine du monde céleste

---

[48] [Hr 2, 66]. Erik Hornung assigne le tableau à la première heure, mais il souligne que le voyage ne commence qu'au deuxième tableau. Claude Carrier assigne le deuxième tableau à la première heure, voir [Cc, 169]. Le serpent dressé à droite garde la première porte, et ainsi pour toutes les suivantes, d'où le titre donné au livre. Pour d'autres images égyptiennes de symétrie duale, voir [Ny 1, 269-71] et [Ny 2, 214-5] (avec les commentaires de Naydler).

[49] Voir le chapitre deux (page 66) concernant la première heure de l'*Amdouat*. Au sujet du voyage nocturne du dieu solaire et de l'inversion du temps, voir [Hr 2, 41, 65].

[50] [Hr 2, 59]. Voir aussi [As 2, 402].

[51] Voir [Hr 2, 95, 122]. Dans le *Livre du jour*, le registre du bas contient la partie inversée du tableau, contrairement aux deux autres livres.

[52] Voir par exemple [Cc, 292, 326-31] en ce qui concerne le *Livre des cavernes*.

[53] [Ny 1, 26-30]. Voir aussi [Sz, 129-30] et [Hr 2, 65, 77].

dans lequel le soleil revient. Les eaux du chaos primordial entoure la *Douat* et le ciel. Noun, qui appartient à ce monde paradoxal, soutient la barque. La vraie source de la régénération remonte à ces eaux, d'où sortent la première terre, la première vie, le premier soleil. Le scarabée de la figure amène le disque solaire à son émergence. Cet insecte, sacré pour les anciens Égyptiens, condense en sa symbolique toute leur pensée funéraire.[54] La boule de fiente qu'il pousse devient sous terre le réceptacle de l'œuf et le lieu de ses métamorphoses.[55] La tombe doit l'être aussi pour la momie. Le scarabée sort au jour et il s'envole, le soleil monte dans le ciel au matin et l'âme prend sa place dans la barque solaire.[56] L'insecte sacré parcourt le ciel, la terre et le monde souterrain.

Curieusement, tous les animaux que la bête onirique de *Petit monstre* fusionne appartiennent à un groupe étymologique centré sur le scarabée, via le grec et sans doute aussi des langues plus anciennes: *karabos* (scarabée), *skorpios* (scorpion), *kerawos* (cerf), *kapros* (sanglier) et *eperos* (bélier).[57] Le scarabée fut aussi l'emblème des guerriers.[58] Il s'accorde ainsi à l'aspect martial du rêve. Sa présence cachée accentue le caractère conjonctif de *Petit monstre*, ce rêve qui transforme et absorbe ma réalité disjonctive.

Une particularité surprenante de la dernière scène du *Livre des portes* ressort de ses écritures: celles qui accompagnent Osiris et Nout sont à l'envers. Elles montrent, selon moi, que l'inversion des deux figures n'est pas accidentelle. L'enclave qu'Osiris délimite au sein des eaux primordiales s'accorde à l'ordre céleste, au monde des vivants, et inverse l'état que ces eaux symbolisent. La scène finale du livre renverse la perspective du voyage de la barque céleste dans le domaine d'Osiris en adoptant celle de Noun, établissant à la fin son antériorité et révélant une dualité originelle de l'autre

---

[54] [Cam, chapitres 1 et 2] et [Sé 1, 190].

[55] Elle sert aussi de nourriture au scarabée adulte. Voir en [Fb, 944-83] ce que Jean-Henri Fabre dit des mœurs du scarabée sacré, en particulier sa description du nid (page 953), qui évoque celle d'un tombeau de la nécropole thébaine: « Le nid du Scarabée se trahit au dehors par un amas de terre remuée [...] Sous cet amas s'ouvre un puits de peu de profondeur [...] auquel fait suite une galerie horizontale, droite ou sinueuse, se terminant en une vaste salle [...] ».

[56] En ancien égyptien, *kheperer* signifie « scarabée », *kheper*, « se transformer », et *khepri* est le soleil du matin ou du soir, voir [Cam, 19-20] et [Sé 1, 190].

[57] [Cam, 68-71]. Au sujet du rapport d'inversion entre le scarabée et le scorpion, voir [Cam, 84]; de la combinaison entre un scarabée et un cervidé, qui se retrouve aussi dans le cerf-volant, voir [Cam, 80, 90-1]. Le temple de Deir el-Médineh, le village des bâtisseurs de la vallée des rois, contient une représentation du vent de l'est à tête de bélier et à corps de scarabée, voir [Fe, 81].

[58] [Cam, 94].

monde, ou du monde tout simplement.[59]

Le *Livre des cavernes* se distingue de l'*Amdouat* et du *Livre des portes* sur plusieurs points. Il y a d'abord l'absence de la barque solaire et, par conséquent, celle du symbole de la rivière et de ses deux rives, à la dualité implicite. J'ai déjà suggéré que la présence marquante du thème de l'inversion pouvait conférer au livre une dualité structurelle explicite. Le *Livre des cavernes* innove aussi en présentant l'image d'un dieu solaire vieillissant appuyé sur son bâton.[60] Mais puisque le thème du voyage est central dans les trois livres, je vois dans le bâton que le dieu tient dans tous les tableaux où il apparaît un bâton de pèlerin, celui sur lequel on s'appuie et qui peut protéger des dangers de la route, comme le serpent auquel il ressemble,[61] ou le scorpion, créature du désert et de la nuit, familier d'Isis.[62] Par ailleurs, la tête de bélier que le dieu solaire arbore dans les trois livres renvoie selon Hornung à son âme *ba*: « Le voyage nocturne conduit à une région interne du cosmos ».[63] Le voyage onirique manifeste parfois l'autre et le même à l'intérieur de soi. *Petit monstre* est la forme la plus étrange que ce voyage a prise pour moi. Après le commentaire que j'étale en ces pages, je l'enfouis de nouveau dans ma vie.

En reliant *Petit monstre* aux livres égyptiens sur l'autre monde, j'ai un peu compris en quoi un rêve ressemble à un mythe, et en quoi il en diffère. J'ai vu aussi comment un tel rêve pouvait conduire à une inflation. Un rêve m'a éveillé à ce problème et m'a fait sortir du livre de manière convaincante:

---

[59] R. A. Schwaller de Lubicz parle du monde renversé qu'encercle Osiris, voir [Sé 2, 97].

[60] [Hr 2, 87, 92, 94]. Voir aussi [Ny 1, 66]: Rê vieillissant s'appuie sur un bâton à partir de la 9e heure du jour.

[61] Voir [Ny 1, 219] à propos du départ du pèlerin vers l'autre monde, bâton à la main. C'est aussi le bâton du berger, puisque le dieu solaire est le berger de l'humanité, voir [Hr 2, 65], [As 1, 173] et [Sç, 111]. François Schuler le nomme le sceptre à tête de serpent, voir [Sç, 41]. Dans l'*Amdouat*, le dieu dans sa barque tient soit un bâton en forme de serpent (1e, 2e, 4e, 5e, 6e, 9e et 10e heures), soit le sceptre *was*, symbole de puissance. Dans le *Livre des portes*, il tient le *was*, mais le bâton-serpent se dresse toujours à côté. Voir [Hr 2] concernant ces deux livres.

[62] Isis-Hathor tue et vivifie, voir [Rs, 82-4]. Je souligne en passant que le reliquaire doré de Toutânkhamon, qu'Alison Roberts décrit dans son livre, est un objet auto-dual, l'iconographie de son côté gauche étant dédié à la déesse furieuse Sekhmet, tandis que celle de son côté droit appartient à la déesse amoureuse Hathor – ou à la déesse sous ces deux aspects, voir [Rs, 16]. Le rituel du nouvel an que Roberts associe au reliquaire est aussi auto-dual, puisqu'il unit le pouvoir de Rê vivant à celui d'Osiris mort, voir [Rs, 48]. À propos du charmeur de scorpions, voir [Ph, 55-6].

[63] [Hr 2, 27]. Voir aussi [Hr 2, 34] et [As 1, 107]. En ancien égyptien, bélier (*ba*) et âme (*ba*) sont homophones.

Le gardien de la porte (21 août 2010). Un homme jeune et vigoureux, nu, aux cheveux blonds, courts et dressés en pointe sur la tête, se tient dans l'embrasure d'une porte ou d'une fenêtre, d'où il bondit sur moi comme un éclair. Je me réveille en sursaut, surpris.

Le rêve équivaut à mon rêve du double. J'y vois le même humour et la même autonomie, j'y vois une affirmation d'indépendance contre toute tentative de lier les rêves à une théorie particulière, peu importe laquelle. Le contraste entre la fixité du décor et la vivacité du personnage transfigure le contexte du rêve. Le cadre du rêve schématise la structure des objets que je considère en ce livre: l'intérieur et l'extérieur, deux pièces ou deux côtés, deux parties séparées (ou unies) par un plan de dualité, si je puis dire. L'autre dans le rêve, qui est aussi le même (blond comme moi – et par ailleurs solaire, à cause de sa coiffure rayonnante), fait éclater cette structure symétrique par sa position initiale au lieu médian du rêve et par son attaque inattendue. Il inverse à la fois le gardien de la porte des trois livres égyptiens sur l'autre monde, qui laisse toujours le passage, et l'ennemi qui perd à tout coup sans jamais résister.[64] L'ennemi dans ce rêve ne se laisse pas assimiler, il échappe à l'ordre imposé de l'extérieur, il attaque. Il bloque la porte. Pourquoi l'entrée m'est-elle refusée? Suis-je prêt au passage? Le gardien de la porte refuse l'accès aux « gens ordinaires », comme le dit un texte des pyramides.[65] Ni roi ni mort.

Le gardien de la porte fait un mur d'un malaise qui m'a rejoint souvent pendant l'écriture du livre: parler de l'autre monde. J'ai dû le faire parce que la structure symbolique que j'ai explorée prend son sens, ultimement, en ce lieu. Elle permet justement d'en parler le regard tourné vers ce monde-ci. L'existence de l'un et de l'autre, comme diraient Lévi-Strauss ou Zhuangzi, devient évanescente à travers la relation qui les unit. Le gardien de la porte incarne au centre cette union. Lui seul saurait en parler. Il brise la belle symétrie mathématique construite autour de l'inconnu.

---

[64] [Sç, 137]: « [Dans l'*Amdouat*] seuls les ennemis sont nus. »
[65] [As 2, 334].

BIBLIOGRAPHIE

[Ab] Theodor Abt, *Introduction to Picture Interpretation*, Living Human Heritage Publications, Zurich, 2005.

[AH] Theodor Abt et Erik Hornung, *Knowledge for the Afterlife*, Living Human Heritage Publications, Zurich, 2003.

[Ad] Gerhard Adler, *The Living Symbol*, Pantheon Books, New York, 1961.

[Ag] Henry Cornelius Agrippa, *Three Books of Occult Philosophy*, Llewellyn Publications, St. Paul, 1993.

[Al 1] Sarah Allan, *The Shape of the Turtle*, State University of New York Press, New York, 1991.

[Al 2] Sarah Allan, *The Way of Water*, State University of New York Press, New York, 1997.

[Al 3] *The Formation of Chinese Civilization*, édité par Sarah Allan, Harvard University Press, Cambridge, 2005.

[Ae] James P. Allen, *The Ancient Egyptian Pyramid Texts*, Society of Biblical Literature, Atlanta, 2005.

[AR] Roger T. Ames & Henry Rosemont, Jr., *The Analects of Confucius: A Philosophical Translation*, Ballantine Books, New York, 1998.

[An] W.S. Andrews, *Magic Squares and Cubes*, Dover Publications, New York, 1960.

[AE] Barbara Aria et Russell Eng Gon, *The Spirit of the Chinese Character*, Chronicle Books, San Francisco, 1992.

[As 1] Jan Assmann, *The Search for God in Ancient Egypt*, traduit par David Lorton, Cornell University Press, Ithaca & London, 2001.

[As 2] Jan Assmann, *Death and Salvation in Ancient Egypt*, traduit par David Lorton, Cornell University Press, Ithaca & London, 2005.

[Bg] *Ancient Sichuan, Treasures from a Lost Civilization*, édité par Robert Bagley, Seattle Art Museum & Princeton University Press, 2001.

[Bh] Marc Ian Barasch, *Healing dreams*, Riverheadbooks, New York, 2000.

[Ba] Archie Barnes, *Chinese Through Poetry*, Alcuin Academics, 2007.

[Bk] Anne Behnke Kinney, *The Art of the Han Essay: Wang Fu's* Ch'ien-Fu Lun, Center for Asian Studies, Arizona State University, Tempe, 1990.

[Be 1] Eric Temple Bell, *Men of Mathematics*, Simon & Schuster, New York, 1965.

[Be 2] Eric Temple Bell, *The Magic of Numbers*, Dover, New York, 1974.

[Bt] Richard Bertschinger, *The Secret of Everlasting Life*, Singing Dragon, London & Philadelphia, 2011.

[Bi] Hans Biedermann, *Dictionary of Symbolism*, traduit par James Hulbert, Penguin Books, New York, 1992.

[Bl] John Blofeld, *City of Lingering Splendour*, Shambala, Boston, 1989.

[BF] Fraser Boa et Marie-Louise von Franz, *The Way of the Dream*, Shambala, Boston, 1988.

[Bp] Stephen R. Bokenkamp, *Early Daoist Scriptures*, University of California Press, Berkeley, Los Angeles, London, 1997.

[Bo 1] Jorge Luis Borges, *Enquêtes*, Gallimard, Paris, 1967.

[Bo 2] Jorge Luis Borges, *L'Aleph*, Gallimard, Paris, 1986.

[Br] Dan Brown, *The Da Vinci Code*, Broadway Books, New York, 2004.

[Bd] E. A. Wallis Budge, *An Account Of The Sarcophagus Of Seti I, King Of Egypt, B. C. 1370*, Sir John Soanes's Museum, London, 1908.

[Bb 1] Kelly Bulkeley, *Visions of the Night*, State University of New York Press, Albany, 1999.

[Bb 2] Kelly Bulkeley, *Transforming Dreams*, John Wiley and Sons, New York, 2000.

[Bu 1] Titus Burckhardt, *Alchemy,* Fons Vitae, Louisville, 1997.

[Bu 2] Titus Burckhardt, *Principes et méthode de l'art sacré*, Éditions Dervy, Paris, 2011.

[Bs] Dan Burstein, *Secrets of the Code*, CDS Books, New York, 2004.

[By] William Byers, *How Mathematicians Think*, Princeton University Press, Princeton, 2007.

[Ci 1] *Chinese Aesthetics*, édité par Zong-Qi Cai, University of Hawai'i Press, Honolulu, 2004.

[Ci 2] *How to Read Chinese Poetry*, édité par Zong-Qi Cai, Columbia University Press, New York, 2008.

[Cl] Josette Calais, *Éléments de théorie des groupes*, 3e édition, Presses Universitaires de France, Paris, 1998.

[Cam] Yves Camefort, *Le scarabée et les dieux*, Société nouvelles des éditions Boubée, Paris, 1994.

[Cp 1] Peter J. Cameron, *Combinatorics*, Cambridge University Press, 1994.

[Cp 2] Peter J. Cameron, *Sets, Logic and Categories*, Springer, London 1999.

[Ca 1] Schuyler Cammann, The Magic Square of Three in Old Chinese Philosophy and Religion, *History of Religions*, I–1, 1961, pp. 37–80.

[Ca 2] Schuyler Cammann, Islamic and Indian Magic Squares Part I, *History of Religions*, VIII-3, 1969, pp. 181–209.

[Ca 3] Schuyler Cammann, Islamic and Indian Magic Squares Part II, *History of Religions*, VIII-4, 1969, pp. 271–299.

[Ca 4] Schuyler Cammann, Some early Chinese symbols of duality, *History of Religions*, XXIV-1, 1984, pp. 215–254.

[Ct 1] Robert Ford Campany, *Strange Writing*, State University of New York Press, Albany, 1996.

[Ct 2] Robert Ford Campany, *To Live as Long as Heaven and Earth*, University of California Press, Berkeley, Los Angeles, London, 2002.

[Ct 3] Robert Ford Campany, *Making Transcendents*, University of Hawai'i Press, Honolulu, 2009.

[Cm 1] Joseph Campbell, *The Mythic Image*, Princeton University Press, Princeton, 1974.

[Cm 2] Joseph Campbell, *The Masks of God: Occidental Mythology*, Penguin Books, New York, 1964.

[Cf] Fritjof Capra, *The Tao of Physics*, Fontana/Collins, 1975.

[Cc] Claude Carrier, *Grands livres funéraires de l'Égypte pharaonique*, Éditions Cybele, Paris, 2009.

[Cas] Tess Castleman, *Threads, Knots, Tapestries*, Syren Book Company, Saint Paul, 2003.

[Ck 1] K. C. Chang, *Art, Myth, and Ritual*, Harvard University Press, Cambridge, 1983.

[Ck 2] K. C. Chang, The Rise of Kings and the Formation of City-States, *The Formation of Chinese Civilization*, Harvard University Press, Cambridge, 2005.

[Ck 3] *Studies of Shang Archeology*, édité par K. C. Chang, Yale University Press, New Haven et London, 1986.

[Ce 1] François Cheng, *L'Écriture Poétique Chinoise*, Éditions du seuil, Paris, 1996.

[Ce 2] François Cheng, *Vide et plein*, Éditions du seuil, Paris, 1991.

[Ce 3] François Cheng, *Le livre du Vide médian*, Albin Michel, Paris, 2009.

[Cy] Chiang Yee, *Chinese Calligraphy*, Harvard University Press, Harvard, 1973.

[Ch] Jean Choain, *Introduction au Yi-King*, Éditions du Rocher, Monaco, 1983.

[Cb] Robert B. Clarke, *The Four Gold Keys*, Hampton Roads Publishing Company, Charlottesville, 2002.

[CC] Jean Dalby Clift et Wallace B. Clift, *Symbols of transformation in Dreams*, Crossroad, New York, 1987.

[Cj] Rhonda et Jeffrey Cooper, *Masterpieces of Chinese Art*, Todtri Book Publishers, Singapore, 1998.

[Co 1] Henry Corbin, *En Islam Iranien I*, Gallimard, Paris, 1971.

[Co 2] Henry Corbin, *En Islam Iranien II*, Gallimard, Paris, 1971.

[Co 3] Henry Corbin, *L'Archange Empourpré*, Fayard, Paris, 1976.

[Co 4] Henry Corbin, *L'Homme et son Ange*, Fayard, Paris, 1983.

[Co 5] Henry Corbin, *Le Livre des sept Statues*, L'Herne, Paris, 2003.

[Co 6] Henry Corbin, *L'Imam caché*, L'Herne, Paris, 2003.

[Co 7] Henry Corbin, *Temple et contemplation*, Médicis-Entrelacs, Paris, 2006.

[Cu] I. P. Couliano, *Out of this World*, Shambala, Boston & London, 1991.

[Cr] Keith Critchlow, *Islamic Patterns*, Inner Traditions, Rochester, 1976.

[Cs] Mark Csikszentmihalyi, *Readings in Han Chinese Thought*, Hackett Publishing Company, Indianapolis, 2006.

[CI] *Religious and Philosophical Aspects of the* Laozi, édité par Mark Csikszentmihalyi et Philip J. Ivanhoe, State University of New York Press, Albany, 1999.

[Cn] Christopher Cullen, *Astronomy and Mathematics in Ancient China: the* Zhou bi suan jing, Cambridge University Press, Cambridge, 1996.

[DR] Philip J. Davis et Reuben Hersh, *The Mathematical Experience*, Birkhäuser, Boston, 1998.

[De] René Descombes, *Les Carrés Magiques*, Vuibert, Paris, 2000.

[Dy] Christian Deydier, *Les Bronzes Archaïques Chinois I: Xia & Shang*, Les Éditions d'Art et d'Histoire, Paris, 1995.

[DH] Florin Diacu et Philip Holmes, *Celestial Encounters*, Princeton University Press, Princeton, 1996.

[DM] John D. Dixon, Brian Mortimer, *Permutation Groups*, Springer-Verlag, New York, 1996.

[Do] Henri Dontenville, *La France Mythologique*, Henri Veyrier – Tchou, Paris, 1966.

[Eb] Patricia Buckley Ebrey, *Accumulating Culture*, University of Washington Press, Seattle & London, 2008.

[EB] *Emperor Huizong and Late Northern Song China*, édité par Patricia Buckley Ebrey & Maggie Bickford, Harvard University Asia Center, Cambridge & London, 2006.

[Ed 1] Edward F. Edinger, *The Mystery of the Coniunctio*, Inner City Books, Toronto, 1994.

[Ed 2] Edward F. Edinger, *The Mysterium Lectures*, Inner City Books, Toronto, 1995.

[Eg] Ronald C. Egan, *Word, Image and Deed in the Life of Su Shi*, Harvard University Press, Cambridge et London, 1994.

[El 1] Mircea Eliade, *Le Chamanisme*, 2e édition, Payot, Paris, 1968.

[El 2] Mircea Eliade, *Forgerons et Alchimistes*, Flammarion, Paris, 1977.

[El 3] Mircea Eliade, *Images et Symboles*, Gallimard, Paris, 1952.

[Er] Bruno Ernst, *The Magic Mirror of M.C. Escher*, Taschen, 1994.

[Fb] Jean-Henri Fabre, *Souvenirs entomologiques*, Tome I, Éditions Robert Laffont, Paris, 1989.

[Fa] Lothar von Falkenhausen, *Suspended Music*, University of California Press, Berkeley, Los Angeles, London, 1993.

[FZ] Fang Jing Pei & Zhang Juwen, *The Interpretation of Dreams in Chinese Culture*, Weatherhill, Trumbull, 2000.

[Fk] R. O. Faulkner, *The Ancient Egyptian Coffin Texts*, Aris & Philips, Oxford, 2007.

[Fe] André Fermat, *Deir el-Médineh*, Maison de Vie Éditeur, Paris, 2010.

[Fo] *The Great Bronze Age of China*, édité par Wen C. Fong, The Metropolitan Museum of Art, New York, 1980.

[FW] *Possessing the Past*, édité par Wen C. Fong et James C. Y. Watt, The Metropolitan Museum of Art et le Musée du Palais National, New York et Taipei, 1996.

[Fr 1] Marie-Louise von Franz, *On Divination and Synchronicity*, Inner City Books, Toronto, 1980.

[Fr 2] Marie-Louise von Franz, *Number and Time*, Northwestern University Press, Evanston, 1974.

[Fr 3] Marie-Louise von Franz, *Psyche and Matter*, Shambala, Boston & London, 1992.

[Fr 4] Marie-Louise von Franz, *Psychotherapy*, Shambala, Boston & London, 1993.

[Fr 5] Marie-Louise von Franz, *C. G. Jung*, Little, Brown and Company, Boston & Toronto, 1975.

[Fr 6] Marie-Louise von Franz, *Alchemy*, Inner City Books, Toronto, 1980.

[Fr 7] Marie-Louise von Franz, *Les rêves et la mort*, traduit de l'allemand par Pierre Grappin, Fayard, Paris, 1985.

[FJ] *The Freud/Jung Letters*, Harvard University Press, Cambridge, 1988.

[Fu 1] Sigmund Freud, *The Interpretation of Dreams*, Penguin Books, London, 1976.

[Fu 2] Sigmund Freud, *Introductory Lectures on Psychoanalysis*, Penguin Books, London, 1963.

[Fu 3] Sigmund Freud, *Totem et tabou*, Payot, Paris, 1977.

[Ga] Martin Gardner, *Time Travel and Other Mathematical Bewilderments,* W.H. Freeman and Company, New York, 1988.

[Gh] Ge Hong, *La Voie des Divins Immortels*, traduit et annoté par Philippe Che, Gallimard, Paris, 1999.

[Gd] Lucien Gérardin, *Le mystère des nombres*, Éditions Dangles, St-Jean-de-Braye, 1985.

[Gv] Bernard Gervais, *Les Carrés Magiques de 5*, Éditions Eyrolles, Paris, 1998.

[Gi] Suzanne Gieser, *The Innermost Kernel*, Springer, Berlin, 2005.

[Gt] N. J. Girardot, *Myth and Meaning in Early Daoism*, Three Pines Press, 2008.

[Ge] Tamara M. Green, *The City of the Moon God*, E. J. Brill, Leiden, 1992.

[Gn 1] Marcel Granet, *La pensée chinoise*, Albin Michel, Paris, 1999.

[Gn 2] Marcel Granet, *Études sociologiques sur la Chine*, Les Presses Universitaires de France, Paris, 1990.

[Gn 3] Marcel Granet, *Danses et légendes de la Chine ancienne*, Les Presses Universitaires de France, Paris, 1994.

[Go] Ping-gam Go, *Understanding Chinese Characters by their Ancestral Forms,* Simplex Publications, San Francisco, 1995.

[GB] L. C. Grove, C. T. Benson, *Finite Reflection Groups*, Second Edition, Springer-Verlag, New York, 1985.

[Gr] B. Grünbaum et G.C. Shepard, *Tilings and Patterns*, W. H. Freeman and Company, New York, 1987.

[Gu 1] René Guénon, *La Grande Triade,* Gallimard, Paris, 1957.

[Gu 2] René Guénon, *Le Symbolisme de la Croix,* Guy Trédaniel, Paris, 1996.

[Gu 3] René Guénon, *La Crise du Monde Moderne,* Gallimard, Collection Folio Essais, Paris, 1946.

[Gu 4] René Guénon, *Symboles de la Science Sacrée,* Gallimard, Paris, 1962.

[Gu 5] René Guénon, *Aperçus sur l'Ésotérisme et le Taoïsme,* Gallimard, Paris, 1973.

[Gu 6] René Guénon, *Les Principes du Calcul Infinitésimal,* Gallimard, Paris, 1946.

[Ha] Jacques Hadamard, *The Psychology of Invention in the Mathematical Field*, Dover Publications, New York, 1945.

[Hb] Rick Harbaugh, *Chinese Characters*, Yale University Press, New Haven, 1998.

[He] Edgar Herzog, *Psyche and Death*, Spring Publications, Inc., Dallas, 1983.

[Hi] James Hillman, *The Dream and the Underworld*, Harper & Row, New York, 1979.

[Hn] David Hinton, *The Selected Poems of Wang Wei*, New Directions Books, New York, 2006.

[Ho] Ho Peng Yoke, *Li, Qi and Shu*, Dover Publications, Inc., Mineola, 1985.

[Hr 1] Erik Hornung, *Conceptions of God in Ancient Egypt*, traduit par John Baines, Cornell University Press, Ithaca, 1982.

[Hr 2] Erik Hornung, *The Ancient Egyptian Books of the Afterlife*, traduit par David Lorton, Cornell University Press, Ithaca & London, 1999.

[Hs] Daniel Hsieh, *The Evolution of* Jueju *Verse*, Peter Lang, New York, 1996.

[Hu] James E. Humphreys, *Reflection Groups and Coxeter Groups*, Cambridge University Press, 1997.

[Ja 1] Cyrille J.-D. Javary, *Le Discours de la Tortue*, Albin Michel, Paris, 2003.

[Ja 2] Cyrille J.-D. Javary, *Yi Jing, Le Livre des Changements*, Albin Michel, Paris, 2002.

[Ja 3] Cyrille J.-D. Javary, *100 mots pour comprendre les Chinois*, Albin Michel, Paris, 2008.

[Ja 4] Cyrille J.-D. Javary, *L'esprit des nombres écrits en chinois*, Éditions Signatura, Montélimar, 2008.

[Ju 1] Carl Gustav Jung, *Psychology and Alchemy*, Princeton University Press, Princeton, 1968.

[Ju 2] Carl Gustav Jung, *The Psychology of the Transference*, Princeton University Press, Princeton, 1966.

[Ju 3] Carl Gustav Jung, *Mysterium Coniunctionis*, Princeton University Press, Princeton, 1970.

[Ju 4] Carl Gustav Jung, *The Archetypes and the Collective Unconscious*, Princeton University Press, Princeton, 1980.

[Ju 5] Carl Gustav Jung, *Ma vie, Souvenirs, rêves et pensées*, Gallimard, Collection Folio, Paris, 1973.

[Ju 6] Carl Gustav Jung, *Aion*, Princeton University Press, Princeton, 1959.

[Ju 7] Carl Gustav Jung, *On the Nature of the Psyche*, Princeton University Press, Princeton, 1960.

[Ju 8] Carl Gustav Jung, *Visions*, Princeton University Press, Princeton, 1997.

[Ju 9] Carl Gustav Jung, *Psychology and Western Religion*, Princeton University Press, Princeton, 1984.

[Ju 10] Carl Gustav Jung, *Alchemical Studies*, Princeton University Press, Princeton, 1984.

[Ju 11] Carl Gustav Jung, *Children's Dreams*, Princeton University Press, Princeton, 2008.

[Ju 12] Carl Gustav Jung, *Psychological Types*, Princeton University Press, Princeton, 1976.

[Ju 13] Carl Gustav Jung, *Dream Analysis*, édité par William McGuire, Princeton University Press, 1984.

[Ju 14] Carl Gustav Jung, *Un mythe moderne*, traduit par Roland Cahen, Gallimard, Paris, 1961.

[Kc] Frédéric Keck, *Claude Lévi-Strauss, une introduction*, Pocket, Paris, 2005.

[Ke 1] David N. Keightley, *Sources of Shang History*, University of California Press, Berkeley, 1978.

[Ke 2] David N. Keightley, *The Ancestral Landscape*, Institute of East Asian Studies, University of California, Berkeley, 2000.

[Ke 3] David N. Keightley, Shang divination and metaphysics, *Philosophy East & West*, University of Hawaii Press, volume 38, no. 4, octobre 1988.

[Kr 1] Carl Kerényi, *Eleusis*, traduit par Ralph Manheim, Princeton University Press, Princeton, 1967.

[Kr 2] Carl Kerényi, *Dionysos*, traduit par Ralph Manheim, Princeton University Press, Princeton, 1976.

[Kr 3] Carl Kerényi, *Asklepios*, traduit par Ralph Manheim, Princeton University Press, Princeton, 1959.

[La] Serge Lang, *Algebra*, Addison Wesley, Reading, 1970.

[Lt 1] Laozi, *La Voie et sa vertu*, traduction de François Houang et Pierre Leyris, Éditions du seuil, Paris, 1979.

[Lt 2] Laozi, *Dao De Jing*, traduction et commentaire de Moss Roberts, University of California Press, Berkeley, 2001.

[LM] Charles F. Laywine et Gary L. Mullen, *Discrete Mathematics Using Latin Squares*, John Wiley & Sons, Inc., New York, 1998.

[Lé 1] Claude Lévi-Strauss, *La pensée sauvage*, Plon, Paris, 1962.

[Lé 2] Claude Lévi-Strauss, *Mythologiques – L'origine des manières de table*, Plon, Paris, 1968.

[Lé 3] Claude Lévi-Strauss, *Mythologiques – L'homme nu*, Plon, Paris, 1971.

[Lé 4] Claude Lévi-Strauss, *Anthropologie structurale II*, Plon, Paris, 1973.

[Lé 5] Claude Lévi-Strauss, *La voie des masques*, Plon, Paris, 1979.

[Lé 6] Claude Lévi-Strauss, *La potière jalouse*, Plon, Paris, 1985.

[Lé 7] Claude Lévi-Strauss, *Histoire de Lynx*, Plon, Paris, 1991.

[Le 1] Mark Edward Lewis, *The Construction of Space in Early China*, State University of New York Press, Albany, 2006.

[Le 2] Mark Edward Lewis, *China between Empires*, The Belknap Press of Harvard University Press, Cambridge, London, 2009.

[Le 3] Mark Edward Lewis, *Writing and Authority in Early China*, State University of New York Press, Albany, 1999.

[Lc] Li Chi, *Anyang*, University of Washington Press, Seattle, 1977.

[Lw] Wai-yee Li, *The Readability of the Past in Early Chinese Historiography*, Harvard University Asia Center, Cambridge, 2007.

[Lx] Li Xueqin, *Chinese Bronzes, A General Introduction*, Foreign Languages Press, Beijing, 1995.

[Lz] Liezi, *Le vrai classique du vide parfait*, traduit par Benedykt Grynpas, Gallimard, Paris, 1961.

[Li] Evelyn Lip, *Chinese Numbers*, Heian International, Singapore, 1992.

[Lu] Liu An, *Philosophes taoïstes II*, Huainan zi, texte traduit sous la direction de Charles Le Blanc et Rémi Mathieu, Gallimard, Paris, 2005.

[LC] Liu Li et Chen Xingcan, *State Formation in Early China*, Duckworth, London, 2003.

[Lv] Mario Livio, *The Equation That Couldn't Be Solved*, Simon & Schuster, New York, 2005.

[Lp] Donald S. Lopez, Jr. (éditeur), *Religions of China in Practice*, Princeton University Press, Princeton, 1996.

[Lo] Pierre Lory, *Alchimie et mystique en terre d'Islam,* Gallimard, Éditions Verdier, Paris, 1989.

[MB] Saunders Mac Lane et Garrett Birkhoff, *Algebra*, 3th edition, AMS Chelsea Publishing, Providence, 1999.

[Mc 1] Saunders Mac Lane, *Mathematics: Form and Function*, Springer-Verlag, New York, 1986.

[Mc 2] Saunders Mac Lane, *Categories for the Working Mathematician*, Springer-Verlag, New York, 1971.

[Mc 3] Saunders Mac Lane, *A Mathematical Autobiography*, A. K. Peters, Ltd., Wellesley, 2005.

[Ma] John S. Major, *Heaven and Earth in Early Han Thought*, State University of New York Press, New York, 1993.

[Mh] Henri Maspero, *Le Taoïsme et les religions chinoises*, Gallimard, Paris, 1971.

[MF] Dimitri Meeks et Christine Favard-Meeks, *Daily Life of the Egyptians Gods*, Cornell University Press, Ithaca et London, 1996.

[Me 1] C. A. Meier, *Healing Dream and Ritual*, Daimon Verlag, Einsiedeln, 1989.

[Me 2] *Atom and Archetype*, la correspondance entre Wolfgang Pauli et C. G. Jung, éditée par C. A. Meier, traduction de David Roscoe, Princeton University Press, Princeton, 2001.

[Mi] Thomas Michael, *The Pristine Dao*, State University of New York Press, 2005.

[ML] John Minford et Joseph S. M. Lau, *Classical Chinese Literature*, Columbia University Press, New York, The Chinese University Press, Hong Kong, 2000.

[Mr] Oliver Moore, *Reading the Past – Chinese*, University of California Press, Berkeley, Los Angeles, 2000.

[Mo] Edgar Morin, *L'homme et la mort*, Éditions du Seuil, Paris, 1970.

[Mu] Alfreda Murck, *Poetry and Painting in Song China, The Subtle Art of Dissent*, Harvard University Asia Center, Cambridge, 2000.

[Ms] Robert Moss, *Dreaming True*, Pocket Books, New York, 2000.

[Mk] *Cradles of Civilization – China*, édité par Robert E. Murowchick, University of Oklahoma, Norman, 1994.

[Na 1] Seyyed Hossein Nasr, *Islamic Science*, World of Islam Festival Publishing Company Ltd, 1976.

[Na 2] Seyyed Hossein Nasr, *An Introduction to Islamic Cosmological Doctrines*, SUNY Press Albany, 1993.

[Na 3] Seyyed Hossein Nasr, *Science and Civilisation in Islam*, ABC International Group, Inc., Chicago, 2001.

[Ny 1] Jeremy Naydler, *Temple of the Cosmos*, Inner Traditions, Rochester, 1996.

[Ny 2] Jeremy Naydler, *Shamanic Wisdom in the Pyramid Texts*, Inner Traditions, Rochester, 2005.

[Ne 1] Joseph Needham, *La science chinoise et l'Occident*, traduit de l'anglais par Eugène Simion avec le concours de R. Dessureault et J.-M. Rey, Éditions du Seuil, Paris, 1973.

[Ne 2] Joseph Needham, *Science in Traditional China*, Harvard University Press & The Chinese University Press, Cambridge & Hong Kong, 1981.

[Of] Wendy Doniger O'Flaherty, *Dreams, Illusion and Other Realities*, The University of Chicago Presse, Chicago et London, 1984.

[Pa 1] Jordan Paper, The Meaning of the T'ao T'ieh, *History of Religions*, 25–3, 1978, pp. 18–41.

[Pa 2] Jordan Paper, The *Feng* in Protohistoric Chinese Religion, *History of Religions*, 18–1, 1978, pp. 213–235.

[PT] *The Chinese Way in Religion*, édité par Jordan Paper et Lawrence G. Thompson, Wadsworth Publishing Company, Belmont, 1998.

[Pe 1] Nigel Pennick, *Secret Games of the Gods*, Samuel Weiser, York Beach, 1989.

[Pe 2] Nigel Pennick, *Magical Alphabets*, Samuel Weiser, York Beach, 1992.

[Pn 1] Roger Penrose, *The Emperor's New Mind*, Vintage, New York, 1990.

[Pn 2] Roger Penrose, *The Road to Reality*, Random House, New York, 2004.

[Pi] Michel Perrin, *Les praticiens du rêve*, Quadrige / PUF, Paris, 2001.

[Ph] Geraldine Pinch, *Magic in Ancient Egypt*, University of Texas Press, Austin, 2006.

[Pl] C. Planck, Pandiagonal magic squares of order 6 and 10 with minimal numbers, *The Monist*, Vol. XXIX (1919), pp. 307–316.

[Pt] Platon, *Le Banquet, Phèdre*, Garnier-Flammarion, Paris, 1964.

[Pé] Henri Poincaré, *Science et Méthode*, Éditions Kimé, Paris, 1999.

[Po] Martin J. Powers, *Pattern and Person*, Harvard University Asia Center, Cambridge, London, 2006.

[Pr 1] Fabrizio Pregadio, *Great Clarity*, Stanford University Press, Stanford, 2006.

[Pr 2] *Awakening to Reality*, Poèmes du *Wuzhen pian* traduits et commentés par Fabrizio Pregadio, Golden Elixir Press, Mountain View, 2009.

[Ps] Pu Songling, *Strange Tales from a Chinese Studio*, traduit et édité par John Minford, Penguin Books, London, 2006.

[Pj] Michael J. Puett, *To Become a God*, Harvard University Asia Center, Cambridge, 2002.

[Pu] Jill Purce, *The Mystic Spiral*, Thames & Hudson, New York, 1997.

[Ra] *The British Museum Book of Chinese Art*, édité par Jessica Rawson, Thames & Hudson, London, 1992.

[RJ] André Régnier, *De la théorie des groupes à la pensée sauvage*, dans *Anthropologie et Calcul*, textes choisis et présentés par Philippe Richard et Robert Jaulin, Union générale d'éditions, Paris, 1971.

[Rs] Alison Roberts, *Golden Shrine, Goddess Queen – Egypt's Anointing Mysteries*, NorthGate Publishers, Rottingdean, 2008.

[Ro 1] Isabelle Robinet, *Histoire du Taoïsme*, Les Éditions du Cerf, Paris 1991.

[Ro 2] Isabelle Robinet, *Méditation Taoïste*, Albin Michel, Paris, 1995.

[Ro 3] Isabelle Robinet, *Introduction à l'alchimie intérieure Taoïste*, Les Éditions du Cerf, Paris 1995.

[Ro 4] Isabelle Robinet, Le monde à l'envers dans l'alchimie intérieure taoïste, *Revue de l'Histoire des Religions*, ccix-3, 1992, p. 239 à 257.

[Rn] Pierre de Ronsard, *Œuvres poétiques*, Librairie Larousse, Paris, 1972.

[Rt] Harold D. Roth, *Original Tao*, Columbia University Press, New York, 1999.

[Sa] Michael Saso, What is the *Ho-t'u*?, *History of Religions*, 17, pp. 399–416.

[Sd] David Schaberg, *A Patterned Past*, Harvard University Asia Center, Cambridge, 2001.

[Sf] Edward H. Schafer, *The Divine Woman*, North Point Press, San Francisco, 1980.

[Sc] Annamarie Schimmel, *The Mystery of Numbers*, Oxford University Press, New York, 1993.

[Sr] Kristofer Schipper, *Le corps taoïste*, Fayard, Paris, 1982.

[Sl] Gershom Scholem, *Kabbalah*, Penguin Books, New York, 1974.

[Sç] François Schuler, *Le Livre de l'Amdouat*, José Corti, Paris, 2005.

[Sé 1] R. A. Schwaller de Lubicz, *Les Temples de Karnak*, Dervy-livres, Paris, 1982.

[Sé 2] R. A. Schwaller de Lubicz, *Le miracle égyptien*, Éditions Flammarion, Paris, 1963.

[Sz] Andreas Schweizer, *The Sungod's Journey through the Netherworld*, Cornell University Press, Ithaca & London, 2010.

[Se] Richard Sears, www.chineseetymology.org.

[Su] Edward L. Shaughnessy, *I Ching, The Classic of Changes*, Ballantine Books, New York, 1998.

[Sh] Amy E. Shell-Gellasch, Reflections of My Adviser: Stories of Mathematics and Mathematicians, *The Mathematical Intelligencer*, Volume 25, Number 1, winter 2003, pp. 35–41.

[Si] Shitao, *Enlightening Remarks on Painting*, Introduction et traduction en anglais de Richard E. Strassberg, Pacific Asia Museum Monographs, No. 1, Pasadena, 1989.

[St 1] H.E. Stapleton, The Antiquity of Alchemy, *Ambix*, Vol. V–1, 1953, pp. 1–43.

[St 2] H.E. Stapleton, The Gnomon, *Ambix*, Vol. VI–1, 1957, pp. 1–9.

[So] Rolf A. Stein, *Le monde en petit*, Flammarion, Paris, 1987.

[SG] Ian Stewart et Martin Golubitsky, *Fearful Symmetry*, Penguin Books, London, 1992.

[Sb] Richard E. Strassberg, *Wandering Spirits*, University of California Press, Berkeley, Los Angeles, London, 2008.

[Sk 1] Michel Strickmann, *Mantras et mandarins*, Gallimard, Paris, 1996.

[Sk 2] Michel Strickmann, *Chinese Magical Medecine*, édité par Bernard Faure, Stanford University Press, Stanford, 2002.

[Sk 3] Michel Strickmann, *Chinese Poetry and Prophecy*, édité par Bernard Faure, Stanford University Press, Stanford, 2005.

[Sn] Sun Chaofen, *Chinese: A Linguistic Introduction*, Cambridge University Press, Cambridge, 2006.

[Sw] Frank J. Swetz, *Legacy of the Luoshu*, Open Court, Chicago, 2002.

[Te] Robert Temple, *Oracles of the Dead*, Destiny Books, Rochester, 2005.

[Th] Robert L. Thorp, *China in the Early Bronze Age,* University of Pensylvania Press, Philadelphia, 2006.

[Ti] Xiaofei Tian, *Tao Yuanming & Manuscript Culture*, University of Washington Press, Seattle et London, 2005.

[Va] Robert L. Van de Castle, *Our Dreaming Mind*, Ballantine Books, New York, 1994.

[Ve] Fabienne Verdier, *Passagère du silence*, Albin Michel, Paris, 2003.

[Wa] Wang Hongyuan, *Aux sources de l'écriture chinoise*, Sinolingua, Beijing, 1994.

[Wn] *Chinese Calligraphy*, édité et traduit par Wang Youfen, Yale University Press, New Haven & London, Foreign Languages Press, Beijing, 2008.

[Wr] James R. Ware, *Alchemy, Medecine & Religion in the China of A. D. 320*, Dover Publications, New York, 1966.

[Wt] Burton Watson, *The Tso Chuan*, Columbia university Press, New York, 1989.

[Wb] Eliot Weinberger, *Nineteen Ways of Looking at Wang Wei*, Asphodel Press, Kingston, 1987.

[Wy] Hermann Weyl, *Symétrie et Mathématique Moderne*, Flammarion, Paris, 1964.

[Wh] Jane Hollister Wheelwright, *The death of a woman*, St. Martin Press, New York, 1981.

[WP] Edward C. Whitmont et Sylvia Brinton Perera, *Dreams, a Portal to the Source*, Routledge, London et New York, 1989.

[Wg] Léon Wieger, *Chinese Characters*, Dover Publications, New York, 1965.

[Wl] Richard Wilhelm, *Yi King, Le Livre des Transformations*, version allemande traduite par Étienne Perrot, Librairie de Médicis, Paris, 1973.

[Wk] Richard H. Wilkinson, *The Complete Gods and Goddesses of Ancient Egypt*, Thames & Hudson, New York, 2003.

[Wm] C. A. S. Williams, *Chinese Symbolism and Art Motifs*, 4e édition, Turtle Publishing, Tokyo, Rutland (Vermont), Singapore, 1974.

[Wi] Oswald Wirth, *Le Tarot des Imagiers du Moyen Âge*, Éditions Sand, 1984.

[Wo] Eva Wong, *Harmonizing Yin and Yang*, Shambala, Boston, 1997.

[Wu] Kuang-Ming Wu, *The Butterfly as Companion*, State University of New York Press, Albany, 1990.

[Ya] Yang Jingqing, *The Chan Interpretations of Wang Wei's Poetry*, The Chinese University Press, Hong Kong, 2007.

[Yn] Yang Xiaoneng, *Reflections of Early China*, The Nelson-Atkins Museum of Art & The University of Washington Press, Seattle & London, 2000.

[YX] *Yin Xu*, Collectif, New World Press, Beijing, 2007.

[Yo] Serinity Young, *Dreaming in the Lotus*, Wisdom Publications, Boston, 1999.

[Yu] *Ways with Words*, édité par Pauline Yu, Peter Bol, Stephen Owen et Willard Peterson, University of California Press, Berkeley, Los Angeles, London, 2000.

[Ze] Judith T. Zeitlin, *Historian of the Strange*, Stanford University Press, Stanford, 1993.

[Zh] Zhuangzi, *L'Oeuvre complète de* Tchouang-tseu, traduction de Liou Kia-Hway, Gallimard/Unesco, Paris, 1969.

www.ingramcontent.com/pod-product-compliance
Lightning Source LLC
Chambersburg PA
CBHW071400170526
45165CB00001B/118

* 9 7 8 1 4 6 6 2 6 9 6 9 9 *